【博客藏经阁丛书】

51单片机工程应用实例

唐继贤 编著

[网名 唐工]

北京航空航天大学出版社

内 容 简 介

本书是以单片机工程应用实例为重点的技术书,在简述了 51 单片机的软硬件基础之后,重点通过一系列工程应用实例,详细介绍了单片机的软硬件开发和调试方法,包括自制单片机编程器的方法,单片机的串口通信、定时/计数器、键盘输入、LED 和 LCD 显示器等内外资源的使用和编程,在汇编程序中调用 C 程序的方法。实例中使用了很多当前流行的单片机智能外围芯片,包括实时钟、数字温度传感器、DDS 波形发生器、无线数传模块、FM 收音机和 USB 接口芯片等。书中用一章专题介绍了这些芯片所采用的单总线、IIC 总线、SPI 总线和 USB 总线等新型总线技术的原理;两个实例中还详细讲解了单片机与上位机 RS232 串口通信的高级语言编程方法以及用 USB 接口通信的方法。

本书附带光盘,内有实例程序的源代码。实例中所用的器材,取材容易,适合读者自己动手来做,特别适合电子技术类专业的大学生作为动手实践的教材,弥补他们在就业时缺乏实践经验的不足。本书涉及了电子工程应用的诸多方面,可作为各类单片机应用开发工程师的参考书。

图书在版编目(CIP)数据

51 单片机工程应用实例/唐继贤编著. ——北京:北京航空航天大学出版社,2009.1
 ISBN 978 - 7 - 81124 - 421 - 2

Ⅰ. 5… Ⅱ. 唐… Ⅲ. 单片微型计算机—基本知识 Ⅳ. TP368.1

中国版本图书馆 CIP 数据核字(2008)第 159681 号

© 2009,北京航空航天大学出版社,版权所有。
未经本书出版者书面许可,任何单位和个人不得以任何形式或手段复制本书及其所附光盘内容。侵权必究。

51 单片机工程应用实例
唐继贤 编著
〔网名 唐工〕
责任编辑 宋淑娟

*

北京航空航天大学出版社出版发行
北京市海淀区学院路 37 号(100191) 发行部电话:(010)82317024 传真:(010)82328026
http://www.buaapress.com.cn E-mail:embook@gmail.com
北京市松源印刷有限公司印装 各地书店经销

*

开本:787 mm×960 mm 1/16 印张:21.75 字数:487 千字
2009 年 1 月第 1 版 2009 年 1 月第 1 次印刷 印数:5 000 册
ISBN 978 - 7 - 81124 - 421 - 2 定价:39.00 元(含光盘 1 张)

前　言

　　2002年到2007年,我在广东风华高新科技股份有限公司专门从事电子新产品的开发工作。广东省作为我国电子工业改革开放的前沿阵地,该公司又是我国电子工业500强之一,因此,在这里从事这项工作具有很多的有利条件。我在这里有机会接触到了电子技术方面的许多新东西,有最新的技术信息,有五花八门的国内外电子产品的样品,可以很方便地买到所需要的各类实验器材,有服务周到的上下游配套企业,有国内外著名电子元件厂商提供的免费样品,有各种印刷精美、内容新颖的免费电子技术期刊。所有这些都为我的工作提供了十分便利的条件,我在这里做了很多有趣的实验,特别是在单片机的应用技术方面。

　　2007年,我在EDN上开辟了我的博客,陆续写了一些这方面的文章,受到了网友的欢迎,也得到了EDN博客编辑部的支持。有不少青年大学生给我留言或发电子邮件,希望与我交流学习,一位大四的学生留言说:"看了唐工师傅的一些文章,觉得很好。我是一个大四的学生,现在搞全国电子设计大赛,遇到了不少问题,翻了不少书,觉得你可以出一些书。好像我没发现中国的工程师写过在自己实践基础上介绍电子制作的书,都是理论一大堆(可能他们也不知怎么调试),所以我建议你写一些这方面的文章!"我本来只是打算把自己过去做过的一些东西整理一下放到博客上,一方面给那些需要的人看,另一方面也是给自己找点事干,还没有出书的打算。此时,恰逢北京航空航天大学出版社嵌入式系统事业部的胡晓柏主任和中国电力工业出版社的刘炽编辑,他们在看了我的博客之后都鼓励我写书,希望能将博客上的内容整理完善,贡献给更多的读者。我知道这肯定是一件好事。当然,中国的工程师并非无人写书,可能只是少了一些,才给这位同学造成了这样的印象。既然读者有这样的想法,我想工程师写书也许会有他独特的地方吧!

　　本书具有以下特点:
- 以应用实例为主。现在书店里单片机的书不少,但是讲原理的比较多。本书根据自己多年来在生产一线研发新产品的经验和实例,向读者介绍利用单片机开发新产品的方法,所有实例都经本人亲手做过。这些例子中有的本身就是工程化的研发原型,具有很强的实用性和推广价值。所用器件也是近年来流行的品种,具有良好的性价比和市场竞争能力。
- DIY(Do It Yourself)让读者自己动手来做。在本书的实例中,有不少是让读者自己动

前言

手做的。让他们用简便易购的器材自己动手制作实验电路板,由浅入深,由简单的电子钟到包含多个电路模块的实用系统,逐步提高读者的实际动手能力。现在,动手能力对于工程技术人员来讲是至关重要的,当代中国作为"世界工厂",大量急需心灵手巧的工程师,而非理论家。现在,应届毕业生求职难的一个重要原因就是动手能力不能令用人单位满意,DIY 可以弥补他们在校学习时的不足,增加他们毕业后的就业机会。为了方便读者动手实验,作者特地设计了一块实验电路板,使用该电路板可以做第 4 章、第 9 章和第 10 章的实验,有关电路板的详细说明见附录 C。

- 软硬件兼顾,重视硬件。对于一个应用电路系统来说,只有硬件电路准确无误,才能保证后续程序调试成功。一般来说,传统单片机书籍多数比较重视软件编程的讲解,而往往忽视了硬件电路的基础作用。很多读者的程序调不通,其实到后来才发现是硬件电路有误所致。我在实践中就多次经历过这样的遭遇。对于那些偏重软件专业的学生来说,这个问题更加突出。因此本书对硬件给予特别关注。

- 探讨调试方法。调试时出现问题是令人十分头痛的事情,如何解决就成为读者经常提到的问题,很多读者在实践中即使拿着别人现成的程序依然调不通,这其中的方法大有探讨的必要。常言道:授人以鱼,不如授之以渔。作者具有新产品研发、生产制造、工程安装和设备维修等多方面的从业经验,因此,本书试图综合这些经验,总结出一些行之有效的调试方法奉献给读者,帮助他们解决调试中遇到的问题。

全书共分 10 章,第 1、2 章介绍开发 51 单片机必备的基础知识和工具,有关这部分内容的书籍已很多,一般都讲得很详细,本书不打算再重复这样的写法,占用读者过多的时间。本书将把那些在单片机开发过程中难以记忆、又经常使用的资料汇总起来,力图做到重点突出、内容精炼。第 1 章介绍 51 单片机的硬件结构,重点介绍目前使用较多的具有 Flash 闪存的兼容型 51 单片机,也简单介绍一类能够通过串口编程的新型 51 单片机。第 2 章在简单介绍 51 单片机指令系统和汇编语言程序设计之后,重点介绍 Keil μVision2 集成开发环境的使用方法,特别是使用模拟仿真器调试程序的方法。第 3 章介绍单片机常用的扩展总线,包括并行和串行扩展总线两部分,重点介绍串行扩展总线,其中包括 DALLAS 公司的单总线、PHILIPS 公司的 IIC 总线(也称 I^2C 总线)以及 SPI 和 USB 总线等,这些都是目前一些新型单片机外设芯片广泛使用的通信总线,掌握这些知识是使用这些 IC 芯片的基础。从第 4 章到第 10 章是本书的实例部分。第 4 章电子钟的内容相对简单,硬件包括按键和 LED 显示器的用法,软件主要是定时器及其中断。第 5 章的电容电感测量仪是进行电路实验的有力工具。硬件主要是一个 LC 振荡器和字符型 LCD 显示器,软件除了定时/计数器外,主要是浮点运算,还有字符型 LCD 显示器的编程方法。第 6 章 DDS 波形信号发生器也是一个很有用的电路实验仪器。硬件介绍 DDS 芯片的使用,软件介绍 IIC 接口器件的编程方法。实际上,本书的某些实例对于那些从未接触过单片机的读者来说还是有一定难度的。第 7 章自制简单的 51 编程器。制作该编程器其实并不简单,需要掌握两个难点,一个是 51 单片机的编程时序,另一个是单片机串口通信。因此，感到困难的读者可以先跳过这部分难点，直接使用书中提供的程序，只要能使编程器工作即可，待以后再慢慢消化难点。并行编程的方法虽然在慢慢淡出市场，但是其中用到的时序逻辑和编程方法，对读者来说仍然是十分有用的知识和工具，这些知识永远不会过时。本章最后介绍 USB 转换器 CH341，它能将一个串口编程器转换成一个 USB 接口编程器。第 8 章温度数据无线传输系统是一个综合性的实用工程实例。硬件包括 DS18B20 数字温度传感器、nRF905 无线数传模块、AT89C2051 单片机和上位机，软件包括单总线器件的编程方法、SPI 接口器件的编程以及用高级语言编写的上位机串口数据发送和接收程序。上位机串口数据发送和接收程序在第 7 章和第 8 章中都用到了，是一个很有用的工具，我曾用它使一台价值 30 万元、即将报废的日产精密仪器起死回生，得到了公司的奖励。第 9 章熔断时间测试仪结合一种工业用的电量传感器，介绍单片机在精密时间测试中的应用。第 10 章 FM 收音机围绕 PHILIPS 公司的单芯片调频收音机集成电路，比较系统地介绍有关调频广播的知识，包括调频信号的原理、调频信号产生的方法和调频收音机的原理。软件方面进一步强化了 IIC 总线的编程方法。本章特别详细介绍在汇编语言程序中调用具有传递参数和返回参数的 C 程序的方法，并给出了完整的实例。

书中实例内容丰富、取材广泛，除了单片机本身之外，还涉及电子工程应用的诸多方面，包括信号源、测试测量、传感器、无线电通信和广播信号接收等，具有较高的实用价值和广泛的应用范围，有利于拓展读者的知识面，适合工程应用的各类人士借鉴。

本书实例中的所有程序源代码都可在随书附带的光盘中找到，以方便读者使用。

经常听到一些大学应届毕业生就业难的消息，今年以来，受社会经济各种因素的影响，这种情况尤其甚于往年。前些天，我的风华高科的同事来电话与我讨论关于招聘应用电子工程师的问题，多数用人单位认为应届大学生的经验不足，动手能力差，知识面太窄，不能立即胜任工作。由于大学教育受在校时间、实验条件等各方面因素的限制，学生确实也存在着这样的问题。所以，我希望本书能给电子技术等相关专业的学生提供一些自己动手进行实验的实例，通过这些实例切实提高他们的实际工作能力，开阔他们的视野。另外我要强调的是，这些实例无需昂贵的仪器设备，都是花费不多即可在自家环境下进行实验。如果能将这些实验真正自己动手做好，那么你的实践经验和动手能力就会有一个较大的提高。

本书能够出版，首先感谢北京航空航天大学出版社的胡晓柏主任，没有他的鼓励和支持，也就没有勇气完成这项工作。当然，还要感谢本书的责任编辑宋淑娟老师，由于她认真、细致的编审，去除了书中不少瑕疵，使读者能更好地读懂书中所讲的知识。

我要感谢为本书付出辛勤劳动的我的同事和朋友们。没有他们的帮助，本书不可能在短期内完稿。本书第 1 章由杨扬执笔完成，第 3 章的部分内容由张瑶婵完成，其余部分由唐继贤完成。实验电路板 PCB 版图由陈海同设计绘制。杨晓平和郭铁成提供了片式电阻器的有关资料。欧阳克勇、汉泽西、魏聚英、李守为、刘月旻帮助验证了本书的部分例程。文字校对工作主要由刘树祥、房俊、段石、王洁完成。另外，参与本书编写和提供资料的还有杨明、王泰安、尚

前言

涤世、杨崇仁、王启如和孙毓明等。

　　本人作为EDN博客上首位写书的网友，得到了EDN网站的特别关注和支持，网站专门成立了本书的书友会小组，EDN代理本书的网上销售业务，免费为部分读者提供PCB实验板，代购实验板所用套件，并将持续开展有关该书的一些活动。因此，我要特别感谢EDN网站，感谢网站上各位支持我的网友。书友会的网址是：http://group.ednchina.com/1023/。

　　最后感谢我的女儿唐娜，书中主要图表，都是她帮助完成的。

　　由于本人水平有限，书中的瑕疵在所难免，欢迎专家和各位读者批评指正。我的电子邮箱是：tang_jx@163.com。

唐继贤
2008年12月13日

目 录

第1章 C51系列单片机的硬件结构 1

1.1 AT89C51单片机 ··· 2
  1.1.1 AT89C51单片机的内部结构 ······································ 2
  1.1.2 AT89C51单片机的封装和引脚 ···································· 3
  1.1.3 AT89C51单片机的存储器 ·· 4
  1.1.4 AT89C51单片机定时/计数器 ····································· 4
  1.1.5 AT89C51单片机的串口 ·· 6
  1.1.6 AT89C51单片机的中断 ·· 6
  1.1.7 AT89C51单片机的时钟电路和时序 ································ 8
  1.1.8 AT89C51的工作方式 ·· 8
  1.1.9 AT89C51的程序封锁位 ·· 9
1.2 AT89C2051单片机 ··· 9
1.3 STC51单片机 ··· 10
  1.3.1 STC51单片机的特点 ·· 10
  1.3.2 典型代表型号性能简介 ··· 11
  1.3.3 STC51单片机的编程 ·· 12

第2章 C51单片机的指令系统和汇编语言程序设计 14

2.1 指令组成 ·· 14
2.2 寻址方式 ·· 14
2.3 指令说明 ·· 16
2.4 汇编语言程序设计 ·· 20

目 录

2.4.1 汇编语言程序的格式 ……………………………………………… 20
2.4.2 伪指令 ………………………………………………………………… 20
2.4.3 汇编语言程序示例 …………………………………………………… 20
2.5 集成开发环境 μVision2 ……………………………………………………… 21
2.5.1 μVision2 的窗口界面和功能 ………………………………………… 22
2.5.2 创建项目 ……………………………………………………………… 23
2.5.3 调 试 ………………………………………………………………… 28

第 3 章 单片机的总线扩展　36

3.1 并行总线的扩展 ……………………………………………………………… 36
3.1.1 用锁存器扩展并行口 ………………………………………………… 37
3.1.2 用三态门扩展并行口 ………………………………………………… 37
3.1.3 用串行口扩展并行口 ………………………………………………… 38
3.2 IIC 总线 ……………………………………………………………………… 39
3.2.1 IIC 总线的工作原理 ………………………………………………… 39
3.2.2 IIC 总线的工作时序 ………………………………………………… 40
3.2.3 IIC 总线的数据传送格式 …………………………………………… 40
3.2.4 IIC 总线的寻址方式 ………………………………………………… 41
3.2.5 在 MCS - 51 单片机中软件模拟 IIC 总线的方法 ………………… 41
3.3 DALLAS 公司的单总线 ……………………………………………………… 45
3.3.1 硬件结构和连接 ……………………………………………………… 45
3.3.2 单总线的工作原理 …………………………………………………… 46
3.3.3 单总线通信协议 ……………………………………………………… 47
3.3.4 单总线命令编程 ……………………………………………………… 49
3.4 SPI 总线 ……………………………………………………………………… 51
3.4.1 SPI 总线的接口信号 ………………………………………………… 51
3.4.2 SPI 总线的工作原理 ………………………………………………… 52
3.4.3 SPI 总线在 8051 单片机系统中的应用 ……………………………… 53
3.5 USB 总线 ……………………………………………………………………… 54
3.5.1 USB 系统硬件 ………………………………………………………… 55
3.5.2 USB 系统的软件设计 ………………………………………………… 57

第 4 章 采用 LED 显示的电子钟　58

4.1 数字钟的硬件组成 …………………………………………………………… 58
4.2 实时钟电路 PCF8563 简介 ………………………………………………… 60

4.2.1　PCF8563的封装和引脚功能 ………………………………… 60
　4.2.2　PCF8563的内部资源和寄存器 ……………………………… 61
　4.2.3　PCF8563的应用电路 ………………………………………… 64
　4.2.4　PCF8563程序设计 …………………………………………… 65
4.3　设置当前时间的方法 ………………………………………………… 71
4.4　六位LED显示器的工作原理 ………………………………………… 74
　4.4.1　硬件电路 ………………………………………………………… 74
　4.4.2　汇编程序 ………………………………………………………… 76
4.5　数字钟编程 …………………………………………………………… 77
　4.5.1　程序流程 ………………………………………………………… 77
　4.5.2　汇编程序 ………………………………………………………… 78

第5章　电容电感测量仪　88

5.1　LCD1602液晶显示器简介 …………………………………………… 89
　5.1.1　LCD1602的引脚功能 …………………………………………… 90
　5.1.2　LCD1602与单片机的连接 ……………………………………… 91
　5.1.3　LCD1602的指令集 ……………………………………………… 92
　5.1.4　LCD1602的应用编程 …………………………………………… 94
5.2　用单片机测量频率的方法 …………………………………………… 98
5.3　电容电感测量仪的测量原理 ………………………………………… 107
　5.3.1　电容量测量的一般原理 ………………………………………… 107
　5.3.2　本机的测量原理 ………………………………………………… 108
5.4　电容电感测量仪的制作 ……………………………………………… 110
　5.4.1　测量仪的硬件原理 ……………………………………………… 110
　5.4.2　测量仪的编程 …………………………………………………… 110

第6章　DDS波形发生器　123

6.1　DDS原理与特点 ……………………………………………………… 123
6.2　AD9835的应用与编程 ……………………………………………… 124
　6.2.1　内部原理 ………………………………………………………… 125
　6.2.2　引脚及功能 ……………………………………………………… 126
　6.2.3　内部寄存器、控制字和编程 …………………………………… 127
　6.2.4　AD9835的基本应用电路 ……………………………………… 133
6.3　矩阵键盘的使用 ……………………………………………………… 135
6.4　用AD9835和单片机制作的波形发生器 …………………………… 136

6.5 调试方法 …………………………………………………………………… 155
　　6.5.1 硬件电路的调试 ………………………………………………… 155
　　6.5.2 软件调试 ………………………………………………………… 156

第7章　自制简单的51编程器　158

7.1 8051系列单片机编程器的基本原理 ………………………………… 158
7.2 编程器的硬件电路 …………………………………………………… 159
7.3 上位机程序 …………………………………………………………… 163
　　7.3.1 串口通信控件MScomm的使用 ………………………………… 164
　　7.3.2 上位机程序窗口说明 …………………………………………… 172
　　7.3.3 VB程序源码及说明 ……………………………………………… 174
7.4 监控单片机程序 ……………………………………………………… 190
　　7.4.1 编程函数及编程方法 …………………………………………… 191
　　7.4.2 主函数流程图 …………………………………………………… 198
　　7.4.3 监控单片机程序 ………………………………………………… 199
7.5 使用USB接口的编程器 ……………………………………………… 217
　　7.5.1 USB接口芯片CH341简介 ……………………………………… 217
　　7.5.2 CH341的应用电路 ……………………………………………… 219
　　7.5.3 CH341在编程器中的应用 ……………………………………… 220

第8章　温度数据无线传输系统　224

8.1 DS18B20数字温度传感器简介 ……………………………………… 225
　　8.1.1 DS18B20的引脚封装和性能 …………………………………… 226
　　8.1.2 DS18B20的内部结构 …………………………………………… 226
　　8.1.3 DS18B20在单片机系统中的应用 ……………………………… 228
　　8.1.4 DS18B20的功能命令 …………………………………………… 228
　　8.1.5 DS18B20的编程 ………………………………………………… 230
8.2 nRF905无线数传芯片 ………………………………………………… 235
　　8.2.1 芯片内部结构 …………………………………………………… 235
　　8.2.2 nRF905的封装和引脚 …………………………………………… 236
　　8.2.3 工作模式 ………………………………………………………… 238
　　8.2.4 nRF905的配置 …………………………………………………… 241
　　8.2.5 应用电路 ………………………………………………………… 245
8.3 NewMsg-RF905SE无线收发模块 …………………………………… 246
　　8.3.1 用户接口 ………………………………………………………… 246

8.3.2　NewMsg-RF905SE 与单片机的连接 … 247
8.4　系统的硬件结构 … 248
8.5　单片机编程 … 250
8.6　上位机编程 … 262

第 9 章　熔断时间测试仪　267

9.1　慢熔型片式熔断器 … 267
9.2　电流传感器 … 268
9.3　测试仪的硬件结构 … 269
9.4　测试仪的编程 … 271

第 10 章　FM 收音机　279

10.1　FM 广播系统的基础知识 … 279
 10.1.1　调频广播系统 … 279
 10.1.2　调频广播收音机的原理 … 282
10.2　TEA5767HN 单片 FM 调谐器 … 283
 10.2.1　TEA5767HN 的性能 … 283
 10.2.2　TEA5767HN 的引脚和封装 … 284
 10.2.3　TEA5767HN 的内部结构和功能 … 285
 10.2.4　TEA5767HN 的总线接口和控制寄存器 … 288
 10.2.5　TEA5767HN 的典型应用电路 … 294
10.3　FM 收音模块 … 296
10.4　使用单片机和 FM 收音模块制作 FM 收音机 … 297
 10.4.1　收音机硬件电路的说明 … 297
 10.4.2　收音机的编程 … 298
10.5　调试方法和有关问题 … 323

附　录　326

附录 A　51 指令码速查表 … 326
附录 B　ASCII 码表 … 327
附录 C　实验电路板 … 328
附录 D　英汉名词对照 … 332

参考文献　334

后　记　335

第 1 章

C51 系列单片机的硬件结构

美国 INTEL 公司于 1980 年在 MCS-48 单片机的基础上推出了 MCS-51 系列单片机。该系列单片机与前者相比，其结构更先进，功能更强大，并在原有的基础上增加了更多的电路单元和指令。它有四个 8 位并行端口，一个全双工串口，两个 16 位定时/计数器，五个中断源，两种省电工作模式；指令多达 111 条，有单独的乘除法指令，各有一个独立的 64 KB 程序存储器和数据存储器空间等。MCS-51 单片机优异的性能使得它迅速得到了广泛的应用，成为 8 位单片机事实上的工业标准，通过专利互换或专利许可，世界上许多著名的半导体公司例如 PHILIPS、DALLAS、ATMEL 等也大量生产与之兼容的产品。尽管近年来出现了很多其他类型的 8 位单片机，但是，以 MCS-51 为核心的各类单片机仍然是市场的主流产品。

最初的 MCS-51 系列单片机主要包括 8031、8051 和 8751 三个品种，其实它们早已被性能更加优良、与之兼容的产品所取代。现在所说的 C51 单片机泛指与其兼容的所有采用 MCS-51 内核的单片机。目前使用较多的是 ATMEL 公司的产品，主要有 AT89C51/52、AT89C2051 和 AT89Sxx 等。其主要特点是采用了可反复擦写的闪速存储器(flash memory)，便于用户反复调试程序。新型的 AT89Sxx 系列产品还具有在系统可编程功能 ISP(In-System Programmable)，给用户提供了更大的方便。

本章将主要以 AT89C51 为例，讲解 C51 系列单片机的硬件结构。AT89C51 是一种内含 4 KB 闪速存储器、低电压、高性能的 8 位 CMOS 微控制器。它采用了 ATMEL 公司的高密度非易失存储器制造技术，与工业标准的 MCS-51 指令集和输出引脚完全兼容。由于将多功能 8 位 CPU 和闪速存储器组合在一个芯片中，使其具有方便易用、性价比高的显著特点，因此，成为 C51 系列兼容单片机中最受欢迎的品种。它的简化版 AT89C2051 也因价廉物美、体积小、功能强而受到用户的特别青睐。

PHILIPS 公司 51PLC 系列单片机也是基于 80C51 内核的单片机，它内嵌了掉电检测、模拟以及片内 RC 振荡器等功能，这使 51PLC 在高集成度、低成本、低功耗的应用设计中可以满足多方面的性能要求。

另外，这几年还有一种由宏晶科技推出的 STC51 系列单片机。该系列单片机是一种增强型的 8051 单片机。它采用 8051 内核，指令与 8051 兼容。但是性能和速度却有了很大提升，机器周期只有一个时钟，内部具有 PWM、硬件看门狗、高速 SPI 通信端口和 10 位高速 A/D

转换器等,它具有 ISP/IAP(在系统可编程/在应用可编程)功能,无需编程器/仿真器。这些新的性能受到了用户的欢迎,近年来也赢得了不少用户。

1.1 AT89C51 单片机

1.1.1 AT89C51 单片机的内部结构

AT89C51 单片机内部包括一个 8 位 CPU,片内振荡器和时钟电路,由 4 KB 闪存组成的程序存储器,128 字节的数据存储器,四个 8 位并行 I/O 口,一个全双工串行口,两个 16 位定时/计数器,5 个中断源,提供两个中断优先级,21 个特殊功能寄存器,可寻址各 64 KB 的外部程序存储器和数据存储器,有位寻址功能及较强的布尔数据处理能力,有两种软件可选的低功耗运行方式(空闲和掉电方式)。它的内部框图如图 1-1 所示。

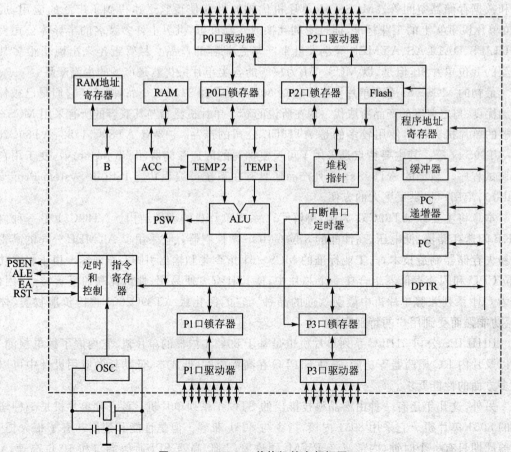

图 1-1 AT89C51 单片机的内部框图

1.1.2 AT89C51 单片机的封装和引脚

AT89C51 具有 PDIP、TQFP 和 PLCC 三种封装形式,图 1-2 是 PDIP 封装的引脚图。

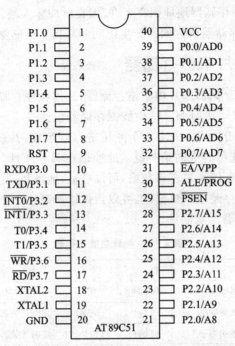

图 1-2 AT89C51 单片机 PDIP 封装形式引脚图

AT89C51 的引脚除了 VCC 和 GND 之外,按其功能可分为以下三类:

1) 时钟电路引脚 XTAL1 和 XTAL2;

2) I/O 端口引脚:

① P0 口 8 位漏极开路的双向 I/O 口。

② P1 口 带内部上拉电阻的 8 位双向 I/O 口。

③ P2 口 带内部上拉电阻的 8 位双向 I/O 口。

④ P3 口 带内部上拉电阻、引脚有复用功能的 8 位双向 I/O 口,如表 1-1 所列。

3) 控制类引脚:

① RST 复位信号引脚。

② EA/VPP 程序存储器选择/编程电压输入端。

其中,

● EA=0 执行外部程序存储器的程序;

表 1-1 P3 引脚的第二功能

引脚	第二功能
P3.0	RXD 串口数据输入
P3.1	TXD 串口数据输出
P3.2	INT0 外中断 0 输入
P3.3	INT1 外中断 1 输入
P3.4	T0 外部计数脉冲输入
P3.5	T1 外部计数脉冲输入
P3.6	WR 外部 RAM 写选通
P3.7	RD 外部 RAM 读选通

第1章 C51系列单片机的硬件结构

● EA=1 执行内部程序存储器的程序。

由于 AT89C51 内部有 4 KB 的闪存作为程序存储器,因此在实际使用时该引脚直接连到电源正端;而编程闪存时则接 12 V 电源正端。

③ ALE/PROG 片外存储器地址锁存允许/编程脉冲输入端。

④ PSEN 外部程序存储器读选通。产生访问外部程序存储器的读选通信号。

1.1.3 AT89C51 单片机的存储器

AT89C51 有片内程序存储器和片内数据存储器,片内程序存储器是 4 KB 可反复擦写的闪存,其地址范围为 0000H~0FFFH。片内数据存储器包括四部分:

① 通用寄存器组。每组由 R0~R7 八个通用寄存器组成,共四组,可以通过程序状态字 PSW 的 RS0 和 RS1 位来选用其中的某一组。地址是 00H~1FH。

② 位地址空间。用于存储布尔逻辑数据,可位寻址,地址是 20H~2FH。

③ 数据存储区。用于存储字节数据,也可以当做运算时的寄存器,地址是 30H~7FH。

④ SFR 特殊功能寄存器。功能见表 1-2。

表 1-2 特殊功能寄存器

名称	功能	地址	名称	功能	地址
ACC	累加器	0E0H	IE	中断允许	0A8H
B	乘法寄存器	0F0H	TMOD	定时计数器方式	89H
PSW	程序状态字	0D0H	TCON	定时计数器控制	88H
SP	堆栈指针	81H	TH0	T0 高字节	8CH
DPH	数据指针高字节	83H	TL0	T0 低字节	8AH
DPL	数据指针低字节	82H	TH1	T1 高字节	8DH
P0	8 位并行口 0	80H	TL1	T1 低字节	8BH
P1	8 位并行口 1	90H	SCON	串口控制字	98H
P2	8 位并行口 2	0A0H	SBUF	串口数据缓冲	99H
P3	8 位并行口 3	0B0H	PCON	电源控制	87H
IP	中断优先	0B8H			

可以看出程序寄存器和数据寄存器的地址是复用的,在程序中通过使用不同指令来区分它们,详见后面的指令系统部分。

1.1.4 AT89C51 单片机定时/计数器

AT89C51 有两个 16 位定时/计数器 T0 和 T1,它们的工作方式由特殊功能寄存器 TMOD 各位确定,见表 1-3。运行由 TCON 的部分相关位控制,见表 1-5。

表 1-3 TMOD 控制字

位	名称	功能	用法
0	M0	T0 方式选择	见表 1-4
1	M1		
2	C/T	T0 定时/计数选择	0：定时，1：计数
3	GATE	T0 门控位	GATE＝1 时，计数受外部引脚 P3.3 控制，P3.3＝1 时才能计数
4	M0	T1 方式选择	见表 1-4
5	M1		
6	C/T	T1 定时/计数选择	0：定时，1：计数
7	GATE	T1 门控位	GATE＝1 时，计数受外部引脚 P3.3 控制，P3.3＝1 时才能计数

表 1-4 定时/计数器 T0 和 T1 工作方式选择

方式	M1	M0	功能
0	0	0	由 TH 高 8 位和 TL 低 5 位组成的 13 位定时/计数器
1	0	1	16 位定时/计数器
2	1	0	自动重载 8 位定时/计数器，TL 为计数器，TH 为计数常数
3	1	1	8 位定时/计数器（仅用于 T0）

表 1-5 TCON 控制字

位	名称	功能	用法
0	IT0	中断 0 方式选择	0：电平触发，1：边沿触发
1	IE0	中断标志	中断置 1
2	IT1	中断 1 方式选择	0：电平触发，1：边沿触发
3	IE1	中断标志	中断置 1
4	TR0	T0 运行	1：启动，0：停止
5	TF0	T0 溢出标志	溢出置 1 请求中断服务，中断响应后硬件自动清零
6	TR1	T1 运行	1：启动，0：停止
7	TF1	T1 溢出标志	溢出置 1 请求中断服务，中断响应后硬件自动清零

1.1.5 AT89C51 单片机的串口

AT89C51 单片机有一个全双工的串行数据接口,可以将单字节的 8 位数据,一位一位地串行发送或接收。在单片机中这项功能是由接收数据引脚 RXD 和发送数据引脚 TXD 来实现的。SBUF 是收发共用的数据缓冲器(地址为 99H),收发使用不同的读写指令来区分。该串口具有不同的工作方式和传输速率等,还能产生发送或接收中断,这些都可以通过串口控制寄存器 SCON 设定或根据其值来判断,方法见表 1-6。

表 1-6 串口控制寄存器 SCON

位	名称	功能	用法
0	RI	接收中断标志	产生中断时为 1
1	TI	发送中断标志	产生中断时为 1
2	RB8	方式 2,3 时收到的第 9 位数据	
3	TB8	方式 2,3 时发送的第 9 位数据	
4	REN	接收允许	软件置 1
5	SM2	方式 2,3 时的多机通信协议允许	
6	SM1	方式选择	见表 1-7
7	SM0		

表 1-7 串口工作方式选择

方式	M1	M0	功能
0	0	0	同步移位寄存器方式
1	0	1	8 位波特率可变
2	1	0	9 位波特率可变,波特率为 $f_{osc}/64$(或 32)
3	1	1	9 位波特率可变

1.1.6 AT89C51 单片机的中断

AT89C51 有五个中断源,两个外部中断(IE0 和 IE1),两个定时/计数器中断(TF0 和 TF1),一个串口中断(RI 和 TI 合为一个中断源)。前四个中断源的中断标志位在 TCON 的相应位中,见表 1-5,串口的中断标志位在 SCON 中,见表 1-6。各中断源均可通过中断允许寄存器 IF 单独允许或禁止,IF 可按位寻址设定,各位的意义见表 1-8。

各中断源可以有不同的优先级别,优先级别由中断优先级寄存器 IP 确定,见表 1-9。

表 1-8 中断允许寄存器 IF

位	名称	功能	用法
0	EX0	外部 INT0 中断允许	1：允许中断 0：禁止中断
1	ET0	定时器 0 中断允许	
2	EX1	外部 INT1 中断允许	
3	ET1	定时器 1 中断允许	
4	ES	串口中断允许	
5	ET2	定时器 2 中断允许	
6	—	保留位	
7	EA	总中断允许	0：禁止所有的中断

表 1-9 中断优先级寄存器 IP

位	名称	功能	用法
0	PX0	外部 INT0 中断优先级	1：中断优先
1	PT0	定时器 0 中断优先级	
2	PX1	外部 INT1 中断优先级	
3	PT1	定时器 1 中断优先级	
4	PS	串口中断优先级	
5	PT2	定时器 2 中断优先级	

中断产生后即转入相应的中断服务子程序处理中断。各中断服务子程序的入口地址如表 1-10 所列。

表 1-10 中断服务子程序入口地址

中断源	入口地址	默认的优先顺序
外部 INT0 中断	0003H	依次递减
定时器 0 中断	000BH	
外部 INT1 中断	0013H	
定时器 1 中断	001BH	
串口中断	0023H	
定时器 2 中断	002BH	

1.1.7 AT89C51 单片机的时钟电路和时序

AT89C51 内部有一个高增益的反相放大器,XTAL1 和 XTAL2 分别是它的输入和输出端,在这两端之间接入晶体或陶瓷振荡器,即可构成一个高稳定度的振荡器作为单片机的时钟,见图 1-3。也可以加一个外部振荡信号到它的输入端作为时钟源,见图 1-4。

图 1-3 AT89C51 单片机的时钟电路　　　　图 1-4 AT89C51 单片机使用外接时钟源

单片机的工作必须按照一定时序来进行,时钟电路就是用来给单片机提供所需时间的同步信号。在讨论单片机的时序时引入"机器周期"的概念,一个机器周期等于 12 个时钟振荡周期,外接 12 MHz 晶体的时钟电路,一个机器周期等于 1 μs。

1.1.8 AT89C51 的工作方式

AT89C51 在上电后,通过复位电路的作用进入复位状态,复位后内部各特殊功能寄存器恢复到表 1-11 所列的值。

表 1-11 特殊功能寄存器复位值

SRF	复位值	SRF	复位值
PC	0000H	TMOD	00H
ACC	00H	TCON	00H
B	00H	TH0	00H
PSW	00H	TL0	00H
SP	07H	TH1	00H
DPTR	0000H	TL1	00H
P0~P3	0FFH	SCON	00H
IP	XXX00000	SBUF	不变
IE	0XX00000	PCON	0XXXXXXX

注:DPTR 指 DPH 和 DPL。

接着,单片机就开始执行程序存储器中的程序,进入"程序运行"方式。此外,单片机还有两种软件可编程的节电模式,它是由电源控制寄存器 PCON 中的 IDL 和 PD 来控制的。

1) 空闲节电模式。当 IDL＝1 时,进入该模式,单片机进入睡眠状态,片上 RAM 和特殊功能寄存器中的内容保持不变,单片机外设仍处于激活状态。有两种情况可以使单片机终止空闲节电模式:

① 任何被允许的中断。当中断产生时,IDL 被硬件清零,空闲节电模式被终止,单片机进入中断服务程序,中断服务处理完成后,单片机执行使其进入空闲节电模式的那条指令后面的指令。

② 硬件复位也可使单片机终止空闲节电模式。空闲节电模式被终止后,同样也是执行使其进入空闲节电模式的那条指令后面的指令。

2) 掉电模式。当 PD＝1 时,单片机进入掉电模式,振荡器停止工作,RAM 和 SFR 的内容保持不变。只有硬件复位可以使单片机终止掉电模式,这时 SFR 的内容被重新定义,RAM 不变。

1.1.9 AT89C51 的程序封锁位

AT89C51 有三个可编程的封锁位 LB1,LB2 和 LB3,用于程序存储器的封锁保护。对它们不同的编程可得到如表 1-12 所列的保护功能,表中 U 表示不编程,P 表示编程。

表 1-12 封锁位程序保护功能

模式	封锁位			保护类型
	LB1	LB2	LB3	
1	U	U	U	无程序封锁功能
2	P	U	U	禁止片外程序存储器中的 MOVC 指令从片内存储器中读取代码字节,EA 在复位时被采样和锁存,禁止进一步编程 Flash
3	P	P	U	同模式 2,同时禁止校验
4	P	P	P	同模式 3,同时禁止执行片外程序

1.2 AT89C2051 单片机

AT89C2051 单片机是 AT89C51 的简化版,Flash 容量为 2 KB。它只有 20 个引脚,图 1-5 是它的引脚图。但是它的功能并不差,AT89C51 具有的功能,它基本上都有。它有 128 字节 RAM,两个 16 位定时/计数器,一个全双工串口,五个两级中断源,片内振荡器和时钟电路等,与众不同的是,它还有一个精确的模拟比较器。从图中可以看出,它只有 P1 和 P3 两个端口,

P1口为双向I/O口,P1.2~P1.7六条引脚内部有上拉电阻,P1.0和P1.1分别为内部模拟比较器的正、负输入端,这两条引脚需外接上拉电阻。P1口的各引脚有较强的驱动能力,可直接驱动LED发光二极管。P3.0~P3.5和P3.7七条引脚有内部上拉电阻,除了与AT89C51类似的第二功能外,也可当做普通I/O口使用。P3.6没有外部引脚,它接受内部模拟比较器的输出,可由程序访问;但不能用做普通I/O口。

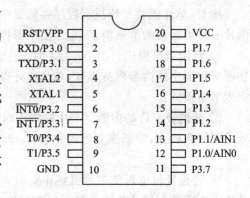

图1-5 AT89C2051引脚图

由于AT89C2051只有2KB闪存,因此在编程使用跳转指令时应注意不要超出2KB地址范围。另外,由于AT89C2051不可外扩数据和程序存储器,因此在编程时也不能使用MOVX片外数据寄存器访问指令。

AT89C2051价格低廉、体积小、功能强大,因此在很多地方得到了广泛应用,关于它的编程方法在第7章中有详细介绍。

1.3 STC51单片机

STC51系列单片机是由美国设计、深圳宏晶科技在国内推广的新型51内核单片机。由于它采用了增强型的8051内核,因此其性能得到了很大提升,同时又保留了51单片机编程简单易学的特点。

1.3.1 STC51单片机的特点

STC51单片机比起它的老祖宗,具有许多新的特点:
- 速度快。一个机器周期只要一个时钟,工作频率可达35MHz,速度比普通8051快8~12倍。
- 可在线编程和在系统编程,无需专用的编程器和仿真器。
- 加密性强,很难破解。
- 抗干扰能力强。
- 宽电压工作范围,低功耗。
- 增加了硬件看门狗、高速SPI通信端口、PWM、A/D转换等外设电路。
- 较高的性价比。

1.3.2 典型代表型号性能简介

STC51 单片机有很多型号可供选用,目前应用较多、性价比较高的型号有两种。

1. STC12C5410AD

STC12C5410AD 采用 28 引脚窄体 DIP 封装,具有 4 KB 片内 Flash 程序存储器,512 字节片内 RAM 数据存储器,1 KB EEPROM,8 通道 10 位 ADC,4 通道捕获、比较单元,两个 16 位定时/计数器,硬件看门狗(WDT),高速 SPI 通信端口,全双工异步串行口(UART),时钟为外部晶体和内部 RC 振荡器可选,ISP/IAP 在系统可编程和在应用可编程。图 1-6 是它的引脚图。

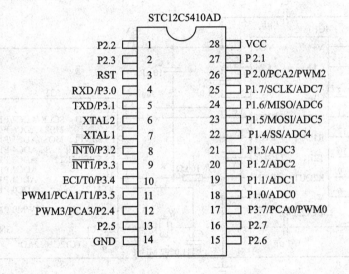

图 1-6 STC12C5410AD 引脚图

2. STC12C2052AD

STC12C2052AD 的引脚与 AT89C2051 兼容,图 1-7 是它的引脚图。因此可以像使用 AT89C2051 一样使用它。但是 STC12C2052AD 增加了很多新的功能:

- 8 通道 8 位 ADC。
- 两路 PWM/PCA(可编程计数器阵列)。
- 看门狗(WDT)。
- SPI 同步通信端口。

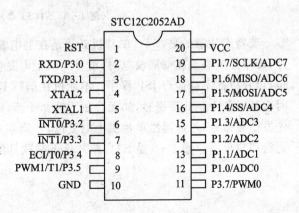

图 1-7 STC12C2052AD 引脚图

第1章 C51系列单片机的硬件结构

- ISP/IAP 在系统可编程、在应用可编程。

1.3.3 STC51 单片机的编程

STC51 单片机的编程很简单,可以通过上位机的串口直接把用户程序编程下载到单片机内的 Flash 程序存储器中,而无需专用的编程器。上位机与单片机之间的连接只要通过一个 232 接口电路(例如 MAX232)即可。连接电路图如图 1-8 所示。在上位机上用厂家提供的 STC-ISP 软件就可以把用户程序下载到 STC 单片机内。该软件可从宏晶科技公司的网站下载。

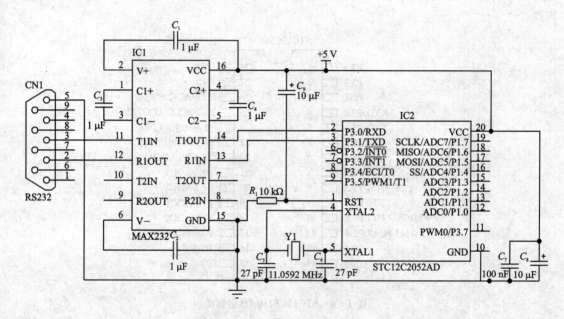

图 1-8 STC51 单片机编程电路

要特别注意的是,STC 单片机必须是在上电复位冷启动的情况下才可以运行 ISP 监控程序,即单片机必须在彻底没电时,给单片机上电复位才能实现 ISP。外部手动复位和看门狗复位,单片机都不会运行 ISP 程序。单片机在运行 ISP 程序后,检测有无合法的下载命令流,此时会延时几十到几百毫秒,如无合法下载命令流,则进入用户程序。因此电脑端的下载软件需先发下载命令,然后再给单片机上电复位,才能实现在系统编程功能。下载完成后,再软复位运行用户程序。图 1-9 是 STC 单片机下载软件的运行界面。

第1章 C51系列单片机的硬件结构

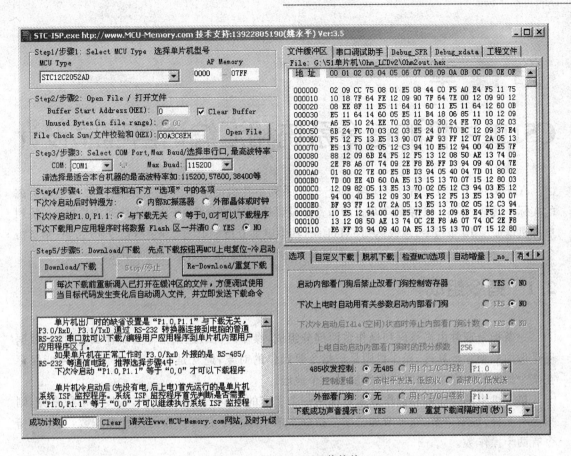

图1-9 STC-ISP下载软件

第2章 C51单片机的指令系统和汇编语言程序设计

AT 89C51 单片机的指令系统与 MCS-51 系列单片机的指令系统完全兼容,因此这里所讲的实际上就是 MCS-51 系列单片机的指令系统。比起它的前辈 MCS-48 系列单片机,51 系列单片机增加了 15 条指令,总数达到了 111 条,其中单字节指令 49 条,双字节指令 48 条,三字节指令 17 条。指令功能大大增强,时钟频率最高可达 24 MHz,指令的执行速度更快。

2.1 指令组成

一条指令通常由操作码和操作数两部分组成,操作码代表这条指令要做什么,是传送数据还是做加减乘除运算等;操作数则是该指令要操作的对象,通常是一个数,这个数也可能保存在某个地址的内存中,这时操作数就是一个地址。

单片机中的操作码和操作数通常都用一个字节的 8 位二进制数表示,若按字节数来分,则指令有三种,即单字节、双字节和三字节指令。单字节指令只有操作码没有操作数,三字节指令有两个操作数。

由于单片机只能识别以二进制数表示的指令字节,而对使用者来说这样的指令难以记忆,因此在单片机编程时使用助记符来表示它们。助记符一般是这些操作指令英文单词的简写,这样便于程序员记忆。使用助记符表示的单片机编程语言就是汇编语言。

2.2 寻址方式

前面讲过的直接给出其数值的操作数称为立即寻址,另外还有很多没有直接给出其数值的操作数被保存在某个地址中,这就需要通过地址去寻找,即所谓的寻址。单片机有很多不同的寻址方式:

① 立即寻址。在操作数前面加"#"直接给出。
② 直接寻址。片内 RAM 低 128 字节的地址和 SFR 的地址都可以直接给出。
③ 寄存器寻址。
④ 寄存器间接寻址。

第2章 C51单片机的指令系统和汇编语言程序设计

⑤ 变址寻址。基本地址加地址偏移量为实际的地址。通常以数据指针 DPTR 或程序计数器 PC 的内容为基地址,以累加器 A 的内容为偏移量。

⑥ 位寻址。位的地址是 8 位二进制数中的某一位,包括片内 RAM 的 20H~2FH 共 16 字节中的每一位,例如 20H.5 表示 20H 的 D5 位。另外,相当部分的特殊功能寄存器也可以进行位寻址,见表 2-1 列出了可位寻址的特殊功能寄存器。

表 2-1 可位寻址的特殊功能寄存器

寄存器	单元地址	符 号	位地址
P0	80H	P0.0~P0.7	80H~87H
TCON	88H	TCON.0~TCON.7	88H~8FH
P1	90H	P1.0~P1.7	90H~97H
SCON	98H	SCON.0~SCON.7	98H~9FH
P2	A0H	P2.0~P2.7	A0H~A7H
IE	A8H	IE.0~IE.7	A8H~AFH
P3	B0H	P3.0~P3.7	B0H~B7H
IP	B8H	IP.0~IP.5	B8H~BDH
PSW	D0H	PSW.0~PSW.7	D0H~D7H
ACC	E0H	ACC.0~ACC.7	E0H~E7H
B	F0H	B.0~B.7	F0H~F7H

⑦ 相对寻址。它是相对转移指令中采用的寻址方式,相对转移指令中给出的操作数是地址的相对偏移量,用符号 rel 表示。实际地址等于当前 PC 值加 rel。请注意,这里的 PC 值是执行过当前指令后的 PC 值。如果把该相对转移指令的地址称为源地址,那么实际的目的地址=源地址+相对转移指令的字节数+rel。不同的相对转移指令有不同的字节数;另外,rel 是一个带符号的补码数,可正可负,在计算时要注意。

前面六种寻址方式所对应的地址空间见表 2-2。

表 2-2 寻址方式对应的地址空间

寻址方式	地址空间
立即寻址	程序存储器
直接寻址	片内 RAM 低 128 字节的地址和 SFR 的地址
寄存器寻址	R0~R7,ACC,B,CY(位),DPTR
寄存器间接寻址	片内 RAM(@R0,@R1,SP);片外 RAM(@R0,@R1,@DPTR)
变址寻址	程序存储器(@A+DPTR,@A+PC)
位寻址	片内 RAM 的 20H~2FH 的每一位和部分 SFR

2.3 指令说明

指令分为五大类,它们是数据传送指令、算术运算指令、逻辑运算指令、控制转移指令和布尔操作指令(见表 2-3)。指令中使用了以下符号:
- Rn 工作寄存器 R0～R7。
- Ri R0 或 R1。
- #data   8 位立即数,范围为 00H～FFH。
- #data16   16 位立即数。

表 2-3 指令表

类别	指令格式		功能简述	字节数	周期
数据传送类指令	MOV	A,Rn	寄存器送累加器	1	1
	MOV	Rn,A	累加器送寄存器	1	1
	MOV	A,@Ri	内部 RAM 单元送累加器	1	1
	MOV	@Ri,A	累加器送内部 RAM 单元	1	1
	MOV	A,#data	立即数送累加器	2	1
	MOV	A,direct	直接寻址单元送累加器	2	1
	MOV	direct,A	累加器送直接寻址单元	2	1
	MOV	Rn,#data	立即数送寄存器	2	1
	MOV	direct,#data	立即数送直接寻址单元	3	2
	MOV	@Ri,#data	立即数送内部 RAM 单元	2	1
	MOV	direct,Rn	寄存器送直接寻址单元	2	2
	MOV	Rn,direct	直接寻址单元送寄存器	2	2
	MOV	direct,@Ri	内部 RAM 单元送直接寻址单元	2	2
	MOV	@Ri,direct	直接寻址单元送内部 RAM 单元	2	2
	MOV	direct2,direct1	直接寻址单元送直接寻址单元	3	2
	MOV	DPTR,#data16	16 位立即数送数据指针	3	2
	MOVX	A,@Ri	外部 RAM 单元送累加器(8 位地址)	1	2
	MOVX	@Ri,A	累加器送外部 RAM 单元(8 位地址)	1	2
	MOVX	A,@DPTR	外部 RAM 单元送累加器(16 位地址)	1	2
	MOVX	@DPTR,A	累加器送外部 RAM 单元(16 位地址)	1	2
	MOVC	A,@A+DPTR	查表数据送累加器(DPTR 为基址)	1	2
	MOVC	A,@A+PC	查表数据送累加器(PC 为基址)	1	2

续表 2-3

类别	指令格式		功能简述	字节数	周期
	XCH	A,Rn	累加器与寄存器交换	1	1
	XCH	A,@Ri	累加器与内部 RAM 单元交换	1	1
	XCHD	A,direct	累加器与直接寻址单元交换	2	1
	XCHD	A,@Ri	累加器与内部 RAM 单元低 4 位交换	1	1
	SWAP	A	累加器高 4 位与低 4 位交换	1	1
	POP	direct	栈顶弹出指令直接寻址单元	2	2
	PUSH	direct	直接寻址单元压入栈顶	2	2
	ADD	A,Rn	累加器加寄存器	1	1
	ADD	A,@Ri	累加器加内部 RAM 单元	1	1
	ADD	A,direct	累加器加直接寻址单元	2	1
	ADD	A,#data	累加器加立即数	2	1
	ADDC	A,Rn	累加器加寄存器和进位标志	1	1
	ADDC	A,@Ri	累加器加内部 RAM 单元和进位标志	1	1
	ADDC	A,#data	累加器加立即数和进位标志	1	1
	ADDC	A,direct	累加器加直接寻址单元和进位标志	2	1
算术运算类指令	INC	A	累加器加 1	1	1
	INC	Rn	寄存器加 1	1	1
	INC	direct	直接寻址单元加 1	2	1
	INC	@Ri	内部 RAM 单元加 1	1	1
	INC	DPTR	数据指针加 1	1	2
	DA	A	十进制调整	1	1
	SUBB	A,Rn	累加器减寄存器和进位标志	1	1
	SUBB	A,@Ri	累加器减内部 RAM 单元和进位标志	1	1
	SUBB	A,#data	累加器减立即数和进位标志	2	1
	SUBB	A,direct	累加器减直接寻址单元和进位标志	2	1
	DEC	A	累加器减 1	1	1
	DEC	Rn	寄存器减 1	1	1
	DEC	@Ri	内部 RAM 单元减 1	1	1
	DEC	direct	直接寻址单元减 1	2	1
	MUL	AB	累加器乘以寄存器 B	1	4
	DIV	AB	累加器除以寄存器 B	1	4

续表 2-3

类别	指令格式		功能简述	字节数	周期
逻辑运算类指令	ANL	A, Rn	累加器逻辑"与"寄存器	1	1
	ANL	A, @Ri	累加器逻辑"与"内部 RAM 单元	1	1
	ANL	A, #data	累加器逻辑"与"立即数	2	1
	ANL	A, direct	累加器逻辑"与"直接寻址单元	2	1
	ANL	direct, A	直接寻址单元逻辑"与"累加器	2	1
	ANL	direct, #data	直接寻址单元逻辑"与"立即数	3	1
	ORL	A, Rn	累加器逻辑"或"寄存器	1	1
	ORL	A, @Ri	累加器逻辑"或"内部 RAM 单元	1	1
	ORL	A, #data	累加器逻辑"或"立即数	2	1
	ORL	A, direct	累加器逻辑"或"直接寻址单元	2	1
	ORL	direct, A	直接寻址单元逻辑"或"累加器	2	1
	ORL	direct, #data	直接寻址单元逻辑"或"立即数	3	1
	XRL	A, Rn	累加器逻辑"异或"寄存器	1	1
	XRL	A, @Ri	累加器逻辑"异或"内部 RAM 单元	1	1
	XRL	A, #data	累加器逻辑"异或"立即数	2	1
	XRL	A, direct	累加器逻辑"异或"直接寻址单元	2	1
	XRL	direct, A	直接寻址单元逻辑"异或"累加器	2	1
	XRL	direct, #data	直接寻址单元逻辑"异或"立即数	3	2
	RL	A	累加器左循环移位	1	1
	RLC	A	累加器连进位标志左循环移位	1	1
	RR	A	累加器右循环移位	1	1
	RRC	A	累加器连进位标志右循环移位	1	1
	CPL	A	累加器取反	1	1
	CLR	A	累加器清零	1	1

第 2 章 C51 单片机的指令系统和汇编语言程序设计

续表 2-3

类别	指令格式		功能简述	字节数	周期
控制转移类指令	ACCALL	addr11	2 KB 范围内绝对调用	2	2
	AJMP	addr11	2 KB 范围内绝对转移	2	2
	LCALL	addr16	64 KB 范围内长调用	3	2
	LJMP	addr16	64 KB 范围内长转移	3	2
	SJMP	rel	相对短转移	2	2
	JMP	@A+DPTR	相对长转移	1	2
	RET		子程序返回	1	2
	RETI		中断返回	1	2
	JZ	rel	累加器为零转移	2	2
	JNZ	rel	累加器非零转移	2	2
	CJNE	A,#data,rel	累加器与立即数不等转移	3	2
	CJNE	A,direct,rel	累加器与直接寻址单元不等转移	3	2
	CJNE	Rn,#data,rel	寄存器与立即数不等转移	3	2
	CJNE	@Ri,#data,rel	RAM 单元与立即数不等转移	3	2
	DJNZ	Rn,rel	寄存器减 1 不为零转移	2	2
	DJNZ	direct,rel	直接寻址单元减 1 不为零转移	3	2
布尔操作类指令	NOP		空操作	1	1
	MOV	C,bit	直接寻址位送 C	2	1
	MOV	bit,C	C 送直接寻址位	2	1
	CLR	C	C 清零	1	1
	CLR	bit	直接寻址位清零	2	1
	CPL	C	C 取反	1	1
	CPL	bit	直接寻址位取反	2	1
	SETB	C	C 置位	1	1
	SETB	bit	直接寻址位置位	2	1
	ANL	C,bit	C 逻辑"与"直接寻址位	2	2
	ANL	C,/bit	C 逻辑"与"直接寻址位的反	2	2
	ORL	C,bit	C 逻辑"或"直接寻址位	2	2
	ORL	C,/bit	C 逻辑"或"直接寻址位的反	2	2
	JC	rel	C 为 1 转移	2	2
	JNC	rel	C 为 0 转移	2	2
	JB	bit,rel	直接寻址位为 1 转移	3	2
	JNB	bit,rel	直接寻址位为 0 转移	3	2
	JBC	bit,rel	直接寻址位为 1 转移并将该位清零	3	2

- direct　8位直接地址、RAM的128个单元和所有特殊功能寄存器SFR，SFR可直接使用它们的符号代替。
- @Ri　寄存器间接寻址。
- @DPTR　16位的DPTR间接寻址，用于外部RAM。
- rel　8位带符号数，是相对跳转的地址偏移量。
- addr11　11位地址。
- addr16　16位地址。

2.4　汇编语言程序设计

2.4.1　汇编语言程序的格式

汇编语言程序由若干条语句组成。一条完整的汇编语句一般由标号、操作码、操作数和注释四部分组成，各部分之间由分割符分开。标号后的分隔符一定是冒号，操作码和操作数之间的分隔符是若干个空格，注释必须以分号开始。语句的一般格式是：

　　　　　　　　　　标号：操作码　操作数　　　；注释

除了操作码是必需的以外，其余三部分不一定全部都有。

2.4.2　伪指令

为了方便程序的编译，在汇编语言程序中还规定了一些所谓的伪指令，由于这些指令在编译后并不产生实际的指令代码，故称为伪指令。常用的伪指令有：

① 汇编起始命令ORG；
② 汇编结束命令END；
③ 等值命令EQU；
④ 数据地址DATA；
⑤ 字节定义DB；
⑥ 字定义DW；
⑦ 位地址符号定义BIT。

2.4.3　汇编语言程序示例

1. 延时程序

下面给出一个基于循环减1的延时程序。

```
;Delay 0.5ms@12MHz
DELAY: MOV R2,#250
       DJNZ R2,$
       RET
```

本程序延时约 0.5 ms(500 μs)。当晶振为 12 MHz 时,一个机器周期是 1μs,第一条语句是单周期指令,耗时 1 μs,第二条指令是双周期指令,每个循环耗时 2 μs,250 个循环耗时 500 μs,因此本程序延时约 500 μs。

2. 无符号二进制数转换为 BCD 码

把累加器内的 8 位无符号二进制数转换为三位 BCD 码,百位存入 50H 单元,十位和个位存入 51H 单元。

```
TOBCD: MOV B,#100
       DIV AB          ;A 除以 100,商在 A 中,余数在 B 中
       MOV 50H,A       ;百位存入 50H
       MOV A,#10
       XCH A,B         ;余数传入 A 中,除数传到 B
       DIV AB          ;A 除以 10,商在 A 中,余数即为个位数
       SWAP A          ;十位数交换至高半字节
       ADD A,B         ;十位数加个位数
       MOV 51H,A
       RET
```

2.5 集成开发环境 μVision2

编写完汇编语言程序后,必须将其中的助记符转换成单片机能识别的机器码,将其中的地址标号转换为单片机内存的实际地址,这项工作称为程序的汇编。过去,汇编工作是由人工进行的。人们需要对照代码表将助记符转换为机器码,由地址标号计算出实际地址,很麻烦又易出错。现在,已经有许多公司开发出自动编译程序,完全代替了人的汇编工作,另外,还具有许多其他功能,非常方便。μVision2 就是具备这些功能的集成开发环境。它既能使用汇编语言,也能使用 C 语言,开发环境内集成了文件编辑、项目管理、编译链接和仿真调试等多种功能,用户可在这里使用文件编辑器编写自己的程序,并用多种方法调试和修改程序。编译程序也能帮助用户检查错误,提示用户修改,直至程序无误。经过机器自动编译和链接,最后产生单片机能识别的 HEX 代码文件,通过编程器烧录到单片机的 Flash 程序存储器中,单片机即可工作了。下面详细讨论 μVision2 集成开发环境的使用方法。

第 2 章　C51 单片机的指令系统和汇编语言程序设计

2.5.1　μVision2 的窗口界面和功能

μVision2 运行后出现如图 2-1 的窗口界面,这是一个典型的 Windows 应用程序窗口,使用十分方便。窗口上面是菜单栏和快捷工具栏,左边是项目窗口,右边是目标代码窗口,下面是信息窗口。另外,在使用过程中还可以打开许多有用的输入/输出窗口,可提供大量编程代码信息和各种内部调试信息,极大地方便了用户的工作。

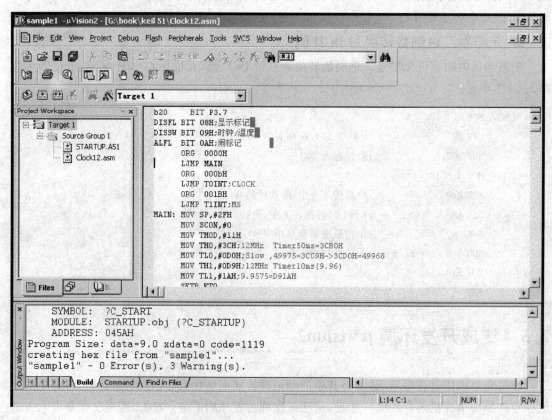

图 2-1　μVision2 的窗口界面

μVision2 的右侧窗口是一个功能强大的文件编辑器,供用户编写自己的应用程序。它是一个标准的 Windows 文件编辑器,具有强大的文件编辑功能,包括文字块的复制、粘贴、移动、修改、查找、替换和删除等。可同时打开几个不同的文件进行编辑,这样便于进行多模块的结构化程序设计;可将这些模块文件置于同一个工程项目组内,对它们分别进行编辑;文件编辑完成后,直接对它们进行编译链接。在编译过程中如果出现错误,μVision2 会在下面的信息窗口中显示错误的内容,双击该条错误,文本编辑器会自动跳到该错误所在的文本行,并用醒目的箭头指示,以便修改。μVision2 还提供了一种可选的彩色语句显示功能,对程序中的变量和关键字等采用不同的颜色显示,以便识别和查找,提高程序的可读性。

2.5.2 创建项目

μVision2 中有一个项目(Project)管理器,用来管理项目中的所有程序文件。在使用时必须先创建一个项目,选定所要使用的单片机型号,将编辑好的程序文件加入到该项目中,然后再调试编译,编译通过后即能产生所需要的 HEX 机器代码文件。创建项目的具体步骤如下。

1. 创建一个项目并选择单片机

打开 μVision2 集成开发环境,选择 Project→New Project 菜单项创建一个新项目,命名该项目并将其保存到一个适当的文件夹中,如图 2-2 所示。接着出现单片机型号选择窗口,在左边列表中选定所用的单片机型号,如图 2-3 所示。

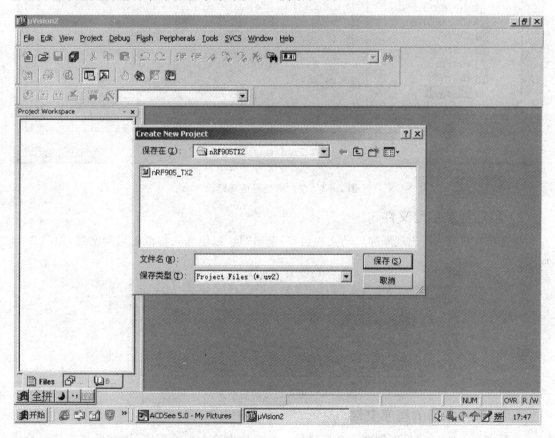

图 2-2 创建一个新项目

第 2 章 C51 单片机的指令系统和汇编语言程序设计

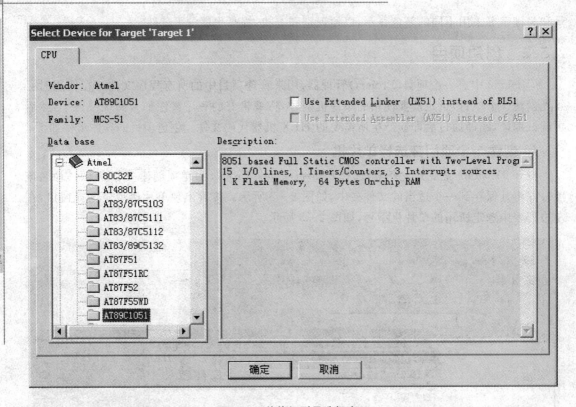

图 2-3 单片机型号选择窗口

2. 添加标准启动文件

选定单片机型号后出现添加启动文件窗口,单击"是"按钮添入标准的启动文件,如图 2-4 所示。

图 2-4 添入标准的启动文件

3. 创建一个新的程序文件

选择 File→New 菜单项创建一个新文件。在文件中输入汇编程序,输完后将文件保存成以 .asm 为后缀的汇编程序源文件。右击左边项目工作区中的 Source Group 1 文件夹,在弹出的快捷菜单中选择 Add File to Group'Source Group 1'菜单项,在弹出的对话框中将刚才编好的汇编程序源文件添加到 Source Group 1 文件夹中，这时在左边项目工作区中的 Source Group 1 文件夹下面出现该文件的名字，如图 2-5 所示。

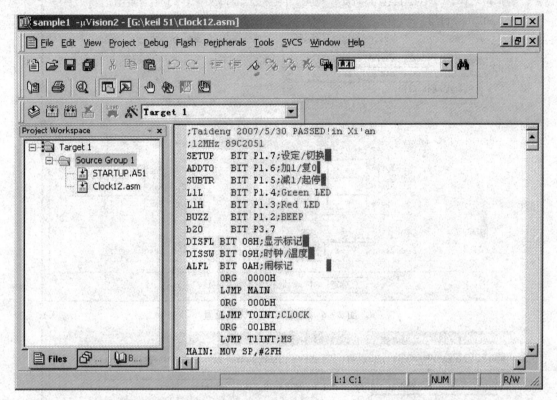

图 2-5　将汇编程序源文件添加到 Source Group 1 文件夹中

4. 为目标设置工具选项

选择 Project→Options for Target 'Target 1'菜单项，打开如图 2-6 所示的对话框。其中 Target 选项卡中包含有关目标单片机的一些设定，在该选项卡的 Xtal 文本框中输入单片机所用的晶振频率，其他选项使用默认值或空白。在 Output 选项卡中选中 Create HEX Fi 以便在编译通过后生成 HEX 文件，并在 Name of Executable 文本框中输入所要的 HEX 文件名，如图 2-7 所示，然后单击"确定"按钮关闭对话框。

5. 编译并创建 HEX 文件

用户在检查程序源文件没有错误之后，即可按 F7 键或单击 Build target 工具按钮开始编译源程序。如果程序有误，就会在窗口下面的 Output Window 区中出现错误提示，如图 2-8 所示，用户可根据提示修改程序，直到编译通过为止。编译通过后就会生成所命名的 HEX 文件，如图 2-9 所示。

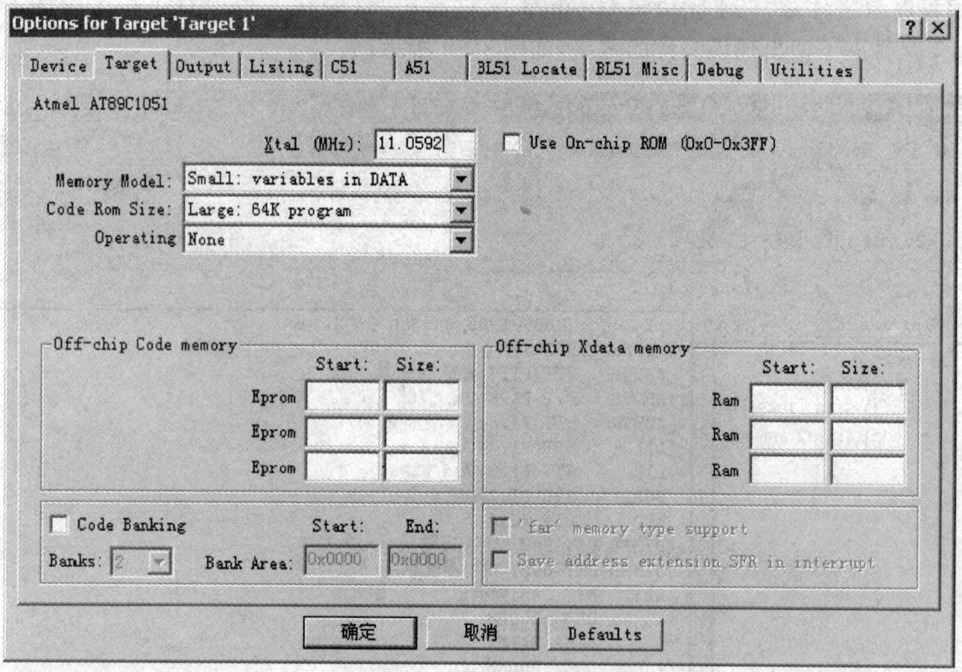

第 2 章　C51 单片机的指令系统和汇编语言程序设计

图 2-6　目标 Target 选项设置

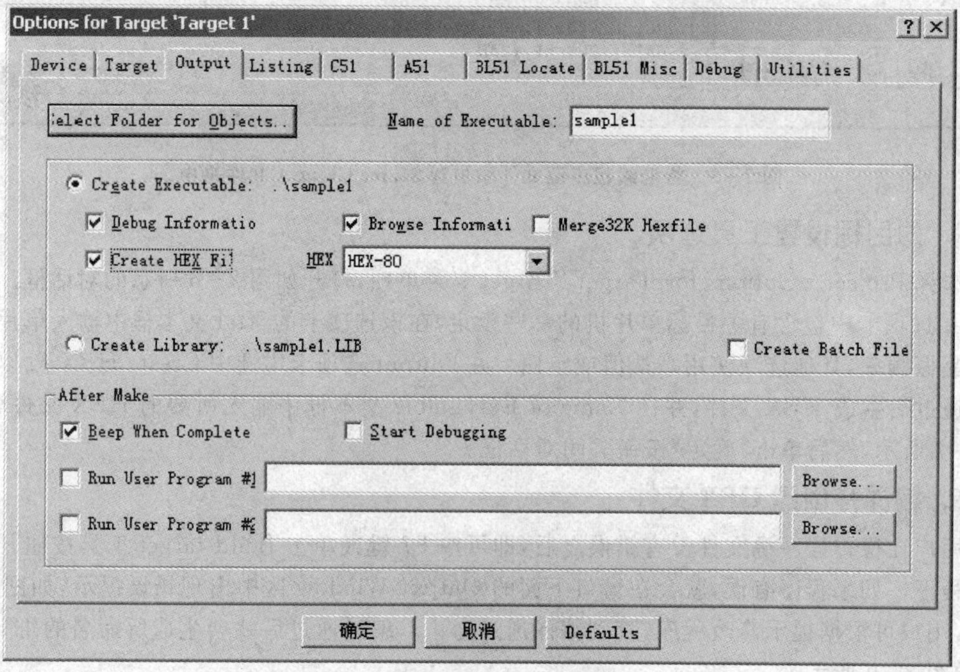

图 2-7　目标 Output 选项设置

第 2 章　C51 单片机的指令系统和汇编语言程序设计

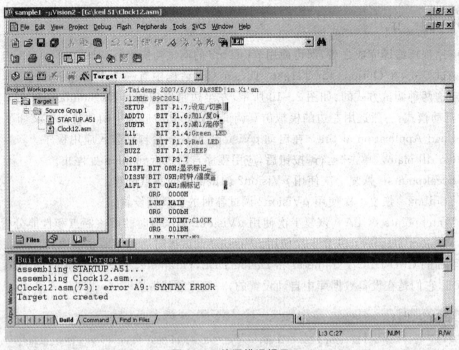

图 2-8　编译错误提示

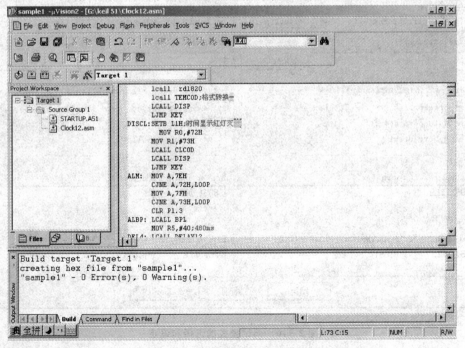

图 2-9　编译通过产生 HEX 文件

2.5.3 调 试

在应用程序编译完成之后,即可使用 μVision2 的调试功能进行调试。μVision2 内部提供了两种调试模式,在 Options for Target 'Target 1' 对话框中有一个 Debug 选项卡,是用来选择和设定这两种调试方式的,如图 2-10 所示,左半边是模拟仿真器(Simulator),右半边是高级 GDI 驱动模式,一般选用左边的模拟仿真调试方式。其中应选中的项目的意义如下:

- Load Application at Sta 在启动 μVision2 调试器后自动载入应用程序。
- Go till main 单击"运行"按钮后,应用程序自动执行到 main 处停止。
- Breakpoints 恢复上次使用 μVision2 调试器时的断点设置。
- Toolbox 恢复上次使用 μVision2 调试器时的工具箱设置。
- Watchpoints & PA 恢复上次使用 μVision2 调试器时的观察断点和性能分析设置。
- Memory Display 恢复上次使用 μVision2 调试器时的存储器显示设置。

最下面的 CPU DLL,Parameter 和 Dialog DLL,Parameter 是为 μVision2 调试器配置内部的 DLL,它们是在设备数据库中自动设置的,一般无须修改。

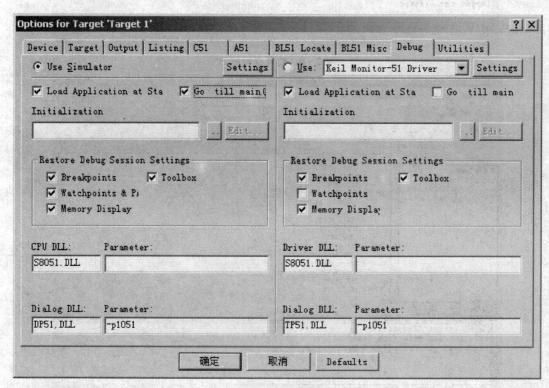

图 2-10 调试模式的选择和设定

第 2 章　C51 单片机的指令系统和汇编语言程序设计

利用该模拟仿真器,用户无需任何硬件目标板就可调试编译完成的应用程序。它可仿真串口、I/O 端口和定时/计数器等。按 Ctrl+F5 键或选择 Debug→Start/Stop Debug Session 菜单项,即可进入模拟仿真调试状态,如图 2-11 所示。

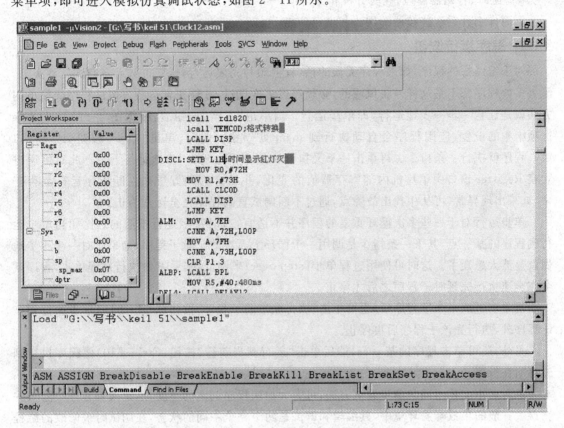

图 2-11　调试窗口

这时在工具栏区出现一排调试用的快捷命令工具按钮和输出窗口工具按钮,如图 2-12 所示。左边的项目工作区也换了一个页面,变为 Register 窗口,显示单片机内部某些重要寄存器的当前值。

图 2-12　调试用的命令工具按钮和输出窗口工具按钮

在该排快捷按钮中,除了第一个是复位按钮外,后面的按钮被竖线分为三部分。

第一部分是程序运行按钮,依次是:运行、暂停、单步、过程单步、执行完当前子程序和运行到当前行。

第二部分是程序跟踪按钮，依次是：下一状态、打开跟踪记录和观察跟踪记录。

第三部分主要是输出窗口控制按钮，依次是：反汇编窗口、观察窗口、代码作用范围分析、1号串口窗口、存储器窗口、性能分析和工具箱。

下面详细介绍这些按钮的用法和窗口功能。

1. 程序运行按钮

对于编译好的程序，如果程序无误的话，就会顺利完成运行，这样也就无需调试。事实上，绝大多数程序都不是这样一帆风顺的，必须经过多次调试，才能正常运行。调试程序最简单的方法就是让它一步一步地运行，即单步运行。当单击"运行"按钮后，根据图2－10中Debug选项卡中的设置，应用程序会自动执行到main处停止。这时，单击"单步"按钮（或按F11键），程序就执行一条指令。再单击一下又执行一条，这样一步一步地运行下去。此时可通过观察Register窗口中单片机内部寄存器值的变化，并结合其他方法来判断程序运行是否正常，如果出现异常，可从中找出故障点，通过不断调试直到程序完全正常为止。

单步运行对于一些多次循环重复的程序并不适宜，有时甚至是行不通的。比如当单步运行到程序的某一点，其下一条指令是调用一个循环上万次的延时子程序，如果此时一步一步地做就显然太愚蠢了。这时可使用过程单步（step over）来调试，按F10键执行过程单步，程序就会在全速执行完延时子程序之后才停止。

当单步进入一个子程序后，也可单击"执行完当前子程序"按钮（Ctrl+F11）单步执行到该子程序外，执行完该子程序后再停止。

另外，还可单击程序的某一行，然后单击"运行到当前行"按钮（Ctrl+F10）使程序执行到光标所在行停止。

综合运用上述不同的单步调试方法，可大大加快程序调试的速度，迅速找到程序中隐藏的错误。一般的集成开发环境中，其编辑和调试是两个完全不同的状态，在调试时被修改的源程序必须先退出调试状态，重新编译链接后才能继续调试；但是，μVision2具有在线汇编功能，首先将光标定位于要修改的程序行，然后选择Debug→Inline Assembly菜单项会出现如图2－13所示的窗口。用户可在Enter New文本框中输入修改的程序语句，按回车键完成本行修改，进入下一行可继续修改。全部修改完后，单击右上角的关闭窗口图标×。

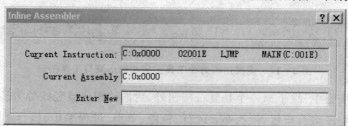

图2－13 在线汇编修改程序窗口

2. 设置断点

设置断点是调试程序的另一个有力工具,设置断点最简便的方法是双击某一程序行,然后程序在运行到该行时就会停止。这时通过观察程序在断点位置的有关变量和寄存器的值,即可发现问题之所在。μVision2 有四个设置断点快捷按钮如图 2-14 所示。

设置断点按钮的功能依次是:

- Insert/Remove Breakpoint 插入/取消断点。
- Kill All Breakpoints 取消所有断点。
- Enable/Disable Breakpoint 开启/暂停该断点。
- Disable All Breakpoints 暂停所有断点。

图 2-14 设置断点按钮

另外,在 Debug 菜单中还有一个 Breakpoints 选项,选择它会出现一个如图 2-15 所示的对话框,可用来设置若干不同的、更复杂的断点。

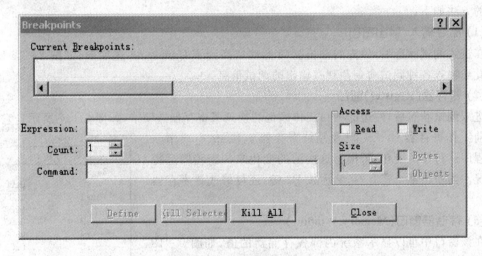

图 2-15 断点设置对话框

图 2-15 中 Expression 文本框用来输入一个表达式,由它来确定程序停止运行的条件。这种设置方法的使用比较复杂,下面举例说明它的用法。

例 1 在 Expression 文本框中输入 a==7FH 后单击 Define 按钮,此时所设置的这个断点就会出现在上面的 Current Breakpoints 列表框中,该设置表示当累加器 A 的值等于 7FH 时程序停止。接着可以继续设置其他的断点。

例 2 在 Expression 文本框中输入 DELAY 后单击 Define 按钮,表示当程序运行到 DELAY 标号所在行时停止。

例 3 在 Expression 文本框中输入 DELAY,将 Count 的值调为 3,然后单击 Define 按钮,表示当程序第三次运行到 DELAY 标号所在行时停止。

第 2 章　C51 单片机的指令系统和汇编语言程序设计

例 4　在 Expression 文本框中输入 DELAY，Command 文本框中输入"printf("Delay has been called\n")"，表示当子程序 DELAY 被调用时在输出窗口的 Command 选项卡中显示字符"Delay has been called"。

例 5　在 Expression 文本框中输入 temp==25，Access 选项组中选中 Write，表示当变量 temp 被写入 25 时程序停止。

设置完成后，所设置的所有断点都会显示在 Current Breakpoints 列表框中，且每个断点前面都有复选框，可选择任意一项并单击下面的 Kill Selected 按钮取消那些不用的断点。根据上面的例子举一反三，可灵活运用这种方法。

3. 调试窗口

μVision2 在调试状态时有许多输入/输出窗口，通过这些窗口也可帮助调试程序。除了使用工具栏中的快捷按钮外，还可通过 View 菜单中的命令来开/关这些窗口。操作这些调试窗口的方法如下：

(1) 命令输入/输出窗口

在进入调试状态后，原先的输出窗口自动切换到了 Command 选项卡，如图 2-16 所示。可在此处输入各种调试命令并观察输出的调试信息。

(2) 寄存器(Register)窗口

进入调试状态后，左边的项目工作区也切换到了寄存器选项卡，如图 2-17 所示。它反映了当前工作寄存器 r0～r7 以及系统寄存器 a、b、sp、dptr、psw 等在程序运行中的变化，可根据这些值的变化来判断程序运行的情况。当单击某个寄存器，然后按 F2 键，还可修改该寄存器的值。

(3) 存储器窗口(Memory Window)

在该窗口中可以显示系统内部各存储器的值，如图 2-18 所示。在 Address 文本框中输入"字母：数字"，其中的字母为 C、D、I 和 X，分别代表代码存储器、直接寻址的片内 RAM、间接寻址的片内 RAM、扩展的片外 RAM；数字为地址。例如输

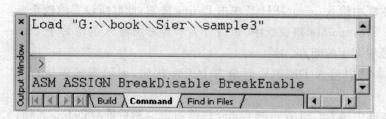

图 2-16　命令输入和调试信息输出窗口

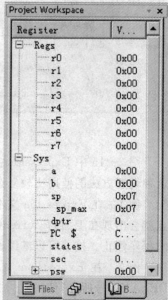

图 2-17　寄存器窗口

第 2 章　C51 单片机的指令系统和汇编语言程序设计

入"D:0"即可显示从地址 0 开始的片内 RAM 单元值,输入"C:0"即可显示从地址 0 开始的片内 ROM 单元值。右击列表框中的某单元,在弹出的快捷菜单中可以选择十进制、十六进制和 Ascii 码等不同的显示形式来显示单元值。用 Modify Memory at 0xXX 还可在出现的对话框中修改该单元的值,如图 2-19 所示。

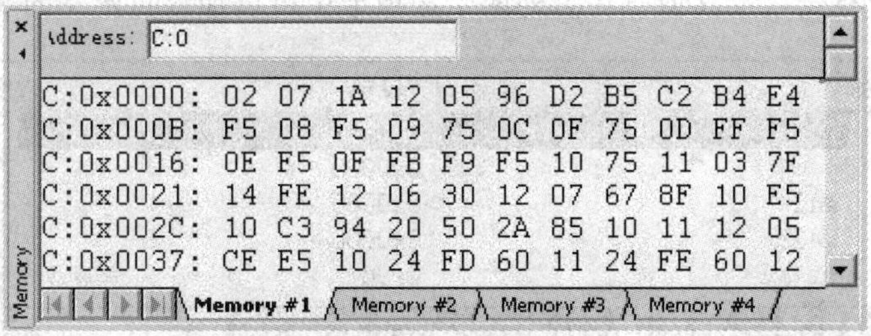

图 2-18　存储器窗口

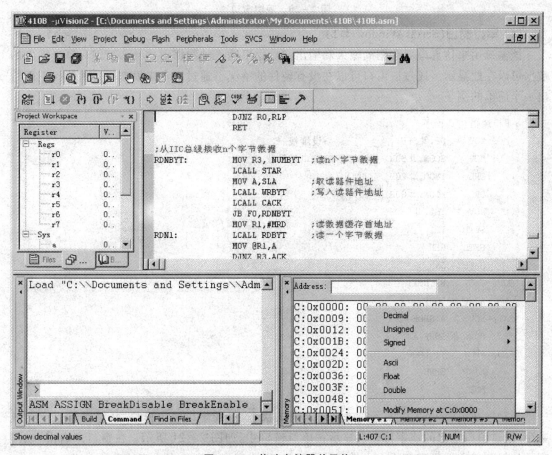

图 2-19　修改存储器单元值

第 2 章　C51 单片机的指令系统和汇编语言程序设计

(4) 反汇编窗口(Disassembly Window)

该窗口中显示反汇编后的源代码,用户在这里可进行在线修改,跟踪已执行的代码。

(5) 观察窗口(Watch and Call Stack Window)

如图 2-20 所示,在观察窗口中可以查看和更改程序中的变量。Locals 选项卡中是当前运行的函数中的所有变量及其值。在另外两个选项卡中可以加入自定义的观察变量。

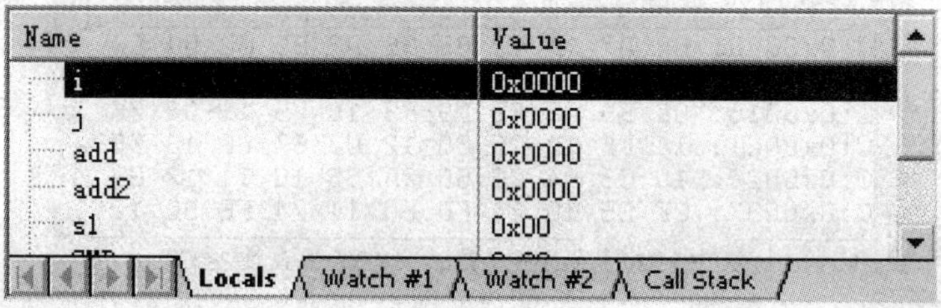

图 2-20　观察窗口

(6) 串行窗口(Serial Window #1)

该窗口用来仿真串口数据的输入和输出。在这里输入的数据可被传入 CPU,串口输出的数据可以在此显示。通过该窗口可以在没有硬件的情况下通过键盘来模拟串口通信。下面给出一个简单的例子。

```
;串口通信仿真程序
        MOV     SP,#5FH         ;设堆栈
        MOV     SCON,#50H       ;串口初始化
        ORL     TMOD,#20H
        ORL     PCON,#80H
        MOV     TH1,#0FDH
        SETB    TR1
        SETB    REN
        SETB    SM2
LOOP:   JBC     RI,NEXT
        AJMP    LOOP
NEXT:   MOV     A,SBUF
        MOV     SBUF,A
SEND:   JBC     TI,LOOP
        AJMP    SEND
        END
```

该程序在 μVision2 中编译完成后进入调试状态,打开串口输出窗口,从键盘输入字符或数字,通过串口输出的该字符则会显示在串口窗口中,如图 2-21 所示。在窗口中右击,在出现的快捷菜单中选择字符或十六进制显示格式,以决定串口窗口中内容的显示方式。

关于 μVision2 的调试功能还有许多,限于篇幅,仅先讨论至此。

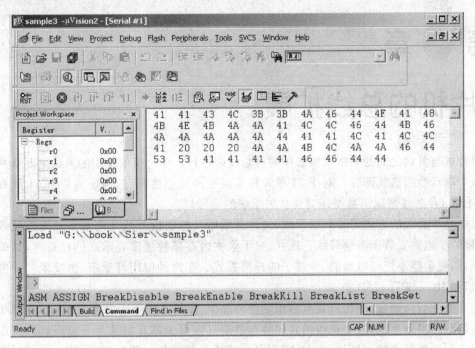

图 2-21 串口窗口

第3章

单片机的总线扩展

单片机与外设之间的数据交换必须通过总线来进行。单片机所使用的总线主要有并行数据总线和串行数据总线两种。对于51单片机来说这两种总线都有,例如AT89C51就有四个8位并行口,在某些情况下甚至还需要扩展更多的并行口。

以前共享总线的方式需要数据总线、地址总线以及控制信号线共同来实现周边设备的连接,这样最少也需要数十条信号线。现在,除了像主内存那种速度要求高的设备外,对低速设备来说,则更希望小规模电路的、少端子的连接方式。在这种应用背景下,出现了多种串行总线协议,如IIC、SPI、USB等。

相对于并行口而言,串行口具有占用硬件资源少、简单方便等诸多优点,因此,近几年出现了许多新型的串行总线,这些总线的共同特点就是只需很少的几根甚至一根线就可完成复杂的外设识别和数据交换。例如,由PHILIPS公司推出的使用一根时钟线SCL和一根数据线SDA的IIC总线,由于该总线具有许多优异的性能,已经被很多公司采用,在很多单片机和半导体器件中都配置了这种接口总线。另外,由美国达拉斯半导体公司(DALLAS Semiconductor)推出的单总线(1-wire Bus)技术,仅仅需要一根线就能完成双向数据交换,也在很多单主机系统中得到了广泛应用。SPI作为少端子总线,是MOTOROLA公司(现在是FREESCALE Semiconductor)大力提倡的一种规格。该总线的信号线共4条,如果只连接一个设备的话,可将片选端子固定,那么就只需3条连接线。

在一个单片机系统中往往不止有一个外部设备,因此单片机与外设之间的互动必须有两项功能,一是单片机能识别不同的外设,二是数据交换。也就是说,一个完整的总线系统必须具有这两项功能。因此,在学习某种总线时,要从这两方面注意其实现方法和特点。

本章将介绍并行总线的扩展方法以及几种流行的串行总线。

3.1 并行总线的扩展

虽然一般单片机都有几个并行口,但有时还是不够用,特别是像AT89C2051这类只有两个并行口的单片机,就需要扩展它的并行口。已经有像8255这样专用的可编程并行口扩展芯片供用户选择。这里介绍另一类不可编程的并行口扩展方法,这种方法通常使用三态门

74LS244、锁存器 74LS273 或者带三态功能的锁存器 74LS373 来扩展并行口,另外,再介绍一种用串行口来扩展并行口的方法。

3.1.1 用锁存器扩展并行口

锁存器用于扩展输出总线。如果需要并行口上输出的数据保持一定时间,则可用锁存器来扩展并行口。锁存器是一个 8 位的 D 触发器,在有效时钟沿到来时,将数据输入锁存器,直到下一个时钟沿到来之前,锁存器上的数据都不会改变。时钟信号可用一根地址线和写信号联合产生。用锁存器 74LS273 扩展并行口的电路图如图 3-1 所示。单片机的 P0 口接 74LS273 的 D1~D8 数据引脚,单片机 P2 口的某一位(图中是 P2.6,地址为 10111111)和 WR 信号通过一个"或非"门接到 74LS273 的 CLK 时钟信号端,当单片机向该地址写入数据时,该数据即被锁存到 74LS273 的输出端。

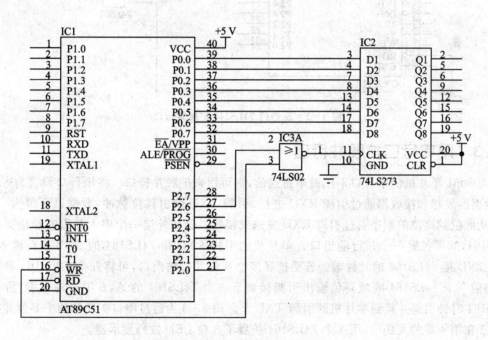

图 3-1 锁存器 74LS273 扩展并行口

3.1.2 用三态门扩展并行口

三态门用于扩展输入总线,常用的三态门有 74LS244。三态门的特点是它有一个高阻态,这时并接在总线上的三态门的输出端相当于和总线处于断开状态,只有当它的 EN1 和 EN2 引脚同为低电平时,其输入端的数据才会被加到总线上。通常用单片机的 RD 信号和一根地址线经过一个"或非"门加到它的 EN1 和 EN2 引脚上,如图 3-2 所示。当单片机读该地址的数据时,三态门打开,输入数据送往总线,被读入单片机。

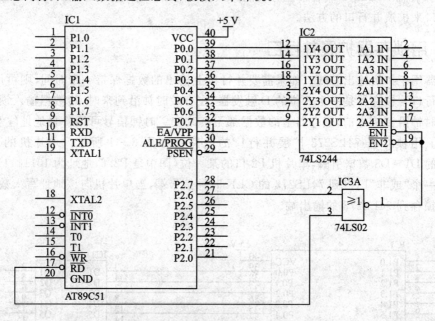

图 3-2 三态门 74LS244 扩展并行口

3.1.3 用串行口扩展并行口

若 8051 单片机的串行口不用做串行通信,则可用来扩展并行口。将串行口设置为方式 0 时,数据的发送和接收都通过引脚 RXD 进行,引脚 TXD 输出移位脉冲,数据以 8 位为一组,按照从低位到高位的顺序通过引脚 RXD 发送或接收。例如外接一个串入并出的移位寄存器 74LS164,就可扩展一个并行输出口。单片机的引脚 RXD 接 74LS164 的 A,B 串行输入端,引脚 TXD 接 74LS164 的时钟端。若要扩展多个 8 位并行输出口,可将几个 74LS164 串接起来,将前一个 74LS164 的最高位输出引脚接到下一个 74LS164 的 A,B 串行输入端,所有的 74LS164 时钟引脚并接到单片机的引脚 TXD 上。图 3-3 为通过串口扩展的两个 8 位并行输出口。在第 4 章的实例中,用 6 个 74LS164 扩展了 6 位 LED 数码显示器。

汇编程序很简单,只须将串口设置为方式 0,再用一条串口发送指令语句即可将一字节数据送到 74LS164 的输出端,语句是

```
MOV SCON,#0
MOV SBUF,A
...
```

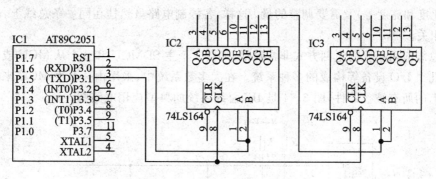

图 3-3　串行口扩展两个并行口

3.2　IIC 总线

IIC(Inter-Integrated Circuit)有时也写为 I^2C，是 PHILIPS 公司推出的一种二线制串行总线标准，广泛应用于单片机及其可编程的外设 IC 器件中。它只需一根数据线 SDA 和一根时钟信号线 SCL 即可在具有该总线标准的器件之间寻址和交换数据，能够极方便地构成多机系统和外围器件扩展系统。

IIC 总线最主要的优点是简单、高效和占用的系统资源少。IIC 总线占用的空间非常小，因此减小了电路板的空间和芯片引脚的数量，从而降低了互联成本。总线长度可高达 25 英尺（1 英尺=0.304 8 m），能够以 10 Kbps 的最大传输速率支持 40 个组件。IIC 总线的另一个优点是支持多主控(multimastering)，其中任何能够进行发送和接收的设备都可成为主总线。一个主控能够控制信号的传输和时钟频率。当然，在任何时间点上只能有一个主控。IIC 总线优异的性能使得它在计算机外设芯片、智能传感器、家用电器控制器等各类智能化的可编程 IC 器件中得到了广泛应用。目前很多半导体集成电路上都集成了 IIC 接口。带有 IIC 接口的单片机有：CYGNAL 公司的 C8051F0xx 系列，PHILIPS 公司的 P87LPC7xx 系列，MICROCHIP 公司的 PIC16C6xx 系列等。很多外围器件如存储器、监控芯片等也提供 IIC 接口。

3.2.1　IIC 总线的工作原理

IIC 总线是由数据线 SDA 和时钟线 SCL 构成的串行总线，可发送和接收数据。在 CPU 与被控 IC 之间、IC 与 IC 之间可进行双向传送，其最高传送速率为 100 Kbps。各种被控电路均并联在该条总线上，就像电话机一样只有拨通各自的号码才能工作，所以每个电路和模块都有唯一的地址，在信息传输过程中，IIC 总线上并接的每一模块电路既是主控器(或被控器)，又是发送器(或接收器)，这取决于它所要完成的功能。CPU 发出的控制信号分为地址码和数据两部分，地址码用来选址，即接通需要控制的电路和确定控制的种类；数据则决定调整的类

第3章 单片机的总线扩展

别(如对比度和亮度等)及需要调整的量。这样,各控制电路虽然挂在同一条总线上,却彼此独立,互不相关。

IIC总线应用系统的组网方式非常灵活,如由1个主SDMCU和几个从MCU或由一个主MCU和几个I/O设备等构成的多种系统。在大多数系统中,采用由一个主MCU来控制挂在IIC总线上的所有被控器件,图3-4是IIC总线系统的典型应用电路图。

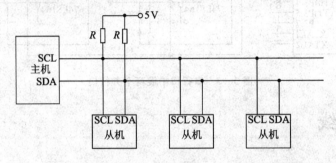

图3-4 IIC总线的应用电路图

3.2.2 IIC总线的工作时序

IIC总线在传送数据过程中共有三种类型信号,分别是开始信号、结束信号和应答信号:

- 开始信号。SCL为高电平时,SDA由高电平向低电平跳变,开始传送数据。
- 结束信号。SCL为低电平时,SDA由低电平向高电平跳变,结束传送数据。
- 应答信号。接收数据的IC在接收到8位数据后,向发送数据的IC发出特定的低电平脉冲,表示已收到数据。CPU向从机发出一个信号后,等待从机发回一个应答信号;CPU接收到应答信号后,根据实际情况做出是否继续传递信号的决定。若未收到应答信号,则判断为从机出现故障。

3.2.3 IIC总线的数据传送格式

主机与从机之间在IIC总线上进行一次数据传送,按照IIC总线规范的约定,传送的信息由开始信号、寻址字节、数据字节、应答信号以及停止信号组成。开始信号表示数据传送的开始,接着是寻址字节,包含7位地址码和1位读/写控制位,再接着是要传送的数据字节和应答信号。数据传输完后,主机给从机发出一个停止信号。IIC总线的数据传送格式如表3-1所列。

表3-1 IIC总线的数据传送格式

开始信号	7位地址	读/写信号	应答信号	数据字节1	应答信号	数据字节2	应答或非应答信号	停止信号

3.2.4 IIC 总线的寻址方式

IIC 总线只有 SDA 和 SCL 两根线,这两根线既要完成地址选择,又要完成数据传送。因此,其寻址方式与其他并行总线的寻址方式不同。前面提到的 IIC 总线的数据传送格式,在开始信号的后面传送的是地址码,该地址码即决定了地址的选择。具体地说,如果从机是内含 CPU 的智能器件,则地址码由其初始化程序定义;如果从机是非智能器件,则由生产厂家在器件内部设定一个从机地址码,该地址码根据器件类型的不同,由"IIC 总线委员会"实行统一分配。一般带 IIC 总线接口的器件,均拥有一个专用的 7 位从器件地址码,该 7 位地址码又分为两部分:

① 器件类型地址,占据高 4 位,不可更改,属于固定地址;
② 引脚设定地址,占据低 3 位,通过引脚接线状态来改变。

在第 4 章中所用的实时钟芯片 PCF8563 就属于非智能器件,其写地址码是 0A2H,读地址码是 0A3H,在表 3-1 中,寻址码=7 位地址码+1 位读/写码,即当写入时,读/写码=0,地址码是 0A2H;当读出时,读/写码=1,地址码是 0A3H。

3.2.5 在 MCS-51 单片机中软件模拟 IIC 总线的方法

由于 MCS-51 单片机不带 IIC 总线接口,因此,当它与带 IIC 总线接口的器件进行连接时不能直接相连,而是通过接口电路 IIC 总线/并行转换器来实现。MCS-51 单片机与 IIC 总线接口芯片之间的通信是通过硬件来实现的。另外也可通过软件模拟的方法来实现这一功能。

所谓软件模拟,就是用 51 单片机普通的 I/O 引脚来模拟 IIC 总线的工作时序,从而达到访问带 IIC 总线接口器件的目的。需要注意的是,当单片机引脚作为 SDA 和 SCL 线使用时,应连接一个 10 kΩ 的上拉电阻。下面以单片机 AT89C51 对存储器 EEPROM AT24C02 进行读/写为例,通过具体程序来说明软件模拟的实现过程。这里利用的是 AT89C51 的 P1.0 和 P1.1 引脚来模拟 IIC 总线的工作时序,图 3-5 是 AT89C51 与 AT24C02 的连接电路图。

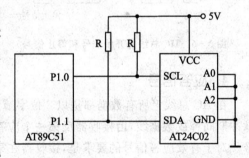

图 3-5 AT89C51 与 AT24C02 的连接电路图

在用 51 单片机的 I/O 口模拟 IIC 总线的通信时序时,单片机的时钟频率必须满足 SDA 和 SCL 信号线的上升沿和下降沿的时间要求。因此,时序模拟时最重要的是确保典型信号的时序要求,如开始信号、数据传送字节、应答信号和停止信号等。下面说明对这些信号时序的具体要求。

1. 开始信号

在时钟线 SCL 保持高电平期间,数据线 SDA 上的电平负跳变定义为 IIC 总线的"开始信号"。开始信号是一种电平跳变时序信号,而不是电平信号。开始信号是由主机主动建立的,在建立该信号之前,IIC 总线必须处于空闲状态,即 SDA 和 SCL 两条信号线同时处于高电平,如图 3-6 所示。

2. 停止信号

在时钟线 SCL 保持高电平期间,数据线 SDA 被释放,使 SDA 的电平正跳变,此时定义为 IIC 总线的"停止信号"。停止信号也是一种电平跳变的时序信号,而不是电平信号。停止信号也是由主控器主动建立的,该信号之后,IIC 总线返回空闲状态,如图 3-6 所示。

3. 数据传送字节信号

在 IIC 总线上传送的每一位数据都与一个时钟脉冲相对应。也就是说,在 SCL 时钟的配合下,在 SDA 数据线上一位一位地传送数据。进行数据传送时,在 SCL 高电平期间,SDA 线上的电平必须保持稳定;当 SCL 为低电平期间,才允许 SDA 线上的电平改变状态,如图 3-7 所示。

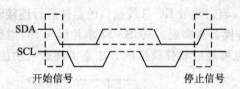

图 3-6 IIC 总线的开始信号和停止信号

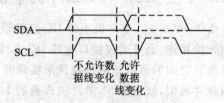

图 3-7 IIC 总线的数据传送要求

4. 应答信号

在 IIC 总线上所有数据都是以 8 位字节传送的,发送器每发送一字节后,就在第 9 个时钟脉冲期间释放数据线,由接收器反馈一个应答信号。应答信号为低电平时,定义为有效应答信号。对于有效应答信号的要求是,接收器在第 9 个时钟脉冲之前的低电平期间将 SDA 电平拉低,并且确保在该时钟的高电平期间保持稳定的低电平。下面给出 AT89C51 单片机对 IIC 总线接口芯片 EEPROM AT24C02 的读写程序,该程序是严格按照上述信号时序要求设计的。

5. IIC 总线汇编语言读/写程序

AT89C51 单片机对 IIC 总线接口芯片 AT24C02 的读/写程序如下。

```
;AT24C02 写数据子程序 IIC_write
SCL BIT P1.0
SDA BIT P1.1
```

```
IIC_write:
    SETB    SCL             ;先使 IIC 总线处于空闲状态
    SETB    SDA
    NOP
    CLR     SDA             ;启动 IIC 总线
    NOP
    CLR     SCL
    MOV     A,#0A0H         ;AT24C02 七位地址码 1010000 和一位写信号 0
    LCALL   Write_byte      ;调用写一字节数据子程序
    MOV     A,10H           ;选中 AT24C02 的 10H 单元
    LCALL   Write_byte
    MOV     A,#80H          ;向 AT24C02 的 10H 单元写数据 80H
    LCALL   Write_byte
    CLR     SCL             ;停止 IIC 总线,使其处于空闲状态
    NOP
    CLR     SDA
    NOP
    SETB    SCL
    NOP
    SETB    SDA
    NOP
    RET
;写一字节数据子程序 Write_byte
Write_byte:
    MOV     R7,#08          ;一个字节 8 位
LOOP:
    NOP
    CLR     SCL
    NOP
    RLC     A
    MOV     SDA,C
    SETB    SCL
    DJNZ    R7,LOOP
    CLR     SCL             ;发第 9 个时钟脉冲,准备接收应答信号
    NOP
    SETB    SCL
    NOP
WAIT:
    JB      SDA,WAIT        ;等待应答信号,数据传送成功返回
```

```
        CLR     SCL
        RET
; 从 AT24C02 读数据子程序 IIC_read
IIC_read:
        SETB    SCL             ;先使 IIC 总线处于空闲状态
        SETB    SDA
        NOP
        CLR     SDA             ;启动 IIC 总线
        NOP
        CLR     SCL
        MOV     A,#0A0H         ;AT24C02 七位地址码 1010000 和一位写信号 0
        LCALL   Write_byte
        MOV     A,#10H          ;选中 AT24C02 的 10H 单元
        LCALL   Write_byte
        SETB    SCL             ;再次启动 IIC 总线
        SETB    SDA
        NOP
        CLR     SDA
        NOP
        CLR     SCL
        MOV     A,#0A1H         ;AT24C02 七位地址码 1010000 和一位读信号 1
        LCALL   Write_byte      ;调用写一字节数据子程序
        LCALL   Read_byte       ;从 AT24C02 的 10H 单元读数据
        MOV     30H,A           ;保存读出的一字节数据到 30H
        CLR     SCL             ;停止 IIC 总线,使其处于空闲状态
        NOP
        CLR     SDA
        NOP
        SETB    SCL
        NOP
        SETB    SDA
        NOP
        RET
; 读一字节数据子程序 Read_byte
Read_byte:
        MOV     R0,#08H         ;一个字节 8 位
RLP:    SETB    SDA
        SETB    SCL
        MOV     C,SDA
```

```
        MOV    A,R2
        RLC    A
        MOV    R2,A
        CLR    SCL
        DJNZ   R0,RLP
        RET
```

上面程序中,AT24C02 的写地址码是 0A0H,读地址码是 0A1H。

3.3 DALLAS 公司的单总线

单总线系统(1-Wire Bus)是美国 DALLAS 半导体公司独创的单片机外设总线,仅需一根信号线即可在单片机和外设芯片之间实现芯片寻址和数据交换。它采用单根信号线,既可传输时钟,又能传输数据,而且数据传输是双向的。因而,这种单总线技术具有线路简单、硬件开销少、成本低廉、便于总线扩展和维护等优点。

单总线适用于单主机系统,能够控制一个或多个从机设备。主机可以是微控制器,从机可以是单总线器件,它们之间的数据交换只通过一条信号线。当只有一个从机设备时,系统可按单节点系统操作;当有多个从设备时,系统则按多节点系统操作。在单总线系统中,所有器件都通过一个三态门或开漏极连接在单总线上,所以,该控制线需要一个弱上拉电阻。单总线系统中的每个器件都有一个唯一的 64 位 ID 代码,微处理器通过每个器件的 ID 代码来识别和访问器件,因此,在同一总线上能识别的器件数量几乎是无限制的。在单总线系统中,通常用单片机作为主器件,外设作为从器件。从器件可以是一个或多个,用一个主器件可以控制和访问多个从器件,如图 3-8 所示。

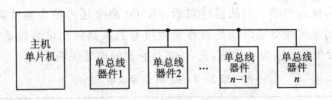

图 3-8　单片机控制多个单总线器件

3.3.1　硬件结构和连接

单总线需要一个大约 5 kΩ 的上拉电阻,这样,在空闲状态时总线为高电平。由于连接在单总线系统中的每个器件都是通过一个三态门或开漏极连接在单总线上的,这就使得每个器件都可以释放总线,而让另一个器件来使用。当某个器件不用总线传输数据时,它释放总线后就可由另一个器件使用总线传输数据。使总线保持低电平的时间超过 480 μs 时,总线上的所有器件就会被复位。

3.3.2 单总线的工作原理

单总线系统是一个单主机的主从系统。由于它们是主从结构,所以只有在主机呼叫从机时,从机才能应答。主机在访问单总线器件时要经过初始化单总线器件、识别单总线器件和交换数据这三个步骤才能实现对从器件的控制。因此,在单总线系统中规定了初始化命令、ROM 命令和功能命令三类命令,主机通过这三类命令来访问从器件,而且必须严格按照初始化命令、ROM 命令和功能命令这个顺序来进行,如果出现顺序混乱,单总线器件将不对主机进行响应(搜索 ROM 命令和报警搜索命令除外)。

1. 初始化命令

单总线上的所有操作都是从初始化开始的。初始化是由主器件发出一个初始化脉冲,相当于赛跑时指挥员向各位参赛选手发出的"各就各位"命令,单总线上所接的上拉电阻,使得总线在空闲状态时为高电平。单总线的操作必须从空闲状态开始,当单总线上加低电平的时间超过 480 μs 时,总线上的所有器件被复位,主器件发出复位脉冲,然后释放总线,改为接收状态,总线被上拉电阻拉到高电平。在检测到此上升沿后,挂接在单总线上的各从器件在收到该命令后,会发出一个应答脉冲,表明从器件已经做好响应主器件访问的准备。主器件在收到应答脉冲之后就可接着发出 ROM 命令和功能命令。从器件 DS18B20 要等待 15~60 μs 才向主器件发回应答脉冲。

2. ROM 命令

ROM 命令的功能主要是实现对单总线器件的识别。当主器件检测到一个应答脉冲之后,就可发出一个 ROM 命令。如果在单总线上有几个从器件,那么主器件就可根据从器件的唯一 64 位 ID 代码,确定与哪一个从器件对话。ROM 命令还可使主器件判定当前在总线上有几个从器件、它们是何种类型以及是否有发生报警的从器件。单总线系统共有五种 ROM 命令,每个 ROM 命令的长度为一字节,表 3-2 是它们的简要说明。

表 3-2 ROM 命令说明

ROM 命令	说 明
搜索 ROM(F0H)	识别单总线上所有单总线器件的 ID 代码
读 ROM(33H)(仅适合单节点)	直接读单总线器件的 ID 代码
匹配 ROM(55H)	寻找与指定 ID 代码相匹配的单总线器件
跳过 ROM(CCH)(仅适合单节点)	使用该命令可直接访问总线上的从机设备
报警搜索 ROM(ECH)(仅少数器件支持)	搜索有报警的从机设备

(1) 搜索 ROM(F0H)

如果总线上连接了多个单总线器件,那么系统在上电后,就必须使用搜索 ROM 命令查找单总线上所有器件的 ID 代码和它们的器件类型,该查找可通过在复位之后调用"器件查找"函数实现,"器件查找"函数发布在 Maxim 网站。根据从器件的数量要实行多次搜索,每次搜索完成后还必须返回到操作的第一步,进行初始化,然后再接着搜索。若总线上仅有一个单总线器件,则可直接使用读 ROM 命令取代搜索 ROM 命令。

(2) 匹配 ROM(55H)

一旦找到器件的 ID 代码,就可通过"匹配 ROM"命令选择某一特定器件进行通信。匹配 ROM 命令后面紧跟一个 64 位器件 ID 代码,只有该代码所指定的器件才会响应主机随后发出的功能命令。

(3) 读 ROM(33H)

若总线上仅有一个单总线器件,则无须执行搜索 ROM 命令,而可直接使用读 ROM 命令。若总线上有几个单总线器件,则直接使用该命令会造成多个从器件同时响应主机的命令,从而发生数据碰撞。

(4) 跳过 ROM(CCH)

若总线上有几个从器件,主机通过该命令可同时寻址总线上的所有从器件,而无须发出任何器件 ID 代码信息。例如主机可在发出该命令之后紧跟一个 Convert T [44H]命令,让总线上的所有 DS18B20 同时进行温度转换。

若总线上仅有一个从器件,则可在发出该命令之后紧跟一个 Read Scratchpad [BEH]命令,直接读取 DS18B20 的温度转换结果,主机无须发送 64 位的器件 ID 代码,这样可节省指令时间。同样,若总线上有几个单总线器件,这种用法也会造成多个从器件同时响应主机命令的现象,进而发生数据碰撞。

(5) 报警搜索 ROM(ECH)

报警搜索 ROM 命令与搜索 ROM 命令类似,但它仅搜索发生了报警的从机,例如它搜索那些在最近温度转换中发生了报警的 DS18B20 温度传感器。要注意的是,每个搜索周期完成后,主机必须再回到操作的第一步,即初始化命令。

3. 功能命令

功能命令指挥从器件完成主机要求的具体功能。功能命令由不同单总线器件各自所具有的功能来确定。关于单总线 DS18B20 温度传感器的功能命令,将在第 8 章中详细讨论。

3.3.3 单总线通信协议

在单总线系统中,为了确保数据传输的完整和准确,单总线通信协议定义了初始化脉冲、应答脉冲、写 0 脉冲、写 1 脉冲和读脉冲共五种信号类型。除了应答脉冲是由从器件发出的以外,其余信号均由主器件发出。所有单总线命令序列(初始化命令、ROM 命令和功能命令)都由这些基本的信号类型组成,并且发送的所有命令和数据都是字节低位在前。主器件在写脉冲期间向从器件写入数据,在读脉冲期间由从器件读出数据,在每个脉冲期间只能读或写一位数据。在单总线通信协议中,将完成一位传输的时间称为一个时隙。字节传输可通过多次调用这些位操作来实现。

下面以用单片机来控制一个单总线的 DS18B20 温度传感器为例,详细介绍单总线的通信协议。这里,主器件是单片机,从器件是 DS18B20。

1. 初始化脉冲和应答脉冲

初始化脉冲是由主器件单片机发出的一个持续时间超过 480 μs 的低电平,然后主器件释放总线进入接收状态等待从器件的应答,这时总线被上拉电阻提升至高电平,从器件 DS18B20 在检测到该上升沿后,等待 15~60 μs,然后将总线拉低保持 60~240 μs 作为应答。初始化的时序波形如图 3-9 所示。

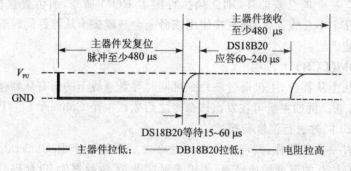

图 3-9 单总线的初始化时序

2. 读/写时隙

主器件通过"写时隙"写数据到从器件 DS18B20 中,通过"读时隙"由 DS18B20 读出数据。无论读时隙还是写时隙,都是从主器件拉低总线至少 1 μs 开始的。每个时隙只能传输一位(1 bit)数据,一个时隙的持续时间至少为 60 μs。两个时隙的间隔时间 T_{REC} 要大于 1 μs。

(1) 写时隙(write time slot)

主器件用"写1"时隙给从器件 DS18B20 写入逻辑 1,用"写0"时隙给从器件写入逻辑 0。主器件拉低总线至少 1 μs 开始一个写时隙。要产生"写1"时隙,主器件必须在拉低总线之后的 15 μs 内释放总线,这时上拉电阻会抬高总线;要产生"写0"时隙,主器件要在拉低总线之后的整个写时隙周期内(至少 60 μs)一直保持低电平不变。从器件 DS18B20 在主器件产生写时隙后的 15~60 μs 窗口时间段内采样总线。见图 3-10 上半部。

(2) 读时隙(read time slot)

从器件只有在主器件发出有关读命令之后,才能发数据给主器件。主器件在发出读命令之后,必须立即产生读时隙。主器件拉低总线至少 1 μs 开始一个读时隙,然后立即释放总线,接着从器件DS18B20会发送数据到总线,DS18B20拉低总线数据为0,释放总线数据为1(由上拉电阻抬高总线)。该数据在读时隙开始后的15μs内有效,因此主器件必须在此期间采样总线,读出数据。见图3-10下半部。

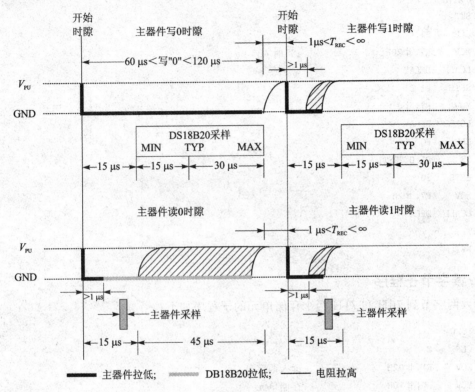

图3-10 单总线读时隙和写时隙时序

3.3.4 单总线命令编程

由于DS18B20的初始化和读/写均要求有极严格的时序,因此在编程时首先要有精确的延时程序,这里的15μs延时程序是按12MHz晶振计算的。DS18B20数据引脚接在单片机的P1.0引脚。

1. 延时和初始化子程序

延时和初始化子程序如下。

```
;延时 15 μs
DELAY:
    MOV    R6,#06H
DEL:
```

```
        DJNZ    R6,DEL
        DJNZ    R7,DELAY
        RET
;初始化
RESET:
        CLR     P1.0
        MOV     R7,#20H             ;延时 480 μs
        LCALL   DELAY
        SETB    P1.0
        MOV     R7,#4
        LCALL   DELAY
        CLR     F0
        JB      P1.0,RET1
        SETB    F0
        MOV     R7,#28
        LCALL   DELAY
RET1:
        RET
```

2. 读字节子程序

读入两字节到 70H 和 71H 两个存储单元的子程序如下。

```
RD1820:
        CLR     C
        MOV     R1,#02H             ;读入两字节
        MOV     R0,#70H             ;存储单元
RD1:
        MOV     R2,#08H
RD2:
        SETB    P1.0
        NOP
        NOP
        CLR     P1.0
        NOP
        NOP
        SETB    P1.0
        MOV     R7,#01H
        LCALL   DELAY
        MOV     C,P1.0
        RRC     A
```

```
    DJNZ    R2,RD2
    MOV     @R0,A
    INC     R0
    DJNZ    R1,RD1
    RET
```

3. 写字节子程序

写字节子程序如下。

```
;写一字节,写入的字节存放在 A 中
WR1820:
    CLR     C
    MOV     R1,#08H
WR1:
    CLR     P1.0
    MOV     R7,#01H
    LCALL   DELAY
    RRC     A
    MOV     P1.0,C
    MOV     R7,#01H
    LCALL   DELAY
    SETB    P1.0
    NOP
    DJNZ    R1,WR1
    SETB    P1.0
    RET
```

3.4 SPI 总线

串行外围设备接口 SPI(Serial Peripheral Interface)总线技术是 MOTOROLA 公司推出的一种同步串行接口。MOTOROLA 公司生产的绝大多数 MCU(微控制器)都配有 SPI 硬件接口,如 68 系列 MCU。SPI 总线是一种三线同步总线,因其硬件功能很强,所以与 SPI 有关的软件就相当简单,使得 CPU 有更多时间处理其他事务。它对速度要求不高且功耗低,因此在需要保存少量参数的智能化传感器系统中得到了广泛应用,使用 SPI 总线接口不仅能简化电路设计,还能提高系统的可靠性。

3.4.1 SPI 总线的接口信号

SPI 总线也是以同步串行方式用于 MCU 之间或 MCU 与外设之间的数据交换。系统中的设备也分主、从两种,主设备必须是 MCU,从设备可以是 MCU 或者是带有 SPI 接口的芯片。但是 SPI 总线要使用四根信号线,与 IIC 总线相比多了两根,除了时钟线以外,它要按照数据传输方向分别使用两根数据线,另外还有一根信号线用于选择从设备。

1. MISO(Master In Slave Out)主机输入、从机输出信号

该信号线在主设备中用于输入,在从设备中用于输出,由从设备向主设备发送数据。一般是先发送 MSB 最高位,后发送 LSB 最低位,若没有从设备被选中,则主设备的 MISO 线处于高阻态。

2. MOSI(Master Out Slave In)主机输出、从机输入信号

该信号线在主设备中用于输出,在从设备中用于输入,由主设备向从设备发送数据。一般也是先发送 MSB 最高位,后发送 LSB 最低位。

3. SCK(Serial Clock)串行时钟信号

SCK 时钟信号使通过数据线传输的数据保持同步。SCK 由主设备产生,输出给从设备。通过对时钟极性和相位的不同选择,可以实现四种定时关系。主设备和从设备必须在相同的时序下工作,SCK 的频率决定了总线的数据传输速率,一般可通过主设备对 SPI 控制寄存器进行编程来选择不同的时钟频率。

4. SS(Slave Select)从机选择信号

该信号用于选择一个从机,在数据发送之前应该由主机将其拉为低电平,并在整个数据传输期间保持稳定的低电平不变。主机的该控制线上应该接上拉电阻。

3.4.2 SPI 总线的工作原理

图 3-11 为 SPI 总线内部结构示意图。SPI 的内部结构相当于两个 8 位移位寄存器首尾相接,构成 16 位的环形移位寄存器,SS 信号用于选择设备工作于主方式或者从方式,主设备产生 SPI 移位时钟,并发送给从设备接收。在时钟作用下,两个移位寄存器同步移位,数据在从主机移向从机的同时,也由从机移向主机。这样,在一个移位周期(8 个时钟)内,主、从机就实现了数据交换。

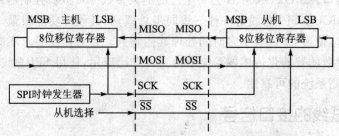

图 3-11 SPI 总线内部结构示意图

3.4.3 SPI 总线在 8051 单片机系统中的应用

SPI 总线可在软件支持下组成各种复杂的应用系统,例如由一个主 MCU 和多个从 MCU 组成的单主机系统,或者由多个 MCU 组成的分布式多主机系统。但是常用的还是由一个 MCU 做主机,控制一个或几个具有 SPI 总线接口的从设备的主从系统。

在主从系统中,如果用 8051 单片机作主机,由于 8051 单片机本身没有 SPI 总线接口,因此可用软件来模拟 SPI 接口,使用几根 8051 通用的 I/O 口线来选通几个不同的 SPI 从设备的 SS 选择线,如图 3-12 所示。一般情况下还是用一个单片机控制一个 SPI 设备,例如用单片机 AT89C2051 控制一个 nRF905 无线数传芯片的 SPI 接口。

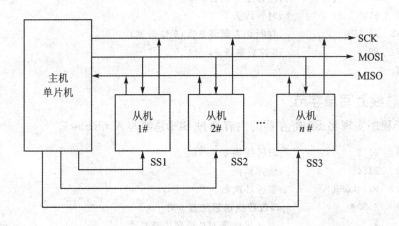

图 3-12 8051 单片机作主机连接几个 SPI 总线从设备

图 3-13 为用单片机 AT89C2051 控制一个 nRF905 无线数传芯片的 SPI 接口的硬件连接图,对于不带 SPI 串行总线接口的 MCS-51 系列单片机来说,可以使用软件来模拟 SPI 的操作,包括串行时钟、数据输入和数据输出。在图 3-13 中,P1.7 模拟 MCU 的数据输出端(MOSI),P1.6 模拟 SPI 的数据输入端(MISO),P1.5 模拟 SPI 的 SCK 输出端,P1.4 模拟 SPI 的从机选择端。对于不同的串行接口外围芯片,它们的时钟时序是不同的。nRF905 是下降沿输入、上升沿输出的芯片,因此要先置 P1.5 为低电平,再置 P1.5 为高电平,最后置 P1.5 为低电平。下面给出用 MCS-51 单片机汇编语言模拟由 SPI 总线上读/写单字节的两个子程序。

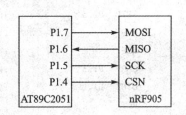

图 3-13 AT89C2051 控制 nRF905 无线数传芯片

1. SPI 总线上读单字节

下面的子程序实现从 nRF905 的 SPI 总线上读入 8 位数据并存入寄存器 R0 中。

```
SPIR: CLR    P1.5           ;时钟线为 0
      CLR    P1.4           ;选择从机
      MOV    R1,#08H        ;置循环次数
LPR:  SETB   P1.5           ;时钟线为 1
      NOP                   ;延时
      NOP                   ;上升沿输出
      MOV    C,P1.6         ;从机输出送进位 C
      RLC    A              ;左移至累加器 ACC
      CLR    P1.5           ;时钟线为 0
      DJNZ   R1,LPR         ;判断是否循环 8 次(8 位数据)
      MOV    R0,A           ;8 位数据送 R0
      RET
```

2. SPI 总线上写单字节

下面的子程序实现将 R0 寄存器的内容通过 SPI 总线写入 nRF905。

```
SPIW: CLR    P1.5           ;时钟线为 0
      CLR    P1.4           ;选择从机
      MOV    R1,#08H        ;置循环次数
      MOV    A,R0           ;8 位数据送累加器 ACC
LPW:  RLC    A              ;左移累加器 ACC 最高位至 C
      MOV    P1.7,C         ;进位 C 送从机输入线上
      SETB   P1.5           ;时钟线为 1
      NOP                   ;延时
      NOP                   ;下降沿输入
      CLR    P1.5           ;时钟线为 0
      DJNZ   R1,LPW         ;判断是否循环 8 次(8 位数据)
      RET
```

3.5　USB 总线

随着个人电脑 PC 的迅猛发展，电脑外设的数量也在迅速增加，原来的电脑外设由各自的生产商使用各种不同的接口标准，比如常用的鼠标使用串口，键盘使用 PS/2，打印机使用并口，数字乐器使用 MIDI 接口等，再加上占用主板插槽的各种接口板卡，电脑外设接口真是五花八门，百花齐放。这些接口没有统一的标准，还存在如下诸多致命缺点，限制了它们的进一

步使用和发展：

① 由于采用传统 I/O 地址映射方式，占用了较多系统资源，容易造成 I/O 地址冲突或 IRQ 占用等问题。

② 一个接口同时只能使用一个外设，效率很低，无法满足增加更多外设的需要。

③ 接口体积大，样式也不统一，软硬件皆无法实现标准化和小型化。

④ 不支持热插拔，容易造成设备损坏。

⑤ 数据传输速率低。

鉴于以上缺点，INTEL、COMPAQ、DIGITAL、IBM、MICROSOFT、NEC、NORTHERN TELECOM 等世界著名的计算机和通信公司于 1995 年联合制定了一种新的 PC 串行通信协议 USB0.9 通用串行总线(Universal Serial Bus)规范。USB 接口是一种快速、双向、同步、廉价并支持热插拔的串行通信接口，它支持多外设的连接，一个 USB 接口理论上可以连接 127 个外设。USB 协议出台后得到各 PC 厂商、芯片制造商和 PC 外设厂商的广泛支持。其硬件接口有大小不同的几种尺寸可供各种小型化设备使用。软件也从最初的 1.0 和 1.1 版本发展到现在的 2.0 版本。USB 外设在国内外的发展十分迅速，迄今为止，各种使用 USB 的外设已达上千种。电脑传统的基本外设，像键盘、鼠标、打印机、游戏手柄、扫描仪、音响和摄像头等均被收入其囊中，很多消费类的数码产品如手机、数码相机、MP3 和摄像机等也用上了 USB 接口。现在，USB 接口正在向测试仪器和工业设备等领域渗透，带有 USB 接口的示波器、信号源和数据采集系统等已经面市。所有这些都是由于 USB 接口具有如下突出优点：

① 它属于共享式接口，扩展灵活，通过使用 Hub 扩展可连接多达 127 个外设。标准 USB 电缆长度为 3 m(5 m 低速)，通过 Hub 或中继器可使外设距离达到 30 m。

② 接口简单、性能可靠、体积小、成本低，各种不同档次的外设都可使用。

③ 传输方式和速率灵活，可供各种不同外设选择适合自己的类型。USB 支持三种系统传输速率：1.5 Mbps 的低速传输、12 Mbps 的全速传输和 480 Mbps 的高速传输。有四种传输类型：块传输、同步传输、中断传输和控制传输。

④ 支持热插拔，即插即用。加减已安装过的设备不用关闭计算机。当插入新的 USB 设备时，主机自动检测该外设，并且通过自动加载相关的驱动程序来对该设备进行配置，使其正常工作。

⑤ 接口可为外设供电，USB 接口可提供＋5 V、输出电流最高达 500 mA 的电源。USB 支持低功耗模式，如果 3 ms 内无总线活动，则 USB 自动挂起，减少电能消耗。

3.5.1 USB 系统硬件

1. 电脑 USB 系统结构

一个电脑的 USB 系统由 USB 主控制器(USB host)、USB 设备(USB device)和 USB 集线器(USB hub)组成，其系统拓扑结构如图 3-14 所示。

第3章 单片机的总线扩展

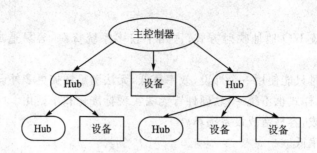

图3-14 USB系统的拓扑结构

(1) USB 主控制器

USB 主控制器也称为 root hub，USB 设备和 USB 集线器就挂接在它的下面，它具有以下功能：
- 管理 USB 系统；
- 每毫秒产生一帧数据；
- 发送配置请求对 USB 设备进行配置操作；
- 对总线上的错误进行管理和恢复。

(2) USB 设备

在一个 USB 系统中，USB 设备和 USB 集线器总数不能超过 127 个。USB 设备接收 USB 总线上的所有数据包，并通过数据包的地址域来判断是否是发给自己的数据包，若地址不符，则简单地丢弃该数据包；若地址相符，则通过响应 USB 主控制器的数据包来与 USB 主控制器进行数据传输。

(3) USB 集线器

USB 集线器用于设备扩展连接，所有 USB 设备都连接在 USB 集线器的端口上。一个 USB 主控制器总与一个根集线器（USB root hub）相连。USB 集线器为其每个端口提供 100 mA 电流供设备使用。同时，USB 集线器可通过端口的电气变化诊断出设备的插拔操作，并通过响应 USB 主控制器的数据包将端口状态汇报给 USB 主控制器。一般 USB 设备与 USB 集线器间的连线长度不超过 5 m，USB 系统的级联不能超过 5 级（包括根集线器）。

2. USB 接口插口标准

USB 接口的插口有大小不同的尺寸，电脑上使用的是标准尺寸的大插口。计算机一侧为 4 针公插，设备一侧为 4 针母插，其引脚定义如表 3-3 所列。引线的色标一般为红（VCC）、白（D−）、绿（D+）、黑（GND）。其他小型数码设备上使用小尺寸的插口，但其接口一律为 4 芯的标准形式。还有一种方形的中等尺寸的插口，其 4 根线的排列是上下各

表3-3 USB 引脚说明

引脚号	名称	说明
1	VCC	+5 V 电源
2	D−	数据负
3	D+	数据正
4	GND	地线

两根。

3. 单片机用的 USB 控制器和转换器

一个单片机系统要想使用 USB 总线,可以使用 USB 控制器或转换器芯片,几乎所有的 IC 公司都有该类产品。USB 控制器一般有两种类型:一种是集成有 USB 接口的单片机,如 ATMEL 公司的 AT89C5132、MICROCHIP 公司的 PIC18F4550、CYGNAL 公司的 C8051F320、ST 公司的 μPSD3234A 和 CYPRESS 公司的 EZ-USB 等;另一种是单独的 USB 接口芯片,仅处理 USB 通信,如 PHILIPS 公司的 PDIUSBD12(IIC 接口)、PDIUSBP11A、PDIUSBD12(并行接口)、NATIONAL SEMICONDUCTOR 公司的 USBN9602、USBN9603 和 USBN9604,国产芯片有南京沁恒公司的 CH371 和 CH374 等。前一种类型由于开发时需要单独的开发系统,因此开发成本较高;后一种类型只是在芯片与单片机的接口之间实现 USB 通信功能,因此成本较低,容易使用,而且可靠性也高。

USB 转换器是另外一类芯片,它可将一个 USB 接口转换为单片机使用的异步串口、打印口、并口以及常用的 2 线和 4 线同步串行接口 IIC 和 SPI 等。CH341 就是这样的芯片。在第 7 章讲的 USB 接口编程器就是使用该芯片实现的。

用转换器芯片可以实现 USB 接口与其他接口的转换功能,包括从 USB 到 PS/2、从 USB 到 SCSI、从 USB 到串口、从 USB 到 RS485、从 USB 到 PCI 接口卡等。这些转换设备可将其他非 USB 接口的外设连接到电脑的 USB 端口上使用。

3.5.2 USB 系统的软件设计

USB 设备的软件设计主要包括两部分:一是 USB 设备端的单片机软件,主要完成 USB 协议处理与数据交换(多数情况下是一个中断子程序)以及其他应用功能程序(如 A/D 转换和 MP3 解码等);二是 PC 端的程序,由 USB 通信程序和用户服务程序两部分组成,用户服务程序通过 USB 通信程序与 USB 设备接口 USBDI(USB Device Interface)通信,由系统完成 USB 协议的处理与数据传输。PC 端程序的开发难度较大,程序员不仅要熟悉 USB 协议,还要熟悉 Windows 体系结构,并能熟练运用 DDK 工具。因此很多 IC 制造商和设备供应商都会提供芯片或设备的驱动程序,或者提供现成的功能函数供用户在自己的应用程序中调用,使用户无须自己编写太多的代码,从而大大减轻了编程负担。例如芯片 CH341 就提供了驱动程序,CH371 提供了应用函数供调用。

第 4 章

采用 LED 显示的电子钟

很多应用系统都离不开时间和日历,所以不少 IC 公司都设计了专用的实时时钟/日历芯片,用来为系统提供准确的时间和日历功能。这种芯片一般需要与单片机的软件编程配合才能发挥其强大功能。这里介绍一个用 PHILIPS 公司的实时钟电路 PCF8563 制作的数字钟,它有 3 个按钮用来设置当前时间,用 6 位 LED 数码管显示时分秒,带有后备电池供电,具有计时精度高、显示清晰、不怕掉电等优点。图 4-1 是它的实物照片。

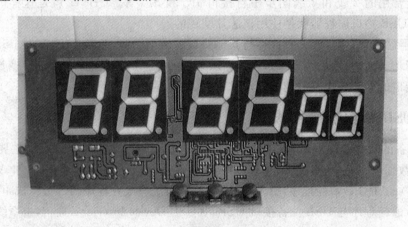

图 4-1 数字钟实物照片

4.1 数字钟的硬件组成

数字钟由 AT89C2051 单片机、PCF8563 实时钟芯片、3 键时间设定按钮和 6 位 LED 数码管显示器四部分组成,图 4-2 是其电路原理图。在数字钟的小时和分显示数码管之间有两个红色 LED 发光二极管 D1 和 D2,它们每秒钟闪亮一下。

第 4 章 采用 LED 显示的电子钟

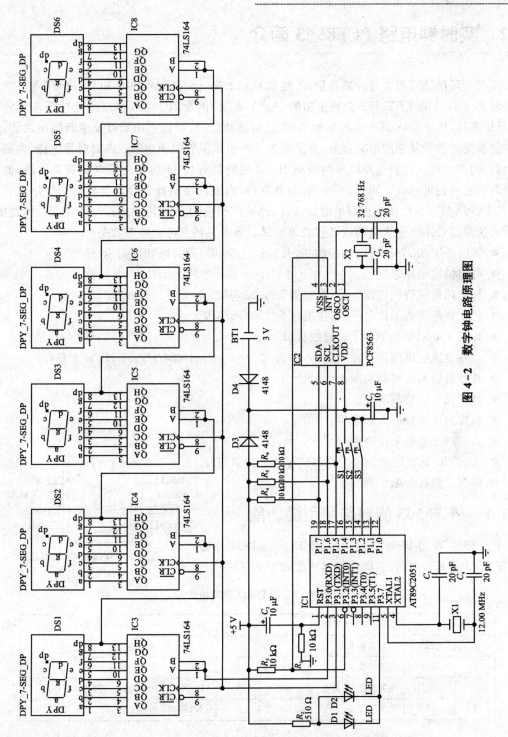

图 4-2 数字钟电路原理图

4.2 实时钟电路 PCF8563 简介

市面上可供使用的实时钟芯片很多,比如 DALLAS 公司的 DS1302 和 DS12887 等。这里使用的 PCF8563 是 PHILIPS 公司推出的一款工业级、内含 IIC 总线接口的低功耗多功能时钟/日历芯片,PCF8563 具有多种报警功能、定时器功能、时钟输出功能以及中断输出功能,使得它能够完成各种复杂的定时服务,甚至可为单片机提供看门狗功能。内部时钟电路、内部振荡电路、内部低电压检测电路以及两线制 IIC 总线通信方式,不但使外围电路极其简洁,而且也提高了芯片的可靠性。同时,每次读/写数据后,内嵌的字地址寄存器会自动产生增量。因而,PCF8563 是一款性价比很高的时钟芯片,已被广泛应用于电表、水表、气表、电话、传真机、便携式仪器以及用电池供电的仪器仪表等产品。该芯片的典型功能参数是:

- 提供基于 32.768 kHz 晶振的年、月、日、星期、时、分、秒的时间。
- 可提供世纪标志。
- 具有超低的待机工作电流,典型值为 0.25 μA。
- 具有宽范围的工作电压,工作电压为 1.0~5.5 V。
- 具有 400 kHz 的双线 IIC 总线接口。
- 对外设提供可编程时钟输出,频率为 32.768 kHz、1 024 Hz、32 Hz 和 1 Hz。
- 具有报警和定时器功能。
- 具有低电压检测功能。
- 包含内部集成的振荡电容。
- 具有内部上电复位功能。
- 从机 IIC 总线的读地址为 A3H,写地址为 A2H。
- 包含开漏极中断引脚。

4.2.1 PCF8563 的封装和引脚功能

PCF8563 有 DIP—8、TSSOP8 和 SO8 三种封装形式,图 4-3 是其引脚图,引脚功能描述如表 4-1 所列。

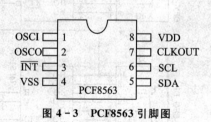

图 4-3 PCF8563 引脚图

表 4-1 PCF8563 引脚功能

引脚	符号	功能描述	引脚	符号	功能描述
1	OSCI	振荡器输入	5	SDA	串行数据 I/O
2	OSCO	振荡器输出	6	SCL	串行时钟输入
3	INT	中断输出(开漏极,低有效)	7	CLKOUT	时钟输出(开漏极)
4	VSS	地	8	VDD	电源正

4.2.2　PCF8563 的内部资源和寄存器

　　PCF8563 内部包含 16 个可寻址的 8 位寄存器,一个可自动增量的地址寄存器,一个带内部集成电容的内置 32.768 kHz 的振荡器,一个用于给实时钟 RTC 提供时钟源的分频器,一个可编程时钟输出,一个定时器,一个报警器,一个掉电检测器和一个 400 kHz IIC 总线接口。

　　所有 16 个寄存器都设计成可寻址的 8 位并行寄存器,但不是所有位都有用。前两个内存地址为 00H 和 01H 的寄存器是控制寄存器 1 和控制寄存器 2;内存地址为 02H～08H 的寄存器用于年、月、日、星期、时、分、秒日期计数器和时间计数器;地址为 09H～0CH 的寄存器用于分钟、小时、日和星期报警寄存器,定义报警条件。地址为 0DH 的寄存器控制 CLKOUT 引脚的输出频率,地址为 0EH 和 0FH 的寄存器分别是定时器控制寄存器和定时器倒数数值寄存器。秒、分、时、日、月、年以及分钟报警、小时报警、日报警寄存器的编码格式均为 BCD 码,星期和星期报警寄存器不以 BCD 格式编码。当一个实时钟 RTC 寄存器被读取时,所有计数器的内容均被锁存,因此,在传送条件下可以防止对时钟日历芯片的误读。这 16 个寄存器各位的功能如表 4-2 所列。写相应寄存器可设置 PCF8563 的工作方式,读相应寄存器值可了解 PCF8563 的定时参数。

表 4-2　PCF8563 内部寄存器功能说明

地址	寄存器名称	位7	位6	位5	位4	位3	位2	位1	位0
00H	控制寄存器 1	TEST1	0	STOP	0	TESTC	0	0	0
01H	控制寄存器 2	0	0	0	TI/TP	AF	TF	AIE	TIE
02H	秒	VL	0～59 的 BCD 码					
03H	分	—	0～59 的 BCD 码					
04H	时	—	—	0～23 的 BCD 码				
05H	日	—	—	1～31 的 BCD 码				
06H	星期	—	—	—	—	—	0～6		
07H	月/世纪	C	—	—	0～12 的 BCD 码				
08H	年	0～99 的 BCD 码							
09H	分钟报警	AE	0～59 的 BCD 码						
0AH	小时报警	AE	—	0～23 的 BCD 码					
0BH	日报警	AE	—	1～31 的 BCD 码					
0CH	星期报警	AE	—	—	—	—	0～6		
0DH	时钟输出频率寄存器	FE	—	—	—	—	—	FD1	FD0
0EH	定时器控制寄存器	TE	—	—	—	—	—	TD1	TD0
0FH	定时器倒数数值寄存器	定时器倒计数值							

1. 控制寄存器 1

该寄存器用于设置 PCF8563 的工作方式并控制它的运行,其功能如表 4-3 所列。

表 4-3 控制寄存器 1

位	符 号	功能描述
7	TEST1	1：测试模式,0：普通工作模式
5	STOP	1：时钟芯片停止 CLKOUT 可工作,0：正常工作
3	TESTC	1：电源复位,0：禁止电源复位
6,4,2,1,0	0	默认值

2. 控制寄存器 2

该寄存器用于设置 PCF8563 的中断方式,其功能如表 4-4 所列。

表 4-4 控制寄存器 2

位	符 号	功能描述
7,6,5	0	默认值
4	TI/TP	0：当 TF 有效时,INT 有效（取决于 TIE 的状态） 1：INT 脉冲有效,参见表 4-5（取决于 TIE 的状态） 注意：当 AF 和 AIE 都有效时,INT 一直有效
3	AF	当报警发生时,AF 被置逻辑 1；同样,在定时器倒计数结束时,TF 被置逻辑 1。AF 和 TF 在被软件重写之前一直保持原有值。
2	TF	在应用中,当定时器和报警都请求中断时,中断源可通过 AF 和 TF 识别。当清除其中一个标志位时,为了防止另一个标志位也被清除,可使用逻辑 AND 指令。标志位 AF 和 TF 值的详细说明见表 4-6
1	AIE	当 AF 或 TF 中有一个被置位时,AIE 和 TIE 可决定一个中断请求有效或无效；当 AF 和 TF 同时被置位时,中断请求是否有效决定于 AIE 与 TIE 这两个条件的逻辑"或"。 AIE=0：报警中断无效,AIE=1：报警中断有效； TIE=0：定时器中断无效,TIE=1：定时器中断有效
0	TIE	

3. 时间、日期寄存器

时、分、秒寄存器分别用来寄存时间的当前值,这些值都用 BCD 格式表示。秒寄存器的 VL=0 时数据有效,VL=1 时数据无效。年、月、日、星期寄存器分别用来寄存日期和星期的当前值,除星期用 0~6 表示外,其余数据也都用 BCD 格式表示。

表 4-5 TI/TP=1 时中断脉冲 INT 的参数

时钟源/Hz	INT 周期		时钟源/Hz	INT 周期	
	$n=1$	$n>1$		$n=1$	$n>1$
4 096	1/8 192	1/4 096	1	1/64	1/64
64	1/128	1/64	1/60	1/64	1/64

注：① TF 和 INT 同时有效。
② n 为倒计数定时器的值，当 $n=0$ 时定时器停止工作。

表 4-6 AF 和 TF 的说明

R/W	AF		TF	
	值	说明	值	说明
Read（读）	0	报警标志无效	0	定时器标志无效
	1	报警标志有效	1	定时器标志有效
Write（写）	0	报警标志被清除	0	定时器标志被清除
	1	报警标志保持不变	1	定时器标志保持不变

4. 报警寄存器

分钟、小时、日和星期报警寄存器，分别用来设置报警的时间、日期和星期。

5. 时钟输出频率寄存器

该寄存器用来设置 CLKOUT 引脚的输出频率，其位功能如表 4-7 所列，时钟频率选择见表 4-8。

表 4-7 时钟输出频率寄存器

位	代号	说明
7	FE	0：CLKOUT 高阻态、无输出； 1：CLKOUT 时钟频率输出有效
6~2	未定义	
1	FD1	此两位的值决定 CLKOUT 引脚输出的频率，见表 4-8
0	FD0	

表 4-8 时钟频率选择

FD1	FD0	CLKOUT 时钟输出频率
0	0	32.768 kHz
0	1	1 024 Hz
1	0	32 Hz
1	1	1 Hz

6. 定时寄存器

0EH 和 0FH 分别是定时器控制寄存器和定时器倒数数值寄存器，用来设置定时器的工作模式和定时器倒计时的时间。

定时器控制寄存器的位功能如表 4-9 所列。

第4章 采用 LED 显示的电子钟

表 4-9 定时器控制寄存器

位	代号	说明
7	TE	0：定时器不可用； 1：定时器可用
6~2	未定义	
1	TD1	倒计时定时器源时钟频率选择位，见表 4-10。当不用该定时器时，TD1 和 TD0 设置为"11"以节省供电
0	TD0	

表 4-10 定时器源时钟频率选择

TD1	TD0	定时器源时钟输出频率/Hz
0	0	4 096
0	1	64
1	0	1
1	1	1/60

4.2.3 PCF8563 的应用电路

PCF8563 的典型应用电路如图 4-4 所示。为了保证时钟在外接电源断电时仍能正常工作，这里使用了外接电源和后备电池的双供电方式，两个隔离二极管保证了两个电源的流向，当外接电源掉电时由后备电池供电。PCF8563 的中断引脚 INT 与单片机的一个外中断引脚相连，SDA、SCL 和 CLKOUT 与单片机的任意三个引脚相连。由于 INT 和 CLKOUT 都是开漏输出，因此它们都必须使用上拉电阻。

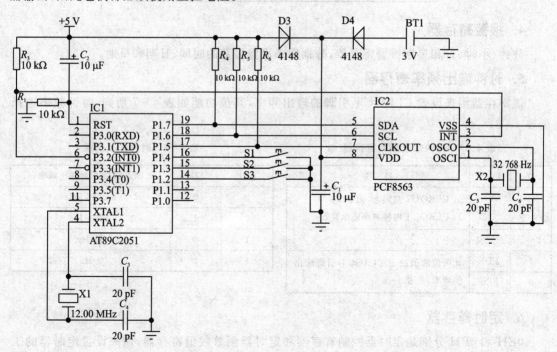

图 4-4 PCF8563 的典型应用电路

4.2.4 PCF8563 程序设计

PCF8563 的应用程序设计包括时钟的写入/读出、定时器、报警功能和时钟输出五个方面，下面分述它们的使用方法。

1. 时钟的写入

要想使 PCF8563 正常工作，首先应初始化其内部寄存器，对于一般的应用来说，只须初始化表 4-2 中地址 00H～08H 的 9 个寄存器。控制寄存器 1 用于设置 PCF8563 的工作方式，当其值设为 00H 时，PCF8563 为正常时钟工作模式。控制寄存器 2 可以设定 PCF8563 的其他特殊功能，详见表 4-4。后面的秒、分、时、日、星期、月、年共 7 个寄存器用于写入当前的起始时间。为了方便起见，这里设置了一个首地址为 MTD 的写入数据缓存区，将要写入这 9 个寄存器的数据依次存放在从 MTD+1 开始的单元中，见表 4-11。另外，MTD 单元中存放的是要初始化的 PCF8563 内部寄存器的"首地址"，这里就是 PCF8563 控制寄存器 1 的地址 00H，稍后说明其作用。

表 4-11 写入发送数据缓存的数据

发送数据缓存	地址	数据	发送数据缓存	地址	数据
MTD	50H	首地址	MTD+5	55H	时寄存器
MTD+1	51H	控制寄存器 1	MTD+6	56H	日寄存器
MTD+2	52H	控制寄存器 2	MTD+7	57H	星期寄存器
MTD+3	53H	秒寄存器	MTD+8	58H	月寄存器
MTD+4	54H	分寄存器	MTD+9	59H	年寄存器

PCF8563 作为一个 IIC 器件，其写入地址是 0A2H，因此，在 IIC 程序包中的多字节写入子程序 WRNBYT 中，单片机首先要在数据线上送出这个值。在数据线上可能挂有多个 IIC 器件，但是只有写入地址为 0A2H 的 PCF8563 才会对单片机作出响应，接收单片机紧跟着要写入 PCF8563 的数据。按照 IIC 总线协议的规定，单片机接着要告诉 PCF8563 这些数据是要写入 PCF8563 内部的哪些寄存器，对于写入地址连续的多个寄存器，IIC 器件只要知道被写入寄存器的首地址即可，因此，这里的单片机写入程序接着是送出这个首地址，即表 4-11 中 MTD 单元里存放的"首地址"，然后再加上表 4-11 中从 MTD+1 开始的 9 个数据，一共 10 字节数据被送入 PCF8563，这样就实现了对 PCF8563 的初始化。初始化之后，即可启动 PCF8563 时钟并按照写入的起始时间开始运行。关于 IIC 器件的读/写格式请读者参考本书第 3 章"3.2.3 IIC 总线的数据传送格式"小节中的相关内容。PCF8563 的当前时间写入子程序如下：

第4章 采用 LED 显示的电子钟

```
;PCF8563 当前时间写入
SEC     DATA 30H                    ;秒寄存器
MIN     DATA 31H                    ;分寄存器
HOUR    DATA 32H                    ;时寄存器
DAY     DATA 33H                    ;日寄存器
WEEK    DATA 34H                    ;星期寄存器
MONTH   DATA 35H                    ;月寄存器
YEAR    DATA 36H                    ;年寄存器
SLA     DATA 37H                    ;37H 为 PCF8563 的地址
NUMBYT  DATA 38H                    ;38H 为数据字节计数器的地址
DISBUF  DATA 3AH                    ;显示缓冲区
MRD     DATA 40H                    ;接收数据缓冲区首地址
MTD     DATA 50H                    ;发送数据缓冲区首地址

PCF_SET: MOV    SLA,#0A2H           ;取写器件地址
         MOV    NUMBYT,#10          ;写字节数
         MOV    MTD,#00H            ;写入 PCF8563 寄存器的首地址为 00H
         MOV    MTD+1,#00H          ;启动时钟
         MOV    MTD+2,#11H          ;定时器为中断模式,脉冲形式
         MOV    MTD+3,SEC           ;将从秒至年的数据写入发送缓冲区
         MOV    MTD+4,MIN
         MOV    MTD+5,HOUR
         MOV    MTD+6,DAY
         MOV    MTD+7,WEEK
         MOV    MTD+8,MONTH
         MOV    MTD+9,YEAR
         LCALL  WRNBYT              ;10 字节写入 PCF8563
         RET

WRBYT:   MOV    R0,#08H             ;向 SDA 线上发送 1 字节数据
WLP:     RLC    A
         JC     WR1
         AJMP   WR00
WLP1:    DJNZ   R0,WLP
         RET
WR1:     SETB   SDA
         SETB   SCL
         NOP
         NOP
```

```
            CLR    SCL
            CLR    SDA
            AJMP   WLP1
WR00:       CLR    SDA
            SETB   SCL
            NOP
            NOP
            CLR    SCL
            AJMP   WLP1

WRNBYT:  MOV    R3,NUMBYT          ;向IIC总线发送n字节数据
         LCALL  STAR
         MOV    A,SLA              ;取写器件地址
         LCALL  WRBYT              ;写入写器件地址
         LCALL  CACK
         JB     F0,WRNBYT
         MOV    R1,#MTD            ;写入数据缓存首地址
WRDA:    MOV    A,@R1
         LCALL  WRBYT
         LCALL  CACK
         JB     F0,WRNBYT
         INC    R1
         DJNZ   R3,WRDA
         LCALL  STOP
         RET
```

2. 时钟的读取

时钟的读取指从 PCF8563 的内部寄存器中读出当前的时间数据,保存到外面的读出数据缓存器 MRD 中。读时钟时要从秒寄存器开始读出 7 个时钟数据,秒寄存器的地址是 02H,将这 7 个时钟数据读取到首地址为 MRD 的缓存中。所以,在下面的 PCF_RD 子程序中,先要向 PCF8563 写入秒寄存器的地址 02H,此时调用的也是写入 n 字节数据到 PCF8563 的子程序 WRNBYT,只是这时只写入 1 字节;接着再调用从 PCF8563 读取 n 字节数据到读出缓存的子程序 RDNBYT。要注意的是,在该子程序中,也是先写入 PCF8563 的"读取地址"0A3H,然后才能读取 7 个时钟数据到读出缓存中。读取时钟的子程序如下。

```
;读出时钟芯片当前值
PCF_RD:  MOV    MTD,#02H           ;读时钟寄存器首字节地址02H
         MOV    SLA,#0A2H          ;取写器件地址
         MOV    NUMBYT,#1          ;写字节数
```

```
          LCALL  WRNBYT                ;写n字节到PCF8563
          MOV    SLA,#0A3H             ;取读器件地址
          MOV    NUMBYT,#7             ;读7个时钟数据
          LCALL  RDNBYT                ;读取时间并放入缓冲区
          MOV    A,MRD                 ;接收数据缓冲区首地址
          ANL    A,#7FH                ;屏蔽无效位
          MOV    SEC,A                 ;送秒寄存器
          MOV    A,MRD+1               ;取"分"字节
          ANL    A,#7FH                ;屏蔽无效位
          MOV    MIN,A                 ;送分寄存器
          MOV    A,MRD+2               ;取"时"字节
          ANL    A,#3FH                ;屏蔽无效位
          MOV    HOUR,A                ;送时寄存器
          MOV    A,MRD+3               ;取"日"字节
          ANL    A,#3FH                ;屏蔽无效位
          MOV    DAY,A                 ;送日寄存器
          MOV    A,MRD+4               ;取"星期"字节
          ANL    A,#07H                ;屏蔽无效位
          MOV    WEEK,A                ;送星期寄存器
          MOV    A,MRD+5               ;取"月"字节
          ANL    A,#1FH                ;屏蔽无效位
          MOV    MONTH,A               ;送月寄存器
          MOV    A,MRD+6               ;取"年"字节
          MOV    YEAR,A                ;送年寄存器
          RET
;从IIC总线接收n字节数据
RDNBYT:   MOV    R3,NUMBYT             ;读n字节数据
          LCALL  STAR
          MOV    A,SLA                 ;取读器件地址
          LCALL  WRBYT                 ;写入读器件地址
          LCALL  CACK
          JB     F0,RDNBYT
          MOV    R1,#MRD               ;读数据缓存首地址
RDN1:     LCALL  RDBYT                 ;读1字节数据
          MOV    @R1,A
          DJNZ   R3,ACK
          LCALL  MNACK
          LCALL  STOP
          RET
```

第4章 采用 LED 显示的电子钟

```
ACK:    LCALL  MACK
        INC    R1
        SJMP   RDN1

RDBYT:  MOV    R0,#08H        ;从 SDA 线上读取 1 字节数据
RLP:    SETB   SDA
        SETB   SCL
        MOV    C,SDA
        MOV    A,R2
        RLC    A
        MOV    R2,A
        CLR    SCL
        DJNZ   R0,RLP
        RET
```

3. 定时器

PCF8563 的定时器为倒计数定时器，当 TE=1 时有效。倒计数值为定时器倒数数值寄存器 0FH 中的二进制数。当倒计数值计为 0 时，TF 位置 1，若同时置 TIE 为 1，则在 TF 置 1 的同时，将在 INT 引脚上产生一个低电平有效的中断。与报警中断不同的是，定时器中断信号有两种方式，由 TI/TP 位控制，当设置 TI/TP=0 时，定时器中断信号与报警中断信号相同，均为低电平方式。置 TF=0 可清除中断信号，当设置 TI/TP=1 时，定时器中断信号为脉冲方式，脉冲低电平宽度约为 15 ms，此时可不考虑 TF 位的影响。由此看出，TIE 相当于单片机中的定时中断允许控制位，而 TF 则相当于定时中断申请标志位。定时器功能可以与报警功能同时有效。

下面的程序使 PCF8563 每秒产生一次报警，并在 INT 引脚上产生一个脉冲给单片机 AT89C2051，单片机在中断服务程序中可以读取当前时间，供显示刷新。

```
;————————————————————————————————
;PCF8563 定时器工作模式,每秒产生一次中断
PCF_INI: MOV   MTD,#0EH         ;定时器控制寄存器地址送发送缓存 MTD=50H
         MOV   MTD+1,#81H       ;设置 PCF8563 的 0EH 为 81H,启动定时器,定时器频率为 64 Hz
         MOV   MTD+2,#64        ;设置 PCF8563 的 0FH 为 64,定时器倒计数值为 64
         MOV   NUMBYT,#3        ;写字节
         MOV   SLA,#0A2H        ;取写器件地址
         LCALL WRNBYT           ;写 PCF8563
         RET
;————————————————————————————————
;每秒产生一次中断,读 PCF8563
```

```
;IN0 INTERRUPT SERVICE
IN0INT:
        PUSH    PSW
        PUSH    ACC
        PUSH    B
        PUSH    DPH
        PUSH    DPL
        MOV     PSW,#8

        LCALL   PCF_RD          ;读实时钟
        LCALL   CLOCK
        LCALL   DISP
        SETB    SECFL           ;置秒标志

        POP     DPL
        POP     DPH
        POP     B
        POP     ACC
        POP     PSW
        RETI
```

4. 报警功能

PCF8563 共有四种报警方式，分别为小时报警，即每小时的同一分钟报警；日报警，即每天的同一小时报警；月报警，即每月的同一天报警；星期报警，即每星期的同一天报警。发生报警时，AF 位置 1。设置报警有效的方法是将相应报警寄存器的最高位 AE 置 0，若同时置 AIE=1，则在 AF 置 1 的同时，将在 INT 引脚上产生一个低电平有效的中断。清除中断信号的方法是用软件清除 AF。由此看出，AIE 相当于单片机中的中断允许控制位，而 AF 则相当于中断申请标志位。

5. 时钟输出

PCF8563 的 CLKOUT 引脚可以输出一个时钟脉冲，该脉冲频率可通过时钟输出频率寄存器设定。下面的程序用来初始化在 PCF8563 的 CLKOUT 引脚上输出一 32.768 kHz 的方波。

```
PCF_INI: MOV    MTD,#0DH           ;时钟输出频率寄存器地址送发送缓存 MTD=50H
         MOV    MTD+1,#80H         ;时钟输出使能命令及 32.768 kHz 频率选择
         MOV    NUMBYT,#2          ;写 2 字节
         MOV    SLA,#0A2H          ;取写器件地址
         LCALL  WRNBYT             ;写 PCF8563
         RET
```

4.3 设置当前时间的方法

数字钟使用三个按键 S1、S2 和 S3 来设定当前时间,它们分别与单片机的 P1.4,P1.3 和 P1.2 三根口线相连。S2 和 S3 分别为加 1 键和减 1 键,S1 为功能转换键,如图 4-5 所示。数字钟上电后显示的时间是 12:30:00,此时数字钟并未运行,等待用户使用这三个按键来设置当前时间。先设置"小时",用户直接用加 1 或减 1 键设置小时,小时显示位的两位数字随即跟着改变,调好后按一下 S1 功能转换键就进入"分钟"设置;同样用加 1 或减 1 键设置分钟,设置好后再按一下功能转换键,数字钟退出设置程序,时钟开始运行。这时,"时"、"分"之间的冒号(即秒标志发光二极管)每秒闪亮一次,随着时间的流逝,时钟显示的数字也随之改变。

设定当前时间的汇编程序如下。该程序主要包括小时加减、分加减、将数据拆分为两位 BCD 码以及显示四个部分。程序中首先按用户的输入确定小时数,然后再确定分钟数,并将它们分别存入各自的寄存器中,然后再将它们拆分为两位 BCD 码,最后调用显示子程序显示在四位 LED 中。为了简化程序,秒的两位不设置,默认为 00。

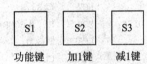

图 4-5 设置当前时间的三个键

```
        SETUP   EQU   P1.4                    ;时间设定
        UP      EQU   P1.3                    ;加
        DOWN    EQU   P1.2                    ;减

        MIN     DATA  31H                     ;分寄存器
        HOUR    DATA  32H                     ;时寄存器
        DISBUF  DATA  3AH                     ;显示缓冲区
;设定当前时间子程序 SETCLK
SETCLK: CLR     DOT
        MOV     R0,#MRD
        MOV     @R0,#12
        INC     R0
        MOV     @R0,#30
        DEC     R0
SHOR:   LCALL   DEL100                        ;"小时"加减
WAIT1:  ORL     P1,#1CH
        MOV     A,P1
        JNB     ACC.4,MINU                    ;转设定"分"
        JNB     ACC.3,ADDH
        JNB     ACC.2,SUBH
        AJMP    WAIT1
```

```
ADDH:   LCALL   DEL10
        SETB    UP
        JB      UP,WAIT1
        MOV     A,@R0
        INC     A
        MOV     @R0,A
        AJMP    DIS1
SUBH:   LCALL   DEL10
        SETB    DOWN
        JB      DOWN,WAIT1
        MOV     A,@R0
        DEC     A
        MOV     @R0,A
DIS1:   MOV     R1,#HOUR            ;存入"小时"位
        LCALL   TOBCD
        LCALL   CLOCK
        LCALL   DISP
        LCALL   DEL100
        AJMP    SHOR

MINU:   LCALL   DEL10               ;"分"加减
        SETB    SETUP
        JB      SETUP,WAIT1
        LCALL   DEL100
SMIN:   LCALL   DEL100
        INC     R0
WAIT2:  ORL     P1,#1CH
        MOV     A,P1
        JNB     ACC.4,EXI
        JNB     ACC.3,ADDMI
        JNB     ACC.2,SUBMI
        AJMP    WAIT2
ADDMI:  LCALL   DEL10
        SETB    UP
        JB      UP,WAIT2
        MOV     A,@R0
        INC     A
        MOV     @R0,A
        AJMP    DIS2
SUBMI:  LCALL   DEL10
        SETB    DOWN
```

第 4 章 采用 LED 显示的电子钟

```
        JB      DOWN,WAIT2
        MOV     A,@R0
        DEC     A
        MOV     @R0,A
DIS2:   MOV     R1,#MIN              ;存入"分"位
        LCALL   TOBCD                ;转为 BCD 码
        LCALL   CLOCK                ;将时分秒写入显示缓存子程序
        LCALL   DISP                 ;显示子程序
        LCALL   DEL100
        AJMP    SMIN

EXI:    LCALL   DEL10
        SETB    SETUP
        JB      SETUP,WAIT2
        LCALL   DEL100
        SETB    DOT
        RET
;─────────────────────────────────
;转为 BCD 码,存入"时分"位存储器
TOBCD:  MOV     B,#10
        DIV     AB                   ;A 除以 10,商在 A 中
        SWAP    A                    ;十位数换至高半字节
        ADD     A,B                  ;十位数加个位数
        MOV     @R1,A
        RET
;─────────────────────────────────
;将时分秒写入显示缓存子程序
CLOCK:  MOV     R0,#DISBUF
        MOV     R1,#SEC
        MOV     R2,#3
CL0:    MOV     A,@R1
        ANL     A,#0FH
        MOV     @R0,A
        MOV     A,@R1
        SWAP    A
        ANL     A,#0FH
        INC     R0
        MOV     @R0,A
        INC     R0
        INC     R1
        DJNZ    R2,CL0
```

```
                RET
;延时 1 ms@12 MHz
DEL01:   MOV    R7,#20
DEL00:   MOV    R6,#23
         DJNZ   R6,$
         DJNZ   R7,DEL00
         RET
;延时 10 ms@12 MHz
DEL10:   MOV    R7,#45
DEL1:    MOV    R6,#109
         DJNZ   R6,$
         DJNZ   R7,DEL1
         RET
;延时 100 ms@12 MHz
DEL100:  MOV    R7,#250
DEL11:   MOV    R6,#198
         DJNZ   R6,$
         DJNZ   R7,DEL11
         RET
```

4.4 六位 LED 显示器的工作原理

4.4.1 硬件电路

1. LED 数码管

LED 数码管是由发光二极管构成的数码显示器,内部用 7 个发光二极管组成字符的七段,每段用小写英文字母表示,主要用来显示 0~9 这 10 个数字,也可以显示某些英文字母或符号。图 4-6 是数码管的段位结构和引脚位置图,该图为正面视图,中间两个引脚是公共引脚。按照一定组合使有关的段发光,就可以显示字符,故称为七段数码管。如果该位数字后面有小数点,则七段就不够用了,所以又增加了一个发光二极管,用来显示小数点,用字母 dp 表示。

按照内部发光二极管接法的不同 LED 数码管分为共阳型和共阴型两类。共阳型数码管内部的 8 个发光二极管的阳极均连在一起,共阴型的则是阴极全连在一起,如图 4-7 所示。

对于共阳型数码管来说,在使用时要将它们的公共阳极引脚通

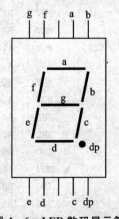

图 4-6 LED 数码显示管

第 4 章 采用 LED 显示的电子钟

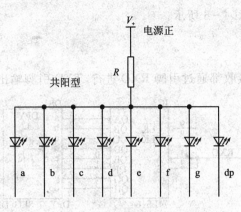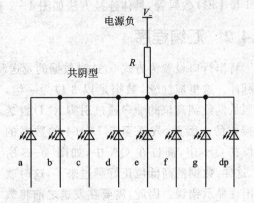

图 4-7 共阳型和共阴型 LED 数码管

过一个限流电阻与电源的正极相连,然后使某些段二极管的阴极接低电平,这样,数码管就会显示某一个数字,也就是说,共阳型数码管的段码值为 0 时,该段发光。

对于共阴型数码管来说,正好与此相反,在使用时要将它们的公共阴极引脚通过一个限流电阻与电源的负极相连,然后使某些段二极管的阳极接高电平,这样,数码管就会发光显示某一个数字,也就是说,共阴型数码管的段码值为 1 时,该段发光。

要让数码管显示某一个字符,就要使某些段的组合二极管发光,这些对应某一个字符的七个段位组合,称为七段码。显然,共阳型数码管与共阴型数码管的段码是不同的,各字符的七位段码如表 4-12 所列。要注意的是,这些段码不包括小数点。如果要在某一位数字后面显示小数点,则须另外处理。

表 4-12 七段 LED 数码管段码表

字 符	0	1	2	3	4	5	6	7	8	9
共阳段码	C0H	F9H	A4H	B0H	99H	92H	82H	F8H	80H	90H
共阴段码	3FH	06H	5BH	4FH	66H	6DH	7DH	07H	7FH	6FH
字 符	A	b	C	d	E	F	P	H	—	不显示
共阳段码	88H	83H	C6H	A1H	86H	8EH	8CH	89H	BFH	FFH
共阴段码	77H	7CH	39H	5EH	79H	71H	73H	76H	40H	00H

2. 6 位 LED 数码管显示电路

数字钟用 6 位 LED 数码管显示时间,时、分、秒各占两位。本系统使用静态驱动,每个 LED 数码管需要一个 8 位并行口驱动,这样,6 个 LED 数码管就需要 6 个 8 位并行口,显然,这里使用的 AT89C2051 单片机已无法提供这么多的口线。因此,本机采用了第 3 章介绍的利用串口扩展并行口的方法,使用 6 片 74LS164 串接在单片机的串口上,每片 74LS164 再驱动 1 位 LED 数码管,具体连接方法如图 4-2 和图 4-6 所示。

4.4.2 汇编程序

将串行口设置为方式 0,这时数据的发送和接收都通过引脚 RXD 进行,TXD 引脚输出移位脉冲。这里应注意,数据是以 8 位为一组,按照从低位到高位的顺序通过引脚 RXD 发送或接收的。因此,发送至 74LS164 的数据的低位在 QH 中,高位在 QA 中,如图 4-8 所示,这样,数据的高低位正好翻过来了,这时就会出现显示错误。因此,需要在发送之前将数据的高低位颠倒一下,才会使显示正常,高低位颠倒子程序 REVERS 的作用即为此。

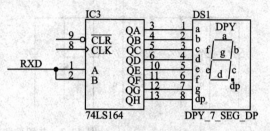

图 4-8 段码的发送顺序

另外要注意的一点是,所用的 LED 数码管的极性要与段码表匹配,这里用的是共阴型数码管,所以要使用共阴段码表;反之,则应使用共阳段码表,如表 4-12 所列,如果选错也会显示乱码。共阳时不显示的段码值为 FFH,共阴时不显示的段码值为 00H。

LED 数码管的显子程序如下。

```
;显示子程序
DISP:   PUSH  PSW
        MOV   PSW,#10H
        MOV   R0,#DISBUF        ;显示
        MOV   A,#06H
        MOV   R2,A
DISP1:  MOV   A,@R0
ISPOT:  MOV   DPTR,#TABEL
        MOVC  A,@A+DPTR
        LCALL REVERS
        MOV   SBUF,A
        JNB   TI,$
        CLR   TI
        INC   R0
        DJNZ  R2,DISP1
        POP   PSW
        RET
TABEL:                          ;共阴码表
   DB   3FH,06H,5BH,4FH,66H,6DH,7DH,07H,7FH,6FH   ;0123456789
   DB   77H,7CH,39H,5EH,79H,71H,73H,76H,40H,00H   ;AbCdEFPH-不显示
```

;高低位颠倒子程序
```
REVERS: CLR   C
        RRC   A
        MOV   07H,C
        RRC   A
        MOV   06H,C
        RRC   A
        MOV   05H,C
        RRC   A
        MOV   04H,C
        RRC   A
        MOV   03H,C
        RRC   A
        MOV   02H,C
        RRC   A
        MOV   01H,C
        RRC   A
        MOV   00H,C
        MOV   A,20H
        RET
```

4.5 数字钟编程

4.5.1 程序流程

图 4-9 是程序流程图,图(a)为主程序流程,图(b)为单片机 INT0 中断服务子程序流程。首先将当前时间用三个按键输入到单片机的显示缓存器中,然后初始化 PCF8563。PCF_INI 是初始化 PCF8563 子程序,该子程序设置 PCF8563 为定时器工作模式,并且每秒产生一次中断。然后启动时钟并将当前时间由单片机写入 PCF8563,这时数字钟即开始运行,同时,它的中断输出引脚 INT 接到单片机 AT89C2051 的外中断输入引脚 INT0 上,单片机的外中断 INT0 设置为下降沿触发,当 PCF8563 每秒产生一次中断时,就会触发单片机进入 INT0 的中断服务子程序。在中断服务子程序中,首先调用读出时钟芯片当前值子程序,并将当前时分秒的值写入显示缓存;然后调用显示子程序,刷新时间显示,同时此处设置了一个秒标志位;最后退出中断服务程序。在主程序中,本来什么事都不做数字钟也可以正常运行;但是,这里的主程序还有一项工作要做,那就是根据秒标志位将时分两个数码管中间的两个冒号 LED 点亮 0.5 s,并使这两个冒号 LED 每秒闪亮一次。

第 4 章 采用 LED 显示的电子钟

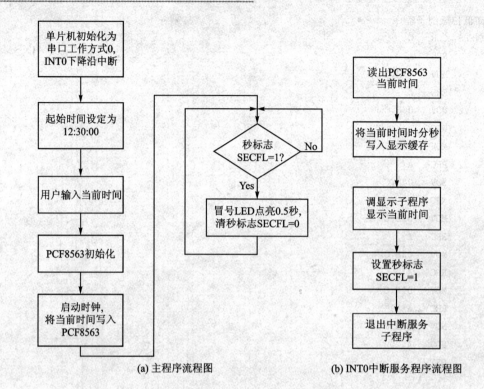

(a) 主程序流程图　　　　(b) INT0中断服务程序流程图

图 4-9　数字钟汇编程序流程图

4.5.2　汇编程序

汇编程序包括 1 个主程序和 22 个子程序，子程序的名称和功能如表 4-13 所列。主程序中完成的工作包括：设置堆栈起始地址、串口工作方式及外中断 INT0 中断允许和下降沿触发，开总的中断。各子程序的功能详述如下：

① 子程序 1 进行初始化显示，默认显示时间为 12:30:00。

② 子程序 2 由用户手动键入当前时间。子程序 3 将键入的时间值转换为 BCD 码。这两个程序已出现在"4.3 设置当前时间的方法"一节中。

③ 子程序 4～7 完成有关 PCF8563 的操作。子程序 PCF_INI 设置 PCF8563 的工作模式为定时器工作模式，每秒产生一次中断。子程序 PCF_SET 将当前起始时间写入到 PCF8563 中。子程序 IN0INT 是秒中断服务子程序，这里调用子程序 PCF_RD 读出 PCF8563 当前的时间值，再调用时间显示子程序刷新时间显示。

④ 子程序 8～10 完成有关显示的操作。子程序 REVERS 用于把要显示的每一个 8 位数据颠倒顺序。子程序 CLOCK 将时分秒数据处理后写入显示缓存，然后调用显示子程序 DISP 显示当前时间。

⑤ 子程序 11～13 是三个延时子程序。
⑥ 子程序 14～22 是 9 个有关 IIC 接口操作的子程序。

表 4-13 子程序功能表

序号	子程序	功能	序号	子程序	功能
1	INIT	初始化默认时间为 12:30:00	12	DEL10	10 ms 延时
2	SETCLK	设定起始时间	13	DEL01	1 ms 延时
3	TOBCD	转换为 BCD 码	14	STAR	启动 IIC 总线
4	PCF_INI	PCF8563 初始化	15	STOP	停止 IIC 总线数据传送
5	PCF_SET	写入当前时间到 PCF8563	16	MACK	发送应答位
6	PCF_RD	读出时钟芯片当前值	17	MNACK	发送非应答位
7	IN0INT	每秒产生一次中断,读 PCF8563	18	CACK	应答位检查
8	REVERS	8 位数据顺序翻转	19	WRBYT	向 SDA 线上发送 1 字节数据
9	CLOCK	将时分秒写入显示缓存	20	RDBYT	从 SDA 线上读取 1 字节数据
10	DISP	显示时间	21	WRNBYT	向 IIC 总线发送 n 字节数据
11	DEL100	100 ms 延时	22	RDNBYT	从 IIC 总线接收 n 字节数据

完整的汇编程序如下。

```
;大字 6 位钟 PCF8563,12 MHz 6 位数显示

SECFL   BIT 08H              ;1 秒 标志
READ    EQU 0A3H             ;PCF8563 读地址
WRIT    EQU 0A2H             ;PCF8563 写地址
SDA     EQU P1.7             ;数据传送
SCL     EQU P1.6             ;时钟控制状态

SETUP   EQU P1.4             ;时间设定
UP      EQU P1.3             ;加
DOWN    EQU P1.2             ;减

DOT     EQU P3.7             ;显示冒号

SEC     DATA 30H             ;秒寄存器
MIN     DATA 31H             ;分寄存器
HOUR    DATA 32H             ;时寄存器
DAY     DATA 33H             ;日寄存器
WEEK    DATA 34H             ;星期寄存器
MONTH   DATA 35H             ;月寄存器
```

第4章 采用 LED 显示的电子钟

```
        YEAR    DATA 36H                ;年寄存器
        SLA     DATA 37H                ;37H 为 PCF8563 的地址
        NUMBYT  DATA 38H                ;38H 为数据字节计数器的地址
        DISBUF  DATA 3AH                ;显示缓冲区
        MRD     DATA 40H                ;接收数据缓冲区首地址
        MTD     DATA 50H                ;发送数据缓冲区首地址

        ORG 0000H
                LJMP    MAIN
        ORG 0003H
                LJMP    IN0INT
        ;主程序
        MAIN:   MOV     SP,#5FH
                MOV     SCON,#0
                MOV     TCON,#1         ;INT0 下降沿触发
                SETB    EA
        SETZ:
                LCALL   DEL100
                LCALL   DEL100
                LCALL   INIT
                LCALL   DEL100
                LCALL   SETCLK          ;设定起始时间

        P_INI:  LCALL   PCF_INI         ;PCF8563 初始化
                LCALL   DEL100
                LCALL   PCF_SET         ;写入当前时间
                SETB    EX0
        REACT:  JNB     SECFL,$
                CLR     SECFL
                CLR     DOT
                LCALL   DEL100
                LCALL   DEL100
                LCALL   DEL100
                LCALL   DEL100
                LCALL   DEL100
                SETB    DOT
                LJMP    REACT
        ;────────────────────────────
        ;初始化
        INIT:   MOV     SEC,#00H        ;初始时间设定为 12:30:00
                MOV     MIN,#30H
```

```
            MOV    HOUR,#12H
            LCALL  CLOCK                    ;将时分秒写入显示缓存
            LCALL  DISP
            RET
;--------------------------------------------------------------
;PCF8563 定时器工作模式,每秒产生一次中断
PCF_INI:    MOV    MTD,#0EH                 ;定时器控制寄存器地址送发送缓存 MTD=50H
            MOV    MTD+1,#81H               ;设置 PCF8563 的 0EH 为 81H,启动定时器,定时器频率为 64 Hz
            MOV    MTD+2,#64                ;设置 PCF8563 的 0FH 为 64,定时器倒计数值为 64
            MOV    NUMBYT,#3                ;写字节
            MOV    SLA,#0A2H                ;取写器件地址
            LCALL  WRNBYT                   ;写 PCF8563
            RET
;--------------------------------------------------------------
;每秒产生一次中断,读 PCF8563
;IN0 INTERRUPT SERVICE
IN0INT:
            PUSH   PSW
            PUSH   ACC
            PUSH   B
            PUSH   DPH
            PUSH   DPL
            MOV    PSW,#8

            LCALL  PCF_RD                   ;读实时钟
            LCALL  CLOCK
            LCALL  DISP
            SETB   SECFL                    ;置秒标志

            POP    DPL
            POP    DPH
            POP    B
            POP    ACC
            POP    PSW
            RETI
;PCF8563 当前时间写入
PCF_SET:    MOV    SLA,#0A2H                ;取写器件地址
            MOV    NUMBYT,#10               ;写字节数
            MOV    MTD,#00H                 ;写入 PCF8563 寄存器首地址为 00H
            MOV    MTD+1,#00H               ;启动时钟
            MOV    MTD+2,#11H               ;定时器为中断模式,脉冲形式
```

```
            MOV    MTD+3,SEC              ;将秒至年的数据写入发送缓冲区
            MOV    MTD+4,MIN
            MOV    MTD+5,HOUR
            MOV    MTD+6,DAY
            MOV    MTD+7,WEEK
            MOV    MTD+8,MONTH
            MOV    MTD+9,YEAR
            LCALL  WRNBYT                 ;10字节写入PCF8563
            RET
;--------------------------------------------------------------------
PCF_RD:     MOV    MTD,#02H               ;读时钟寄存器首字节地址02H
            MOV    SLA,#0A2H              ;取写器件地址
            MOV    NUMBYT,#1              ;写字节数
            LCALL  WRNBYT                 ;写n字节到PCF8563
            MOV    SLA,#0A3H              ;取读器件地址
            MOV    NUMBYT,#7              ;读7个时钟数据
            LCALL  RDNBYT                 ;读取时间并放入缓冲区
            MOV    A,MRD                  ;接收数据缓冲区首地址
            ANL    A,#7FH                 ;屏蔽无效位
            MOV    SEC,A                  ;送秒寄存器
            MOV    A,MRD+1                ;取"分"字节
            ANL    A,#7FH                 ;屏蔽无效位
            MOV    MIN,A                  ;送分寄存器
            MOV    A,MRD+2                ;取"时"字节
            ANL    A,#3FH                 ;屏蔽无效位
            MOV    HOUR,A                 ;送时寄存器
            MOV    A,MRD+3                ;取"日"字节
            ANL    A,#3FH                 ;屏蔽无效位
            MOV    DAY,A                  ;送日寄存器
            MOV    A,MRD+4                ;取"星期"字节
            ANL    A,#07H                 ;屏蔽无效位
            MOV    WEEK,A                 ;送星期寄存器
            MOV    A,MRD+5                ;取"月"字节
            ANL    A,#1FH                 ;屏蔽无效位
            MOV    MONTH,A                ;送月寄存器
            MOV    A,MRD+6                ;取"年"字节
            MOV    YEAR,A                 ;送年寄存器
            RET
;--------------------------------------------------------------------
;IIC总线操作子程序
STAR:       SETB   SDA                    ;启动IIC总线
```

```
        SETB    SCL
        NOP
        NOP
        CLR     SDA
        NOP
        NOP
        CLR     SCL
        RET

STOP:   CLR     SDA             ;停止 IIC 总线数据传送
        SETB    SCL
        NOP
        NOP
        SETB    SDA
        NOP
        NOP
        CLR     SDA
        CLR     SCL
        RET

MACK:   CLR     SDA             ;发送应答位
        SETB    SCL
        NOP
        NOP
        CLR     SCL
        SETB    SDA
        RET

MNACK:  SETB    SDA             ;发送非应答位
        SETB    SCL
        NOP
        NOP
        CLR     SCL
        CLR     SDA
        RET

CACK:   SETB    SDA             ;应答位检查
        SETB    SCL
        CLR     F0
        MOV     C,SDA
        JNC     CEND
```

```
            SETB  F0
CEND:       CLR   SCL
            RET

WRBYT:      MOV   R0,#08H         ;向 SDA 线上发送 1 字节数据
WLP:        RLC   A
            JC    WR1
            AJMP  WR00
WLP1:       DJNZ  R0,WLP
            RET
WR1:        SETB  SDA
            SETB  SCL
            NOP
            NOP
            CLR   SCL
            CLR   SDA
            AJMP  WLP1
WR00:       CLR   SDA
            SETB  SCL
            NOP
            NOP
            CLR   SCL
            AJMP  WLP1

WRNBYT:     MOV   R3,NUMBYT       ;向 IIC 总线发送 n 字节数据
            LCALL STAR
            MOV   A,SLA           ;取写器件地址
            LCALL WRBYT           ;写入写器件地址
            LCALL CACK
            JB    F0,WRNBYT
            MOV   R1,#MTD         ;写入数据缓存首地址
WRDA:       MOV   A,@R1
            LCALL WRBYT
            LCALL CACK
            JB    F0,WRNBYT
            INC   R1
            DJNZ  R3,WRDA
            LCALL STOP
            RET

RDBYT:      MOV   R0,#08H         ;从 SDA 线上读取 1 字节数据
```

```
RLP:    SETB    SDA
        SETB    SCL
        MOV     C,SDA
        MOV     A,R2
        RLC     A
        MOV     R2,A
        CLR     SCL
        DJNZ    R0,RLP
        RET
```

;从 IIC 总线接收 n 字节数据
```
RDNBYT: MOV     R3,NUMBYT           ;读 n 字节数据
        LCALL   STAR
        MOV     A,SLA               ;取读器件地址
        LCALL   WRBYT               ;写入读器件地址
        LCALL   CACK
        JB      F0,RDNBYT
        MOV     R1,#MRD             ;读数据缓存首地址
RDN1:   LCALL   RDBYT               ;读 1 字节数据
        MOV     @R1,A
        DJNZ    R3,ACK
        LCALL   MNACK
        LCALL   STOP
        RET
ACK:    LCALL   MACK
        INC     R1
        SJMP    RDN1
```

;--
;将时分秒写入显示缓存
```
CLOCK:  MOV     R0,#DISBUF
        MOV     R1,#SEC
        MOV     R2,#3
CL0:    MOV     A,@R1
        ANL     A,#0FH
        MOV     @R0,A
        MOV     A,@R1
        SWAP    A
        ANL     A,#0FH
        INC     R0
        MOV     @R0,A
        INC     R0
```

第4章 采用LED显示的电子钟

```
            INC     R1
            DJNZ    R2,CL0
            RET
;延时 1 ms@12 MHz
DEL01:      MOV     R7,#20
DEL00:      MOV     R6,#23
            DJNZ    R6,$
            DJNZ    R7,DEL00
            RET
;延时 10 ms@12 MHz
DEL10:      MOV     R7,#45
DEL1:       MOV     R6,#109
            DJNZ    R6,$
            DJNZ    R7,DEL1
            RET
;延时 100 ms@12 MHz
DEL100:     MOV     R7,#250
DEL11:      MOV     R6,#198
            DJNZ    R6,$
            DJNZ    R7,DEL11
            RET


;显示子程序
DISP:       PUSH    PSW
            MOV     PSW,#10H
            MOV     R0,#DISBUF          ;显示
            MOV     A,#06H
            MOV     R2,A
DISP1:      MOV     A,@R0
ISPOT:      MOV     DPTR,#TABEL
            MOVC    A,@A+DPTR
            LCALL   REVERS
            MOV     SBUF,A
            JNB     TI,$
            CLR     TI
            INC     R0
            DJNZ    R2,DISP1
            POP     PSW
            RET
TABEL:                                  ;共阴码表
    DB   3FH,06H,5BH,4FH,66H,6DH,7DH,07H,7FH,6FH    ;0123456789
```

```
        DB      77H,7CH,39H,5EH,79H,71H,73H,76H,40H,00H    ;AbCdEFPH-不显示
REVERS: CLR     C
        RRC     A
        MOV     07H,C
        RRC     A
        MOV     06H,C
        RRC     A
        MOV     05H,C
        RRC     A
        MOV     04H,C
        RRC     A
        MOV     03H,C
        RRC     A
        MOV     02H,C
        RRC     A
        MOV     01H,C
        RRC     A
        MOV     00H,C
        MOV     A,20H
        RET
END
```

第5章

电容电感测量仪

在电子电路实验中经常需要测量电容的容量和电感的电感量,特别对一些小容量和小感量的器件,虽然专业测量仪很好,但不是每人都能配备,所以,如果能够自己动手制作,那么既锻炼了动手能力,又解决了问题。国外有一个网站上出售使用PIC16C622制作的电容电感测试仪套件,可以测量电容量或电感量;后来又有人介绍使用AT89C2051制作的同类测量仪。这里根据上述仪器的原理模仿制作了一个,经试用效果不错,而且电路简单实用,测量范围较宽,测量结果也较准确,完全可以满足一般电子爱好者的需要。自制的电容电感测量仪的实物图如图5-1所示。

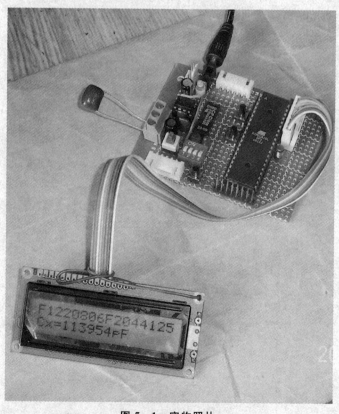

图 5-1 实物照片

第5章 电容电感测量仪

本测量仪基于测量 LC 振荡电路的频率,间接实现对电容和电感量的测量,因此,在研究其制作方法之前,有必要事先了解用单片机测量频率的方法。另外,仪器的测量结果是用 LCD(液晶显示器)显示的,所以还要先了解 LCD 的使用和编程方法。

5.1 LCD1602 液晶显示器简介

LCD1602 液晶显示器是目前广泛使用的一种字符型液晶显示模块。它是由字符型液晶显示屏(LCD)、控制驱动主电路 HD44780 及其扩展驱动电路 HD44100,以及少量电阻、电容元件和结构件等装配在 PCB 板上而组成。不同厂家生产的 LCD1602 芯片可能有所不同,但使用方法都是一样的。为了降低成本,现在绝大多数制造商都直接将裸片做到板子上。

图 5-2 是 LCD1602 型液晶显示器的实物照片,它是一种字符型液晶显示器。目前国际上已经对字符型液晶显示模块进行了规范,使得无论显示屏规格如何变化,其电特性和接口形式都是统一的。因此,只要设计出一种型号的接口电路,并在指令设置上稍加改动即可使用各种规格的字符型液晶显示模块。

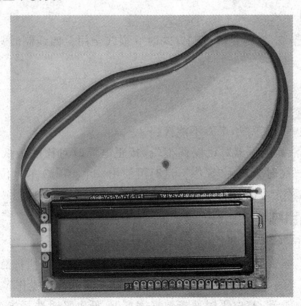

图 5-2 LCD1602 型液晶显示器实物照片

该液晶显示器的主要技术参数是:

① 液晶显示屏是由若干 5×8 或 5×11 点阵块组成的显示字符群。每个点阵块为一个字符位,字符间距和行距都为一个点的宽度。

② 控制驱动主电路为 HD44780(HITACHI 公司)及与其他公司全兼容的电路,如

SED1278(SEIKO 公司,EPSON 公司),KS0066(SAMSUNG 公司)和 NJU6408(NER JAPAN RADIO 公司)。

③ 具有字符发生器 ROM,可显示 192 种字符(160 个 5×7 点阵字符和 32 个 5×10 点阵字符)。

④ 具有 64 字节的自定义字符 RAM,可自定义 8 个 5×8 点阵字符或 4 个 5×11 点阵字符。

⑤ 具有 80 字节的 RAM。

⑥ 标准的接口特性。

⑦ 模块结构紧凑、轻巧,装配容易。

⑧ 单+5 V 电源供电。

⑨ 低功耗,长寿命,高可靠性。

5.1.1 LCD1602 的引脚功能

LCD1602 的引脚按功能划分可分为三类:数据类、电源类和编程控制类。

1. 数据类引脚

引脚 7~14 为数据线,选择直接控制方式时 8 根线全用。四线制时只用 DB7~DB4 四根高位线。

2. 电源类引脚

电源类引脚包括:

- 引脚 1,2 为负、正电源线,千万不能接错。
- 引脚 3 VO 为液晶显示器对比度调整端,接正电源时对比度最低,接电源地时对比度最高,对比度过高时会产生"鬼影",这时可使用一个 10 kΩ 的电位器来调整。
- 引脚 15,16 为背光电源,接 5 V 电源时应串入适当的限流电阻。

3. 编程控制类引脚

编程控制类引脚包括:

- E 端为使能端,当 E 端由高电平跳变为低电平时,液晶模块执行命令。
- RW 为读写信号线,高电平时进行读操作,低电平时进行写操作。
- RS 为寄存器选择端,高电平时选择数据寄存器,低电平时选择指令寄存器。

图 5-3 是 LCD1602 液晶显示器的背面照片。可以看到,其引线接口为一字排列的 16 引脚。不同商家的产品,液晶显示器的外形虽然略有不同,但是引脚排列和功能都是相同的,表 5-1 是其引脚功能表。

第5章 电容电感测量仪

图5-3 LCD1602液晶显示器的背面

表5-1 LCD1602液晶显示器的引脚功能表

引脚号	符号	状态	功 能	引脚号	符号	状态	功 能
1	VSS		电源地	9	DB2	三态	数据总线
2	Vdd		+5 V逻辑电源	10	DB3	三态	数据总线
3	VO		液晶驱动电源	11	DB4	三态	数据总线
4	RS	输入	寄存器选择,1:数据;0:指令	12	DB5	三态	数据总线
5	R/W	输入	读、写操作选择,1:读;0:写	13	DB6	三态	数据总线
6	E	输入	使能信号	14	DB7	三态	数据总线(MSB)
7	DB0	三态	数据总线(LSB)	15	LEDA	输入	背光+5 V
8	DB1	三态	数据总线	16	LEDK	输入	背光地

5.1.2 LCD1602与单片机的连接

LCD1602与单片机的连接有两种方式,一种是直接控制方式,另一种是所谓的间接控制方式。它们的区别只是所用的数据线的数量不同,其他都一样。

1. 直接控制方式

LCD1602的8根数据线和3根控制线E,RS和R/W与单片机相连后即可正常工作。一般应用中只须往LCD1602中写入命令和数据,因此,可将LCD1602的R/W读/写选择控制端直接接地,这样可节省1根数据线。VO引脚是液晶对比度调试端,按照图5-4的接法连接一个10 kΩ的电位器即可实现对比度的调整;也可采用将一个适当大小的电阻从该引脚接地的方法进行调整,不过电阻的大小应通过调试决定。

第5章 电容电感测量仪

2. 间接控制方式

间接控制方式也称为四线制工作方式,是利用 HD44780 所具有的 4 位数据总线的功能,将电路接口简化的一种方式。为了减少接线数量,只采用引脚 DB4~DB7 与单片机进行通信,先传数据或命令的高 4 位,再传低 4 位。采用四线并口通信,可以减少对微控制器 I/O 的需求,当设计产品过程中单片机的 I/O 资源紧张时,可以考虑使用此方法,本例即使用了这种接法。四线制工作方式的实用电路如图 5-4 所示。

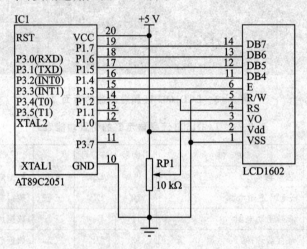

图 5-4 LCD1602 与单片机的连接

5.1.3 LCD1602 的指令集

LCD1602 液晶显示器包含一套由单字节组成的指令集,这些指令可以控制显示器完成各种显示功能。单片机发送相应的指令即可使显示器正常工作。LCD1602 共有 11 条指令,各指令的功能如表 5-2 所列。

表 5-2 LCD1602 的指令表

序 号	指 令	RS	R/W	DB7	DB6	DB5	DB4	DB3	DB2	DB1	DB0
1	清显示	0	0	0	0	0	0	0	0	0	1
2	光标复位	0	0	0	0	0	0	0	0	1	*
3	设置光标和显示模式	0	0	0	0	0	0	0	1	I/D	S
4	显示开关控制	0	0	0	0	0	0	1	D	C	B
5	光标或字符移位	0	0	0	0	0	1	S/C	R/L	*	*
6	功能设置命令	0	0	0	0	1	DL	N	F	*	*

续表 5-2

序号	指 令	RS	R/W	DB7	DB6	DB5	DB4	DB3	DB2	DB1	DB0
7	设置字符发生存储器(CGRAM)地址	0	0	0	1	字符发生存储器地址(AGG)					
8	设置数据存储器 DDRAM 地址	0	0	1	显示数据存储器地址(ADD)						
9	读忙标志和光标地址	0	1	BF	计数器地址(AC)						
10	写数据到 CGRAM 或 DDRAM	1	0	要写的数据							
11	从 CGRAM 或 DDRAM 读数据	1	1	读出的数据							

注：* 表示取任意值。

各指令的功能说明如下：
- 指令1　清显示，指令码为 01H，光标返回到地址 00H。
- 指令2　光标复位，光标返回到地址 00H。
- 指令3　设置光标和显示模式。
  — I/D　设置光标移动方向，1 为右移，0 为左移；
  — S　设置屏幕上所有文字是否左移或右移，1 表示有效，0 表示无效。
- 指令4　显示开关控制。
  — D　控制整体显示的开与关，1 表示开显示，0 表示关显示。
  — C　控制光标的开与关，1 表示有光标，0 表示无光标。
  — B　控制光标是否闪烁，1 闪烁，0 不闪烁。
- 指令5　光标或字符移位。
  — S/C　1 时移动显示的文字，0 时移动光标。
  — R/L　1 时右移，0 时左移。
- 指令6　功能设置命令。
  — DL　1 时为 8 位总线，0 时为 4 位总线。
  — N　0 时为单行显示，1 时为双行显示。
  — F　0 时显示 5×7 的点阵字符，1 时显示 5×10 的点阵字符。
- 指令7　设置字符发生存储器地址。
- 指令8　设置数据存储器地址。
- 指令9　读忙标志和光标地址。BF 为忙标志位，1 表示忙，此时模块不能接收命令或数据；0 表示不忙。
- 指令10　写数据。
- 指令11　读数据。

指令1～9都是在RS=0时使用,其中当R/W=0时,写入的是指令或地址;当R/W=1时,则读忙标志。指令10和11是在RS=1时使用,读写的是数据,即要显示的字符。编程时请特别注意这一点。

5.1.4 LCD1602的应用编程

从LCD1602指令集中可以看出,它在应用时的编程主要包括两方面内容,一个是给它发送命令,指令1～9就是这些命令,这些命令包括清显示、光标复位等,当发送这些命令时,要置RS=0。另一个是写入或读出数据,指令10和指令11分别完成这两项功能,这时要置RS=1,指令10将要显示的数据写入内存中,然后在显示器上显示出来。

应用编程时,首先要对LCD1602初始化,初始化的内容可根据显示的需要选用上述指令。初始化完成后,接着指定显示位置。要显示字符时应先输入显示字符的地址,也就是告知显示器在哪里显示字符。第1行第1列的地址是00H,但应注意,该位置的地址不能写入00H,而应写入80H,这是因为写入显示地址时要求最高位DB7恒为高电平1,所以,实际写入的数据应该是00000000B(00H)+10000000B(80H)=10000000B(80H)。同理,第2行第1列的地址是40H,但实际应该写入的地址是C0H。然后将要显示的数据写入,这时,相应的数据就会在指定的位置显示出来。表5-3所列是LCD1602的内部显示地址。

表5-3 LCD1602的内部显示地址

列号 行号	1	2	3	4	5	6	7	8	9	10	11	12	13	14	15	16
1	00	01	02	03	04	05	06	07	08	09	0A	0B	0C	0D	0E	0F
2	40	41	42	43	44	45	46	47	48	49	4A	4B	4C	4D	4E	4F

液晶显示模块是一个慢显示器件,所以在执行每条指令之前一定要先读忙标志,当模块的忙标志为低电平时,表示不忙,这时输入的指令才有效,否则此指令无效。

也可以不采用读忙标志的方法,而是采用在写入指令后延时一段时间的方法,也能起到同样的效果。下面就是采用延时法的一段程序示例,该程序的功能是在液晶显示器的第1行显示"LC-meter20080216"共16个字符。除了主程序MAIN之外,另外还有四个子程序:

① 延时1 ms子程序DEL10;
② 延时100 ms子程序DEL100;
③ LCD初始化子程序INITLCD;
④ 写入1字节子程序WRITEBYTE。

延时子程序是按照使用12 MHz晶振计算的值,如果使用其他晶振,则须另行计算。初始化子程序中包括了三条指令,它们的功能分别是:

① 使用指令6设定显示器为四线制工作模式;

② 使用指令 4 设定显示开,光标和闪烁关。
③ 使用指令 1 清显示。

在写入这些指令之前要置 RS＝0,接着让使能端 E 有一个下跳沿,并在此前后进行适当的延时,最后才能调用字节写入子程序 WRITEBYTE 写入指令值。每写入一条指令后都要加适当延时,才能确保指令有效。

主程序中先延时一段时间使系统工作稳定;然后调用 LCD 初始化子程序;接着指定显示的起始地址,第 1 行第 1 列字符的地址是 80H,要注意,写地址和写指令一样,也要先置 RS＝0,然后才调用子程序 WRITEBYTE 写入地址;最后再逐个写入要显示的字符,写字符也是调用子程序 WRITEBYTE,但在此之前应置 RS＝1,因为此时写入的是显示字符而不是指令。

```
;Program LC meter with LCD1602 on AT89C51
;12 MHz

D7_R4   BIT   P1.7
D6_R3   BIT   P1.6
D5_R2   BIT   P1.5
D4_R1   BIT   P1.4
LCD_E   BIT   P1.3
LCD_RS  BIT   P1.2

        ORG   0000H
        LJMP  MAIN
MAIN:   MOV   SP,#2FH
SETZ:   LCALL DEL100
        LCALL DEL100
        LCALL INITLCD
        MOV   A,#80H        ;第 1 行第 1 列字符开始
        CLR   LCD_RS        ;写入指令时,RS = 0
        ACALL WRITEBYTE
        SETB  LCD_RS        ;写入显示字符时,RS = 1
        MOV   A,#´L´
        ACALL1 WRITEBYTE
        MOV   A,#´C´
        ACALL WRITEBYTE
        MOV   A,#´M´
        ACALL WRITEBYTE
        MOV   A,#´E´
        ACALL WRITEBYTE
```

```
            MOV     A,#'t'
            ACALL   WRITEBYTE
            MOV     A,#'E'
            ACALL   WRITEBYTE
            MOV     A,#'R'
            ACALL   WRITEBYTE
            MOV     A,#'2'
            ACALL   WRITEBYTE
            MOV     A,#'0'
            ACALL   WRITEBYTE
            MOV     A,#'0'
            ACALL   WRITEBYTE
            MOV     A,#'8'
            ACALL   WRITEBYTE
            MOV     A,#'0'
            ACALL   WRITEBYTE
            MOV     A,#'2'
            ACALL   WRITEBYTE
            MOV     A,#'1'
            ACALL   WRITEBYTE
            MOV     A,#'6'
            ACALL   WRITEBYTE
            AJMP    $
;------------------------------------
;延时 1 ms@12 MHz
DEL10:      MOV     R7,#2
DEL1:       MOV     R6,#240
            DJNZ    R6,$
            DJNZ    R7,DEL1
            RET
;延时 100 ms@12 MHz
DEL100:     MOV     R7,#250
DEL11:      MOV     R6,#198
            DJNZ    R6,$
            DJNZ    R7,DEL11
            RET

;四线控制方式下的初始化子程序
INITLCD:
            MOV     A,#0FFH
            MOV     P1,A
```

```
        CLR     LCD_RS              ;写入指令时,RS = 0
        ACALL   DEL100
        SETB    LCD_E               ;E = 1
        NOP
        CLR     LCD_E               ;E = 0
        ACALL   DEL10
        MOV     A,#28H              ;4 位总线方式
        ACALL   WRITEBYTE
        ACALL   DEL10
        MOV     A,#0CH              ;LCD 开,光标关,闪烁关
        ACALL   WRITEBYTE
        ACALL   DEL10
        MOV     A,#01H              ; RESET
        ACALL   WRITEBYTE
        LCALL   DEL100
        RET
;*******************************
;写入 1 字节
WRITEBYTE:
        PUSH    ACC
        MOV     B,#10
        DJNZ    B,$
        POP     ACC
        RLC     A
        MOV     D7_R4,C
        RLC     A
        MOV     D6_R3,C
        RLC     A
        MOV     D5_R2,C
        RLC     A
        MOV     D4_R1,C
        NOP
        SETB    LCD_E
        NOP
        CLR     LCD_E
        RLC     A
        MOV     D7_R4,C
        RLC     A
        MOV     D6_R3,C
        RLC     A
        MOV     D5_R2,C
```

第5章 电容电感测量仪

```
            RLC    A
            MOV    D4_R1,C
            NOP
            SETB   LCD_E
            NOP
            CLR    LCD_E
            RET
    END
```

5.2 用单片机测量频率的方法

由振荡器频率的定义可知,测量频率就是测1 s时间内计数脉冲的个数。因此,用单片机测量频率的基本方法,就是采用一个定时器作为1 s计时器,用另外一个定时/计数器作为计数器,来计数1 s内脉冲的个数,得到的计数值就是脉冲的频率。这里有三个数据需要特别关注。

1. 定时器的最大定时时间

当单片机使用不同晶振时,定时器的最大定时时间不同。这里使用的是12 MHz晶振,其时钟周期是1 μs,T0在16位定时器工作方式时的最大定时时间是

$$1\ \mu s \times 65\ 536 = 65.536\ ms$$

也就是说,直接使用T0不能得到1 s的时间。

2. 计数器的最大计数

AT89C51单片机的定时计数器在16位工作方式时,其最大计数值是0FFFFH=65 535,这也就是所能计数的最大值。

3. LC振荡器的频率

LC振荡器的频率公式是

$$f = \frac{1}{2\pi\sqrt{LC}}$$

当选用$L=100\ \mu H$时,不同电容由公式计算所得的f值如表5-4所列。

表5-4 由公式求得的LC振荡器的频率

C	1 000 nF	100 nF	10 nF	1 000 pF	100 pF	10 pF	47 nF	33 nF
f/Hz	15 923	50 354	159 235	503 547	1 592 356	5 035 473	73 449	87 656

由表5-4中的数据可以看出,当电容量为10 nF时,LC振荡器的频率已大大超出单片机计数器的计数范围。因此在使用单片机测量频率时,要根据振荡频率的范围确定计时时间。下面给出一个用T0作定时器、用T1作16位计数器来测量频率的程序范例。T0的定时时间

设为 50 ms，连续中断溢出 20 次，也就是测 1 s，这时计数器 T1 中的值就是脉冲的频率。程序流程如图 5-5 所示。

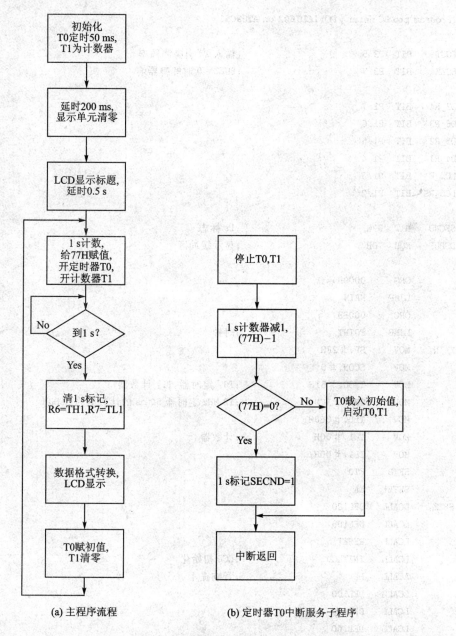

图 5-5 频率测量程序流程图

第 5 章 电容电感测量仪

用汇编语言编写的程序如下,其中 LCD 显示部分的程序与前面相同。在显示器的第 1 行中显示标题"Lcmeter 2008",第 2 行显示测得的脉冲频率,格式为:六位整数＋Hz。

```
;Program pro LC meter with LCD1602 on AT89C51

        FOUT    BIT   P3.5              ;输入 T0 引脚测频率
        BUZZ    BIT   P3.7              ;BUZZ＝0 时蜂鸣器响

        D7_R4   BIT   P1.7
        D6_R3   BIT   P1.6
        D5_R2   BIT   P1.5
        D4_R1   BIT   P1.4
        LCD_E   BIT   P1.3
        LCD_RS  BIT   P1.2

        SECND   BIT   09H               ;1s 标志
        DSBUF   EQU   70H               ;显示缓冲区

                ORG   0000H
                LJMP  MAIN
                ORG   000BH
                LJMP  T0INT             ;时钟
MAIN:           MOV   SP,#2FH
                MOV   SCON,#0
                MOV   TMOD,#51H         ;T0:定时器,T1:计数器
                MOV   TH0,#3CH          ;12 MHz 定时器 50 ms 的计数值为 3CB0H
                MOV   TL0,#0B0H;
                MOV   TH1,#00H          ;计数器
                MOV   TL1,#00H;
                SETB  ET0
                SETB  EA
SETZ:           LCALL DEL100
                LCALL DEL100
                LCALL RESET
                LCALL INITLCD           ;LCD 初始化
                ACALL BP                ;音响提示
                LCALL DEL100
                LCALL DEL100
                LCALL DEL100
                LCALL DEL100
                LCALL DEL100
```

```
        LCALL   DEL100
LOOP:   MOV     77H,#20         ;1 s
        SETB    TR0
        SETB    TR1
        JNB     SECND,$
        CLR     SECND
        MOV     R6,TH1
        MOV     R7,TL1
        LCALL   HB2
        LCALL   BCD2
        LCALL   DISP
        LCALL   DEL100
        LCALL   DEL100
        LCALL   DEL100
        LCALL   DEL100
        LCALL   DEL100
        LCALL   DEL100
        LCALL   DEL100
        LCALL   DEL100
        LCALL   DEL100
        ACALL   BP
        MOV     TH0,#3CH        ;12 MHz 定时器 50 ms 的计数值为 3CB0H
        MOV     TL0,#0B0H
        MOV     TH1,#00H        ;计数器
        MOV     TL1,#00H
        LJMP    LOOP
;————————————————————————
RESET:
        CLR     SECND
        CLR     A
        MOV     70H,A
        MOV     71H,A
        MOV     72H,A
        MOV     73H,A
        MOV     74H,A
        MOV     75H,A
        MOV     78H,A
        MOV     79H,A
        MOV     7AH,A
        RET
```

第5章 电容电感测量仪

```
;**********************************
;T0 中断服务子程序
T0INT:  CLR   TR0              ;98字节
        CLR   TR1
        PUSH  PSW
        PUSH  ACC
        MOV   A,77H            ;1 s
        DEC   A
        MOV   77H,A
        JNZ   EXIT
        SETB  SECND            ;置1 s标志
        AJMP  STOP
EXIT:   MOV   TH0,#3CH
        MOV   TL0,#0B0H
        SETB  TR0
        SETB  TR1
STOP:   POP   ACC
        POP   PSW
        RETI
;----------------------------------
;双字节十六进制整数转换成双字节BCD码整数
;入口条件:待转换的双字节十六进制整数在R6和R7中,高位在R6中
;出口信息:转换后的三字节BCD码整数在R3,R4,R5中,R3为最高位
HB2:    CLR   A
        MOV   R3,A
        MOV   R4,A
        MOV   R5,A
        MOV   R2,#10H
HB3:    MOV   A,R7
        RLC   A
        MOV   R7,A
        MOV   A,R6
        RLC   A
        MOV   R6,A
        MOV   A,R5
        ADDC  A,R5
        DA    A
        MOV   R5,A
        MOV   A,R4
```

```
        ADDC    A,R4
        DA      A
        MOV     R4,A
        MOV     A,R3
        ADDC    A,R3
        MOV     R3,A
        DJNZ    R2,HB3
        RET
BCD2:
        MOV     R0,#DSBUF
        MOV     A,R5                    ;个位
        ANL     A,#0FH
        MOV     @R0,A
        MOV     A,R5                    ;十位
        SWAP    A
        ANL     A,#0FH
        INC     R0
        MOV     @R0,A

        MOV     A,R4                    ;百位
        ANL     A,#0FH
        INC     R0
        MOV     @R0,A
        MOV     A,R4                    ;千位
        SWAP    A
        ANL     A,#0FH
        INC     R0
        MOV     @R0,A

        MOV     A,R3                    ;万
        ANL     A,#0FH
        INC     R0
        MOV     @R0,A
        MOV     A,R3                    ;十万
        SWAP    A
        ANL     A,#0FH
        INC     R0
        MOV     @R0,A
        RET
```

第 5 章　电容电感测量仪

```
;----------------------------------------
;延时 1 ms@12 MHz
DEL1:   MOV     R7,#2
DEL:    MOV     R6,#240
        DJNZ    R6,$
        DJNZ    R7,DEL
        RET
;延时 10 ms@12 MHz
DEL10:  MOV     R7,#40
DEL2:   MOV     R6,#120
        DJNZ    R6,$
        DJNZ    R7,DEL2
        RET

;延时 100 ms@12 MHz
DEL100: MOV     R7,#250
DEL11:  MOV     R6,#198
        DJNZ    R6,$
        DJNZ    R7,DEL11
        RET
;----------------------------------------
;四线控制方式下的初始化子程序
INITLCD:
        MOV     A,#0FFH
        MOV     P1,A
        CLR     LCD_RS          ;RS = 0
        ACALL   DEL100
        SETB    LCD_E           ;E = 1
        NOP
        CLR     LCD_E           ;E = 0
        ACALL   DEL1
        MOV     A,#28H           ;4 位总线方式
        ACALL   WRITEBYTE
        ACALL   DEL1
        MOV     A,#0CH           ;LCD 开,光标关,闪烁关
        ACALL   WRITEBYTE
        ACALL   DEL1
        MOV     A,#01H           ;复位
        ACALL   WRITEBYTE
```

第 5 章　电容电感测量仪

```
        LCALL   DEL100
        MOV     A,#80H          ;从第1行第1列字符开始
        CLR     LCD_RS
        ACALL   WRITEBYTE
        SETB    LCD_RS          ;写入字符
        MOV     A,#'L'
        ACALL   WRITEBYTE
        MOV     A,#'C'
        ACALL   WRITEBYTE
        MOV     A,#'m'
        ACALL   WRITEBYTE
        MOV     A,#'e'
        ACALL   WRITEBYTE
        MOV     A,#'t'
        ACALL   WRITEBYTE
        MOV     A,#'e'
        ACALL   WRITEBYTE
        MOV     A,#'r'
        ACALL   WRITEBYTE
        MOV     A,#' '
        ACALL   WRITEBYTE
        MOV     A,#'2'
        ACALL   WRITEBYTE
        MOV     A,#'0'
        ACALL   WRITEBYTE
        MOV     A,#'0'
        ACALL   WRITEBYTE
        MOV     A,#'8'
        ACALL   WRITEBYTE
        ACALL   BP
        RET
;****************************************
;写入1字节
WRITEBYTE:
        PUSH    ACC
        MOV     B,#10
        DJNZ    B,$
        POP     ACC
        RLC     A
```

```
        MOV     D7_R4,C
        RLC     A
        MOV     D6_R3,C
        RLC     A
        MOV     D5_R2,C
        RLC     A
        MOV     D4_R1,C
        NOP
        SETB    LCD_E
        NOP
        CLR     LCD_E
        RLC     A
        MOV     D7_R4,C
        RLC     A
        MOV     D6_R3,C
        RLC     A
        MOV     D5_R2,C
        RLC     A
        MOV     D4_R1,C
        NOP
        SETB    LCD_E
        NOP
        CLR     LCD_E
        RET
;*******************************
BP:     CLR     BUZZ
        LCALL   DEL100
        SETB    BUZZ
        RET
;*******************************
TABLE:  DB  '0123456789'

DISP:   MOV     A,#0C0H         ;第2行开始
        CLR     LCD_RS
        ACALL   WRITEBYTE
        SETB    LCD_RS          ;写入字符
        MOV     A,#' '
        ACALL   WRITEBYTE
        MOV     A,DSBUF+5
```

```
        MOV     DPTR,#TABLE
        MOVC    A,@A+DPTR
        ACALL   WRITEBYTE
        MOV     A,DSBUF+4
        MOVC    A,@A+DPTR
        ACALL   WRITEBYTE
        MOV     A,DSBUF+3
        MOVC    A,@A+DPTR
        ACALL   WRITEBYTE
        MOV     A,DSBUF+2
        MOVC    A,@A+DPTR
        ACALL   WRITEBYTE
        MOV     A,DSBUF+1
        MOVC    A,@A+DPTR
        ACALL   WRITEBYTE
        MOV     A,DSBUF
        MOVC    A,@A+DPTR
        ACALL   WRITEBYTE
        MOV     A,#´H´
        ACALL   WRITEBYTE
        MOV     A,#´z´
        AJMP    WRITEBYTE
        RET
END
```

5.3 电容电感测量仪的测量原理

5.3.1 电容量测量的一般原理

电容器充电后,所带电量 Q 与两极板间电压 U 和电容 C 之间满足 $Q=CU$ 的关系,由公式 $C=Q/U$ 即可求出电容器的电容值。U 可由直流电压表测出。Q 可由电容器放电测量,测量方法是使电容器通过高电阻放电,之后放电电流随电容器两极板间的电压下降而减小,测出不同时刻的放电电流值,直至 $I=0$,作出放电电流 I 随时间变化的曲线,曲线下的面积即等于电容器所带电量。但是实用的测量方法并非如此。

1. 经典测量方法

经典测量方法利用交流电桥的平衡原理,既可以测量电容,也可以测量电感。
交流电桥测量电容的原理图如图 5-6 所示。当电桥平衡时,有

$$R_x + \frac{1}{j\omega C_x} = \frac{R_4}{R_3}\left(R_2 + \frac{1}{j\omega C_2}\right)$$

由上式可求得

$$C_x = \frac{R_3}{R_4}C_2, \quad R_x = \frac{R_4}{R_3}R_2$$

2. 利用放电时间比率测电容

将被测电容与基准电容连接到同一电阻上,构成 RC 网络。通过测量两个电容放电时间的比率,即可求出被测电容的电容值,测量范围从 pF(10^{-12}F)到几十 nF(10^{-9}F)。使用该方法可以排除寄生电容对测量值的影响,而且温度稳定性也好。

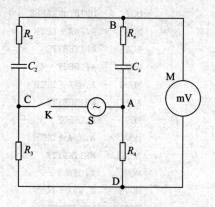

图 5-6 交流电桥测量电容

3. RC 或 LC 振荡器频率测量法

将被测电容与电阻串联,构成 RC 网络,再用该 RC 网络组成一个振荡器,振荡器的周期为

$$T = A_0 \times RC$$

其中 A_0 为常数。当 R 已知时,只要测出该振荡器的周期,电容值即可通过公式算出。

也可采用 LC 组成三点式振荡器,而将电子元件的参数 C、L 转换成频率信号 f。这样,先用单片机测量该振荡器的频率或周期,然后再根据公式

$$f = \frac{1}{2\pi\sqrt{LC}}$$

计算 L 或 C 值。

上式中 C、L 两个值中,若一个为已知,则测出频率 f 后,另一个未知量即可通过公式算出。频率 f 是单片机很容易处理的数字量,这种数字化的处理方法更便于实现测量仪表的智能化。

5.3.2 本机的测量原理

本机的测量原理就是基于测量振荡器频率的方法。为了能够同时测量电容和电感量,采用了 LC 三点式振荡器,核心电路是一个由 LM311N 组成的 LC 振荡器。由单片机测量 LC 振荡回路的频率,然后再依据振荡频率计算出对应的电容或电感量。但是由于单片机测量频率范围的限制,同时也为了减小分布参数对测量精度的影响,本机采用一个比较特殊的方法。概括地说,它是先以一个已知的标准电容 C_2 为基准,测量其振荡器频率,然后再计算电感或电容。

具体的测量原理图如图 5-7 所示。图中 C_2 由一个 1 000 pF 的聚苯乙烯电容与一个 20 pF 的瓷介电容并联而成,精度为 0.5%,当 C_2 未接入电路时,由 L_1 和 C_1 组成的振荡器的频率为

$$f_1 = \frac{1}{2\pi\sqrt{L_1 C_1}}$$

然后将 C_2 与 C_1 并联,这时由 L_1 和 C_1+C_2 组成的振荡器的频率为

$$f_2 = \frac{1}{2\pi\sqrt{L_1(C_1+C_2)}}$$

将以上两式变换整理后可得

$$C_1 = f_2^2 \times C_2/(f_1^2 - f_2^2)$$

和

$$L_1 = \frac{1}{4}\pi^2 \times f_1^2 \times C_1$$

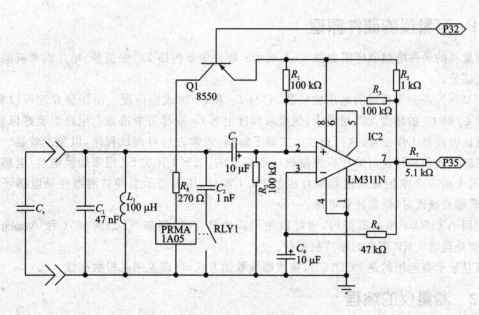

图 5-7 测量原理图

可以看出,L_1 和 C_1 是基于已知标准电容 C_2 和两次测量的频率 f_1 和 f_2 计算出来的,因此,其准确性主要取决于标准电容的精度,另外也避免了由于时间变化对 L_1 和 C_1 参数的影响。测算出 f_1,L_1 和 C_1 之后,再用待测电容 C_x 代替 C_2 接入回路中,再次测出由 L_1 和 C_1+C_x 组成的振荡器的频率 f_2,由公式

$$C_x = (f_1^2/f_2^2 - 1) \times C_1$$

可以求出 C_x,同理,也可用公式

$$L_x = (f_1^2/f_2^2 - 1) \times L_1$$

求出 L_x。

根据表 5-4 中理论计算的振荡频率值，并结合单片机最大可测频率范围，这里选

$$L_1 = 100\,\mu\text{H}, \quad C_1 = 47\,\text{nF}, \quad C_2 = 1\,\text{nF}$$

代入公式计算得

$$f_2 = \frac{1}{2\pi\sqrt{L_1(C_1+C_2)}} = 72\,680\,\text{Hz}$$

此值已经超出单片机的最大计数频率；但是，实际上由于电路分布参数的影响，实测频率并未超出 65 535 这个最大计数值。

5.4 电容电感测量仪的制作

5.4.1 测量仪的硬件原理

测量仪的硬件电路原理图如图 5-8 所示。硬件主要包括 LC 振荡器、单片机和液晶显示器三大部分。

LM311N 是一个普通的电压比较器，它与 L_1 和 C_1 组成振荡器。由测量原理可以看出，电路对 L_1 和 C_1 的精度无严格要求，但要求标准电容 C_2 应尽可能准确。电路组装好以后，首先要保证振荡器工作正常，这可通过示波器了解到，正常之后再调试程序，以免走弯路。标准电容器的接入和断开是由单片机控制继电器完成的。2×2 开关 S3 用来切换电容/电感测量模式，其中的一个空闲触点接到单片机的 P3.4 端口，用来指示当前被测器件是电感还是电容，当该触点接地时，则是测量电感。

使用 AT89C51 单片机即可，也可以使用其他单片机，例如 STC89C4051 和 Atmega16L 等，只要是包含 4 KB 闪存的单片机都行。

液晶显示器选用的是 LCD1602，接成四线数据方式，可以少用几根数据线。

5.4.2 测量仪的编程

1. 测量仪的工作过程

测量仪的工作过程是：

① 测量仪在上电后首先测量由 L_1 和 C_1 组成的振荡器的频率 f_1。

② 控制继电器的触点 RLY1 将标准电容器 C_2 与 C_1 并联，测出由 L_1 和 C_1+C_2 组成的振荡器的频率 f_2。

③ 单片机程序计算出 L_1 和 C_1 的值。

④ 继电器释放，断开标准电容器 C_2。这时可将被测元件接到测量插座 J1 上，然后按一下测量按钮 S2。

第 5 章　电容电感测量仪

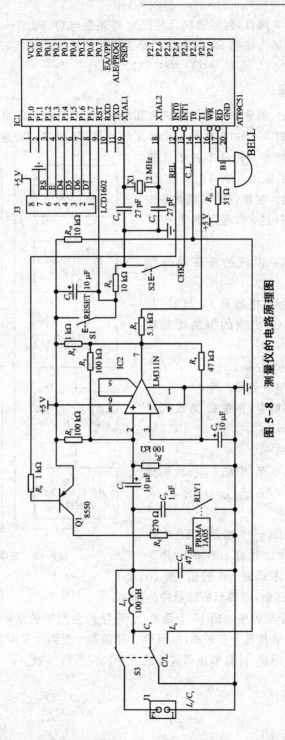

图 5-8　测量仪的电路原理图

⑤ 单片机检测 P3.4 端口,判断被测元件是电感还是电容,P3.4=1 是电容,P3.4=0 是电感。接着单片机检测输入按钮 S2,判断用户是否已经将被测原件接好。若已接好就再次测量 f_2,然后由公式计算出 C_x 或 L_x 的值,并送 LCD 显示。

2. 测量仪的编程

程序包括 LCD 显示、测量频率和计算三大部分,前两部分在前两节中已经叙述过。测量频率采用定时器 T0 定时 50 ms,振荡器输出接至计数器 T1 端口,T0 连续 20 次溢出中断后,T1 的计数值就是振荡频率。由于本机的计算部分比较复杂,若采用汇编语言编写很麻烦,所以这里采用 C 语言编程。测量仪的编程就是按照上面的工作过程进行的,主程序的工作顺序是:

① 测量由 L_1 和 C_1 组成的振荡器的频率 f_1。

② 控制继电器将标准电容器 C_2 与 C_1 并联,测出由 L_1 和 C_1+C_2 组成的振荡器的频率 f_2。

③ 计算 L_1 和 C_1 的值。

④ 断开 C_2,检测 P3.4 和 S2,当

- P3.4=1 时为测电容,并联 C_x 再次测量 f_2,由公式 $C_x=(f_1^2/f_2^2-1)\times C_1$ 求出 C_x;

- P3.4=0 时为测电感,串联 L_x 再次测量 f_2,由公式 $L_x=(f_1^2/f_2^2-1)\times L_1$ 求出 L_x。

主程序的流程图如图 5-9 所示。T0 中断服务程序中只是对 1 秒计数器 cnt 加 1,并对 T0 重新赋初值。主程序检测 cnt 的值,满 20 就可以读 T1 计数器中的值,以得到所测脉冲的频率。

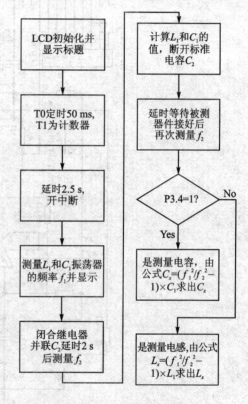

图 5-9 主程序流程图

除了主函数之外,全部程序包括 16 个函数(子程序),它们的名称和功能如表 5-5 所列。函数 1~6 是关于 LCD 液晶显示器的程序,函数 7 和函数 8 是两个延时程序,函数 9 是蜂鸣器程序,函数 10~16 是与测量、计算和显示有关的程序。完整程序如下:

第5章 电容电感测量仪

表 5-5 电容电感测量仪程序的函数一览表

序号	名称	功能
1	void LCD_init(void)	液晶显示器初始化
2	void LCD_en_write(void)	LCD 使能
3	void LCD_write_char (uchar cd,uchar ab)	LCD 写数据或命令
4	void LCD_set_xy(uchar x, uchar y)	设置 LCD 地址
5	void LCD_byte(uchar abc)	LCD 写 1 字节
6	void LCD_write_str(uchar X,uchar Y,uchar * s)	LCD 写显示字符串
7	void delay_nus(uint n)	微秒延时
8	void del_ms(uint n)	毫秒延时
9	void bbb()	蜂鸣低有效
10	void timer0(void)	定时器 T0 中断服务
11	uint freq(void)	测量频率
12	void calc_C1(void)	计算 C_1
13	void calc_Cx(void)	计算 C_x
14	void calc_Lx(void)	计算 L_x
15	void disp_1(uint temp)	5 位显示
16	void disp_2(uint temp)	6 位显示

```
//F = 12 MHz with LCD1602
#include <reg51.H>
#include <stdio.h>
#include <INTRINS.H>  //_nop_()


typedef    unsigned char uchar;
typedef    unsigned int uint;


//LCD1602
sbit    LCD_RS = P1^2;
sbit    LCD_E  = P1^3;
sbit    LCD_D4 = P1^4;
sbit    LCD_D5 = P1^5;
sbit    LCD_D6 = P1^6;
sbit    LCD_D7 = P1^7;


//I/O
sbit    BEP = P3^7;              //蜂鸣器
```

第 5 章　电容电感测量仪

```c
sbit    REL = P3^2;             //继电器
sbit    CHK = P3^3;             //测试按钮
sbit    C_L = P3^4;             //C/L 测试切换
sbit    FRQ = P3^5;             //T1 计数输入

#define C2 1125                 //标准电容 1 000 pF,实测值 1 155 pF,计算取值 1 125 pF

uint    cnt = 0,F1 = 0,F2 = 0;
float   C1;

const uchar table[] = "0123456789";
union
    {
        uchar fc[2];
        uint  fi;
    }frecy;
/*————————————————————————————————————
公共函数原型
————————————————————————————————————*/
void LCD_init          (void);
void LCD_en_write      (void);
void LCD_write_char    (uchar cd,uchar ab);
void LCD_set_xy        (uchar x, uchar y);
void LCD_write_str     (uchar X,uchar Y,uchar *s);
void LCD_byte          (uchar abc);

void timer0            (void);
uint freq              (void);
void calc_C1           (void);
void calc_Cx           (void);
void calc_Lx           (void);
void disp_1            (uint temp);
void disp_2            (uint temp);

void delay_nus         (uint n);
void del_ms            (uint n);
void bbb();                              //蜂鸣

//————————————————————————————————————
```

```c
void LCD_init(void)                         //液晶显示器初始化
{
    P1 = 0xFF;
    P3 = 0xff;                              //输出
    LCD_RS = 0;
    del_ms(50);

    LCD_write_char(0x30,0);
    del_ms(6);
    LCD_write_char(0x30,0);
    del_ms(1);
    LCD_write_char(0x30,0);
    del_ms(1);
    LCD_write_char(0x02,0);
    del_ms(1);
    LCD_write_char(0x28,0);                 //设置4位总线方式
    del_ms(1);
    LCD_write_char(0x08,0);                 //显示关闭
    del_ms(1);
    LCD_write_char(0x01,0);                 //显示清屏
    del_ms(1);
    LCD_write_char(0x06,0);                 //显示光标移动设置
    del_ms(1);
    LCD_write_char(0x0C,0);                 //显示开及光标设置
    del_ms(10);
}
//------------------------------------------------
void LCD_write_str(uchar X,uchar Y,uchar *s)
{
    LCD_set_xy(X, Y);                       //写地址
    while(*s)                               //写显示字符
    {
        LCD_write_char(0,*s);
        s++;
    }
}
//------------------------------------------------
void LCD_set_xy(uchar x,uchar y)            //写地址函数
{
```

```c
    uchar address;
    if (y == 0) address = 0x80 + x;
    else
        address = 0xc0 + x;
    LCD_write_char(address,0);
}
//----------------------------------------------
void LCD_en_write(void)                    //液晶显示器使能
{
    _nop_();
    LCD_E = 1;                             //EN = 1
    _nop_();
    LCD_E = 0;                             //EN = 0
}
//----------------------------------------------
void LCD_write_char(uchar cd,uchar ab)     //写数据
{
    delay_nus(20);
    if(cd == 0)
    {
        LCD_RS = 1;                        //RS = 1,写显示内容
        LCD_byte(ab);
    }
    else
    {
        LCD_RS = 0;                        //RS = 0,写命令
        LCD_byte(cd);
    }
}
//----------------------------------------------
void LCD_byte(uchar abc)
{
    delay_nus(50);
    if(((abc<<0) & 0x80) == 0)             //先输出 MSB
        LCD_D7 = 0;                        //abc = 0
    else LCD_D7 = 1;                       //abc = 1
    if(((abc<<1) & 0x80) == 0)
        LCD_D6 = 0;
    else LCD_D6 = 1;
```

```c
    if(((abc<<2) & 0x80) == 0)
       LCD_D5 = 0;
    else LCD_D5 = 1;
    if(((abc<<3) & 0x80) == 0)
       LCD_D4 = 0;
    else LCD_D4 = 1;
    LCD_en_write();

    if(((abc<<4) & 0x80) == 0)
       LCD_D7 = 0;
    else LCD_D7 = 1;
    if(((abc<<5) & 0x80) == 0)
       LCD_D6 = 0;
    else LCD_D6 = 1;
    if(((abc<<6) & 0x80) == 0)
       LCD_D5 = 0;
    else LCD_D5 = 1;
    if(((abc<<7) & 0x80) == 0)
       LCD_D4 = 0;
    else LCD_D4 = 1;
    LCD_en_write();
}
//--------------------------------------------------
void delay_nus(uint n)              //n μs 延时函数
{
    uint i = 0;
    for(i = 0;i<n;i++)
        _nop_();
}
//--------------------------------------------------
void del_ms(uint n)
{
    uchar j;
    while(n-- )
    {for(j = 0;j<125;j++);}
}
//--------------------------------------------------
void disp_1(uint temp)
{
```

```c
    uint i,temp1,temp2;

    i = temp;
    temp1 = i/10000;
    LCD_write_char(0,table[temp1]);
    temp2 = i % 10000;
    temp1 = temp2/1000;
    LCD_write_char(0,table[temp1]);
    temp2 = i % 1000;
    temp1 = temp2/100;
    LCD_write_char(0,table[temp1]);
    temp2 = i % 100;
    temp1 = temp2/10;
    LCD_write_char(0,table[temp1]);
    temp2 = i % 10;
    temp1 = temp2;
    LCD_write_char(0,table[temp1]);
}
//---------------------------------------------
void disp_2(unsigned long temp)
{
    unsigned long i,temp1,temp2;

    i = temp;
    temp1 = i/100000;
    LCD_write_char(0,table[temp1]);
    temp2 = i % 100000;
    temp1 = temp2/10000;
    LCD_write_char(0,table[temp1]);
    temp2 = i % 10000;
    temp1 = temp2/1000;
    LCD_write_char(0,table[temp1]);
    temp2 = i % 1000;
    temp1 = temp2/100;
    LCD_write_char(0,table[temp1]);
    temp2 = i % 100;
    temp1 = temp2/10;
    LCD_write_char(0,table[temp1]);
    temp2 = i % 10;
```

```c
    temp1 = temp2;
    LCD_write_char(0,table[temp1]);
}
//T0 的中断服务程序
//-----------------------------------------------
void timer0(void) interrupt 1 using 1
{
    TR0 = 0;
    cnt ++ ;
    TH0 = - (50000/256);            //重装计数初值
    TL0 = - (50000 % 256);
    TR0 = 1;
}
//-----------------------------------------------
uint freq(void)                     //测频率
{
    uint f;
    TR0 = 1;                        //启动 T0
    TR1 = 1;
    while(cnt<20);

    cnt = 0;
    TR0 = 0;
    TR1 = 0;
    frecy.fc[0] = TH1;
    frecy.fc[1] = TL1;
    f = frecy.fi;

    TH0 = - (50000/256);            //50 ms
    TL0 = - (50000 % 256);
    TH1 = 0x00;
    TL1 = 0x00;
    return f;
}
//-----------------------------------------------
void bbb()                          //蜂鸣器
{
    BEP = 0;
```

```c
        del_ms(1000);
        BEP = 1;
    }
    //——————————————————————————————————————————
    void calc_C1(void)
    {
        uint i;
        float temp3,temp4;                  //C1 = (F2 * F2 * C2)/((F1 + F2)(F1 - F2))

        temp4 = F1 + F2;
        temp4 = F2/temp4;
        temp3 = F1 - F2;
        temp3 = F2/temp3;
        C1 = temp3 * temp4;
        C1 = C1 * C2;
        i = C1;
        LCD_set_xy(11,0);                   //地址
        disp_1(i);
    }
    //——————————————————————————————————————————
    void calc_Cx(void)
    {
        unsigned long i;
        float temp3,temp4;

        temp3 = ((float)F1)/((float)F2);
        temp4 = temp3 * temp3 - 1;
        i = temp4 * C1;
        disp_2(i);
        LCD_write_char(0,'p');
        LCD_write_char(0,'F');
    }
    //——————————————————————————————————————————
    void calc_Lx(void)
    {
        unsigned long i;
        float temp2,Lx,L1,temp3;

        temp2 = 1000000000/((float)F1);
```

```c
    temp3 = temp2 * temp2;
    L1 = temp3/(39.4784 * ((float)C1));

    temp2 = ((float)F1)/((float)F2);
    temp3 = temp2 * temp2;
    Lx = (temp3 - 1) * L1;
    i = (unsigned long)Lx;
    disp_2(i);
    LCD_write_char(0,'u');
    LCD_write_char(0,'H');
}
//--------------------------------------------------
int main(void)
{
    TMOD = 0x51;                          //T0 工作在定时器方式 1
    TH0 = -(50000/256);                   //50 ms
    TL0 = -(50000 % 256);
    TH1 = 0x00;
    TL1 = 0x00;

    del_ms(100);
    LCD_init();
    LCD_write_str(0,0,"F1 =      C1 =      ");
    LCD_write_str(0,1,"TANGJIXIAN200611");
    del_ms(1000);

    EA = 1;                               //CPU 开中断
    ET0 = 1;                              //T0 开中断

    F1 = freq();
    LCD_set_xy(3,0);                      //地址
    disp_1(F1);
    REL = 0;                              //用继电器接入 C2
    del_ms(1000);
    F2 = freq();
    REL = 1;                              //断开继电器
    bbb();                                //音响提示

    calc_C1();                            //计算 C1 的值
```

```
        do{
            while(!CHK);                //等待 CHK = 0 按钮低电平有效
            bbb();                      //P3.7 = 0 蜂鸣响

            F2 = freq();                //接入被测电容或电感测量频率

            LCD_set_xy(0,1);            //从第 2 行开始显示
            if (C_L)                    //C_L = 1,Cx
            {
                LCD_write_char(0,'C');  //测 Cx
                LCD_write_char(0,'x');
                LCD_write_char(0,'=');
                calc_Cx();
            }
            else                        //C_L = 0,Lx
            {
                LCD_write_char(0,'L');  //测 Lx
                LCD_write_char(0,'x');
                LCD_write_char(0,'=');
                calc_Lx();
            }
        }while(1);

    }
```

第 6 章

DDS 波形发生器

产生模拟信号的传统方法是采用 RC 或 LC 振荡器,而它们产生的信号频率的精度和稳定度都很差。后来出现了锁相环技术,频率精度大大提高;但是工艺复杂,分辨力不高,频率变换和实现计算机程控也不方便。DDS(直接数字合成技术)出现于 20 世纪 70 年代,它是一种全数字频率合成技术,完全没有振荡元件和锁相环,采用一连串数据流经过数/模转换器产生一个预先设定的模拟信号。它将先进的数字信号处理理论与方法引入信号合成领域,具有以往频率合成器难以达到的优点,如频率转换时间短($\leqslant 20$ ns)、频率分辨率高(0.01 Hz)、频率稳定度高($10^{-7} \sim 10^{-8}$)、输出信号频率和相位可快速程控切换等,因此可以很容易实现对信号的全数字式调制。由于 DDS 是数字化高密度集成电路产品,芯片体积小、功耗低,因此可用它构成高性能频率合成信号源而取代传统频率信号源。近年来 DDS 技术得到了飞速发展,各种通用的 DDS 芯片不断上市,性能很好,使用简单,价格也在不断下降,为一般用户使用提供了极大方便。这里介绍一款采用 ANALOG 公司的 AD9835 DDS 专用芯片设计的由单片机控制的合成信号源,其主要技术指标如下:

- 频率范围 0.1 Hz~10 MHz。
- 频率分辨率 0.1 Hz。
- 频率稳定度 1×10^{-7}。
- 输出幅度 0~5 V 可调。
- 输出波形 正弦波和方波(TTL 电平)。
- 输出设定方式 数字键盘直接设定。
- 显示方式 LCD 液晶显示器。

6.1 DDS 原理与特点

DDS 的基本结构如图 6-1 所示。因为正弦波信号可以用 $y=\sin x$ 来表示,这是一个非线性函数,所以,要直接合成一个正弦波信号,首先应将函数 $y=\sin x$ 进行数字量化,然后再以 x 为地址,以 y 为量化数据,依次存入波形存储器。DDS 使用相位累加技术控制波形存储器的地址,在每个基准时钟周期中,都将一个相位增量加到相位累加器的当前结果上。相位累加器的输出即为波形存储器的地址，通过改变相位增量即可改变 DDS 的输出频率值，所以，基准时钟频率的稳定度也就是输出频率的稳定度。根据相位累加器输出的地址，由波形存储器取出波形量化数据，经过数/模转换器转换成模拟电流，再经过运算放大器转换成模拟电压。由于波形数据是间断的取样数据，所以 DDS 发生器输出的是一个阶梯正弦波形，这样，只有先经过低通滤波器将波形中所含的高次谐波滤除，才能输出连续的正弦波。

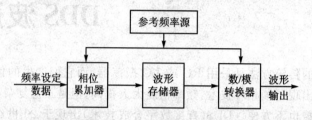

图 6-1 DDS 基本结构框图

DDS 芯片通常带有一个幅度调节器，可通过微处理器将幅度设定值送到 DDS 芯片的相关寄存器中，以产生一个合适的信号幅度。如果要求功率输出，则再经过功率放大器进行功率放大，最后由输出端口输出。采用直接数字合成技术 DDS 设计的信号发生器与传统信号源相比具有以下独特优点：

- 频率稳定度高　频率稳定度取决于所使用的参考频率源晶体振荡器的稳定度，一般市面上常见的廉价晶振的稳定度可达 10^{-6}。
- 频率精度高　常见的 DDS 芯片的频率分辨率为 $1/12^{28\sim32}$，适用于高精度的计量和测试，尤其对于那些需要特别低频率（如 0.000 1 Hz）的场合，采用通常的方法很难实现；而采用 DDS 技术，可以非常容易实现，而且精度和稳定度非常高，体积也很小。
- 无量程限制　在全部频率范围内频率设定一次到位，最适合宽频带系统的测试。
- 无过渡过程　频率转换时没有过渡过程，信号相位和幅度真正连续无畸变，最适合动态特性的测试。
- 易于控制　目前新上市的 DDS 芯片基本都带有微控制器，设计者只要增加少许外围器件就可制作成基于 DDS 技术的高质量信号发生器，如果再增加一些智能控制还可以设计出幅度、频率、相位等多方面控制的多功能信号发生器，而且性能完全可以达到高档进口信号发生器所具有的性能，还可以具有较低的价格。

6.2　AD9835 的应用与编程

AD9835 是 ADI 公司生产的高性能频率合成器，具有数字相位调制和频率调制能力，频率分辨率可达晶振时钟频率的 40 亿分之一，控制数据通过串口传输，并且具有休眠工作模式，此时功耗仅 1.75 mW。当不使用芯片时，只须用 power-down 位就可控制芯片进入休眠模式。

第 6 章　DDS 波形发生器

该芯片可广泛运用于频率合成信号源、数字调谐器和数字解调器等。其主要性能指标是：
- 单 5 V 供电。
- 最高时钟频率为 50 MHz。
- 含有片上 10 位 D/A 转换器。
- 含有片上 COS 查询表。
- 具有串口数据载入功能。
- 功耗为 200 mW。

6.2.1　内部原理

AD9835 的内部原理图如图 6-2 所示。它包括一个 32 位相位累加器、两个 32 位频率寄存器(F0 和 F1)和四个 12 位相位寄存器(P0,P1,P2,P3)。32 位相位累加器的输出值截取高 12 位后与 12 位相位寄存器值相加，构成 12 位的相位地址，寻址余弦 ROM 表。寻址得到的幅

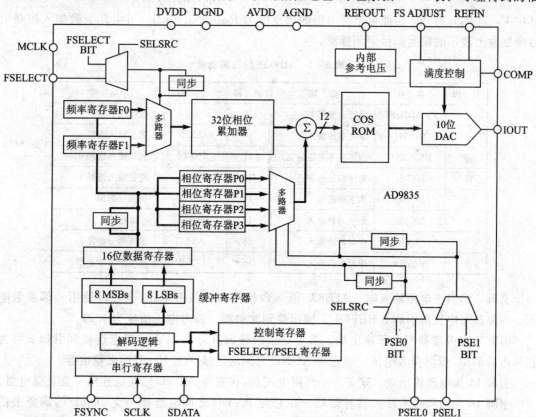

图 6-2　AD9835 的内部框图

度值经 10 位高速 D/A 转换后，合成相应的余弦信号，从而完成频率合成的全过程。

6.2.2 引脚及功能

AD9835 采用 16 引脚 TSSOP 封装，体积很小。引脚排列如图 6-3 所示，各引脚的功能如表 6-1 所列。

AD9835 的引脚按功能可分为以下三类。

1. 模拟信号与参考

引脚 1 为满度电流调节引脚。在该引脚和模拟地 AGND 之间要接入一只电阻 R_{SET}，该电阻决定 DAC 电流的满度值，计算公式是

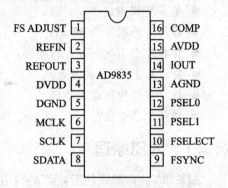

图 6-3 AD9835 的引脚排列图

$$IOUT_{FULL\_SCALE} = 12.5\, V_{REFIN}/R_{SET}$$

其中 $V_{REFIN} = 1.21$ V，由此可求得电阻的典型值为 $R_{SET} = 3.9$ kΩ。可由此引脚加入控制信号调制输出波形的幅度而得到调幅波。

表 6-1 AD9835 的引脚功能

引脚	名称	功能	引脚	名称	功能
1	FS ADJUST	满度电流调节	9	FSYNC	数据同步信号
2	REFIN	参考电压输入	10	FSELECT	频率输入选择
3	REFOUT	内部参考电压输出	11	PSEL0	相位输入选择 0
4	DVDD	数字部分电源正	12	PSEL1	相位输入选择 1
5	DGND	数字电源地	13	AGND	模拟电源地
6	MCLK	数字时钟输入	14	IOUT	电流输出
7	SCLK	串口时钟输入	15	AVDD	模拟部分电源正
8	SDATA	串行数据输入	16	COMP	参考放大器补偿

引脚 2 为参考电压输入端。AD9835 既可以使用内部参考电压，也可以使用外部参考电压。内部参考电压由引脚 3 REFOUT 输出接到此引脚。参考电压值应为 1.21 V。

引脚 3 为内部参考电压输出端。参考电压的输出值为 1.21 V。将它连接到引脚 2 可为芯片内的 DAC 提供参考电压。在它与 AGND 之间应连接一支 10 nF 的去耦电容。

引脚 14 为电流输出端。这是一个高阻电流源，在它与 AGND 之间应连接一支负载电阻。

引脚 16 为内部参考放大器补偿端。在它与 AVDD 之间应连接一支 10 nF 的陶瓷去耦电容。

2. 电源

引脚 4 和引脚 5 分别为数字部分电源的正、负端,供电电压为 +5(1±5%) V,两端之间应接入一只 0.1 μF 的去耦电容。

引脚 15 和引脚 13 分别为模拟部分电源的正、负端,供电电压为 +5(1±5%) V,两端之间也应接入一只 0.1μF 的去耦电容。

3. 数字接口与控制

引脚 6 为数字时钟输入。该频率要远大于 DDS 的输出频率,它决定输出频率的精度和相位噪声。

引脚 7 为串行时钟输入。该引脚用于在每个时钟的下降沿控制数据被送入 AD9835。

引脚 8 为串行数据输入。16 位串行数据由此送入。

引脚 9 为数据同步信号。当该引脚变为低电平时,通知器件有一个新的控制字将要被送入。

引脚 10 为频率输入选择。该引脚用于选择输入相位累加器的频率寄存器 FREQ0 或 FREQ1;使用控制字中的位 FSELECT 也可以进行选择,但这时该引脚应接地。

引脚 11 和引脚 12 为相位输入选择。AD9835 有四个相位寄存器。这两个引脚用于选择这些相位寄存器中的一个;使用控制字中的位 PSEL0 和 PSEL1 也可以进行选择,但此时这两个引脚应接数字电源地 DGND。

有关控制字的定义将在 6.2.3 小节中详细介绍。

引脚 FSELECT,PSEL0 和 PSEL1 外加调制信号,可用于对 DDS 进行直接位控调制,实现数字二值调频(FSK)和数字四值调相(PSK)。引脚 FSYNC,SCLK 和 SDATA 用来对 DDS 进行程控工作模式设定。数据传输方式为同步串行方式。

6.2.3 内部寄存器、控制字和编程

1. 内部寄存器

AD9835 内部有一个 32 位相位累加器,两个 32 位频率寄存器(F0 和 F1),四个 12 位相位寄存器(P0,P1,P2,P3)。32 位相位累加器的输出值截取高 12 位后与 12 位相位寄存器值相加,构成 12 位的相位地址,寻址余弦 ROM 表。寻址得到的幅值通过 10 位高速 D/A 转换后,合成相应的余弦信号。

两个 32 位的频率寄存器用于设定波形的输出频率,引脚 FSELECT 的值用来确定选用哪一个频率寄存器。引脚 PSEL0 和 PSEL1 的值决定选用 4 个 12 位相位寄存器中的哪一个。详细说明如表 6-2 所列。

可根据需要使用单片机通过 AD9835 的控制接口给 AD9835 输入相应的数据,32 位的频率值被加载到 AD9835 的两个频率寄存器中,12 位的相位值被加载到 12 位的相位寄

第6章 DDS波形发生器

存器中。

32位频率寄存器的值被分为四段,其格式如表6-3所列,每段有一个地址与该段对应。12位相位寄存器的值被分为两段,如表6-4所列,每段也有一个地址与它对应。在AD9835中用A3~A0四位数据来定义这些地址,各频率寄存器和相位寄存器的地址值如表6-5所列。

表6-2 用引脚选择频率寄存器和相位寄存器

寄存器	位数	说明
F0	32	FSELECT=0 时有效
F1	32	FSELECT=1 时有效
P0	12	PSEL0=PSEL1=0 时有效
P1	12	PSEL0=1 和 PSEL1=0 时有效
P2	12	PSEL0=0 和 PSEL1=1 时有效
P3	12	PSEL0=PSEL1=1 时有效

表6-3 32位频率字

16 MSB		16 LSB	
8 H MSB	8 L MSB	8 H LSB	8 L LSB

表6-4 12位相位字

4 MSB	8 LSB

表6-5 频率寄存器和相位寄存器的地址

A3	A2	A1	A0	寄存器	A3	A2	A1	A0	寄存器
0	0	0	0	F0 8 L LSB	1	0	0	0	P0 8 LSB
0	0	0	1	F0 8 H LSB	1	0	0	1	P0 8 MSB
0	0	1	0	F0 8 L MSB	1	0	1	0	P1 8 LSB
0	0	1	1	F0 8 H MSB	1	0	1	1	P1 8 MSB
0	1	0	0	F1 8 L LSB	1	1	0	0	P2 8 LSB
0	1	0	1	F1 8 H LSB	1	1	0	1	P2 8 MSB
0	1	1	0	F1 8 L MSB	1	1	1	0	P3 8 LSB
0	1	1	1	F1 8 H MSB	1	1	1	1	P3 8 MSB

2. 控制字

AD9835有两种不同的控制字,即初始化控制字和数据控制字。使用单片机将它们通过串行数据线送入AD9835,即可实现对AD9835的功能控制。这两种控制字都是16位的。

初始化控制字中D15位的值总是1。当D14位取不同值时,该控制字有两种不同的模式

和含义:
- 当 D14＝0 时,称为 a 模式,其格式如表 6-6 所列。该模式用于同步设定和选择相位及频率寄存器的控制源。
- 当 D14＝1 时,称为 b 模式,其格式如表 6-7 所列。该模式用于对 AD9835 设定休眠、复位和清零功能。

在这两种模式下,初始化控制字各位的含义不同,具体含义如表 6-8 所列。

表 6-6 初始化控制字 a 模式

D15	D14	D13	D12	D11	D10	D9	D8	D7	D6	D5	D4	D3	D2	D1	D0
1	0	SYNC	SELSRC	X	X	X	X	X	X	X	X	X	X	X	X

表 6-7 初始化控制字 b 模式

D15	D14	D13	D12	D11	D10	D9	D8	D7	D6	D5	D4	D3	D2	D1	D0
1	1	SLEEP	RESET	CLR	X	X	X	X	X	X	X	X	X	X	X

表 6-8 初始化控制字 D14 位定义的功能

D14	命令
0	D13 是使能同步位 SYNC: • 当 SYNC＝1 时,读 FSELECT,PSEL0 和 PSEL1 位或引脚及数据载入目标寄存器是随 MCLK 的上升沿同步的。该同步的反应时间增加到两个 MCLK 时钟周期。 • 当 SYNC＝0 时,不同步。 D11 是频率选择位 FSELECT,D10 和 D9 是相位选择位 PSEL1 和 PSEL0。 D12 是相位和频率寄存器的控制源选择位 SELSRC: • 当 SELSRC＝1 时,由位 FSELECT,PSEL0 和 PSEL1 选择相位或频率寄存器; • 当 SELSRC＝0 时,由引脚 FSELECT,PSEL0 和 PSEL1 选择相位或频率寄存器
1	D13 是休眠位 SLEEP: • 当 SLEEP＝1 时,AD9835 掉电,内部时钟停止,DAC 电流源和参考电压关闭; • 当 SLEEP＝0 时,AD9835 上电。 D12 是复位位 RESET: 当 RESET＝1 时,相位累加器被置于 0 相位,对应一个满度的模拟输出。 D11 是清零位 CLR: 当 CLR＝1 时,SYNC 和 SELSRC 被置 0,CLR 自动复位到零

数据控制字主要用于给 AD9835 加载频率和相位值,其格式如表 6-9 所列。该控制字由 4 位命令 C3～C0、4 位地址 A3～A0 和 8 位数据 D7～D0 三部分组成。其中 4 位地址 A3～A0 就是表 6-5 所代表的频率或相位寄存器的地址。

第6章 DDS波形发生器

4位命令C3~C0主要用于设定频率和相位寄存器的选择及数据写入,其值及其对应的功能如表6-10所列。

表6-9 数据控制字

D15	D14	D13	D12	D11	D10	D9	D8	D7	D6	D5	D4	D3	D2	D1	D0
C3	C2	C1	C0	A3	A2	A1	A0	MSB							LSB

表6-10 数据控制字中的C命令

C3	C2	C1	C0	命令
0	0	0	0	给所选相位寄存器写入16位相位字
0	0	0	1	给所选相位寄存器写入8位相位字
0	0	1	0	给所选频率寄存器写入16位频率字
0	0	1	1	给所选频率寄存器写入8位频率字
0	1	0	0	选择相位寄存器: • SELSRC=1时,用位PSEL0和PSEL1选择相位寄存器; • SELSRC=0时,用引脚PSEL0和PSEL1选择相位寄存器
0	1	0	1	选择频率寄存器: • SELSRC=1时,用位FSELECT选择频率寄存器; • SELSRC=0时,用引脚FSELECT选择频率寄存器
0	1	1	0	仅需一次写入即可同时设定频率寄存器和相位寄存器: • SELSRC=1时,用位PSEL0和PSEL1选择相位寄存器,用位FSELECT选择频率寄存器; • SELSRC=0时,用引脚PSEL0和PSEL1选择相位寄存器,用引脚FSELECT选择频率寄存器
0	1	1	1	用于制造商检查的保留命令

3. 编程

AD9835的编程实际上就是单片机通过AD9835的串行数据输入线向AD9835写入初始化控制字和数据控制字。初始化控制字用于设置AD9835的电源模式、复位和清零等,还可以选择在调制中是使用引脚还是位来控制AD9835。一旦设定后,AD9835将保持设定状态不变,直到重新设置。数据控制字主要用于给AD9835设定输出频率。

在下面的例程中,子程序AD9835_init(void)中的前面两条语句就是给AD9835写入表6-7的初始化控制字,对AD9835复位清零,控制字的值为F800H。接下来的四组语句写入表6-9的数据控制字,用于设定输出频率。每个控制字由4位命令、4位地址和8位频率值三部分组成,频率值只有 8 位,对于 32 位的频率值来说,需要写四次才能完成。频率寄存器的 4 字节值由子程序 AD9835_calc(void)计算出来,并被保存在 F_word[4]的字符数组中,以便写入程序和显示程序调用。

AD9835 的输出频率可由下列公式计算:

$$f = \frac{\Delta phase \times f_{clk}}{2^{32}} \qquad (6-1)$$

式中 $\Delta phase$ 是相位增量;f_{clk} 是基准时钟频率,这里为 50 MHz,当基准时钟频率一定时,AD9835 可输出的最低信号频率为

$$f_{min} = \frac{f_{clk}}{2^{32}} \qquad (6-2)$$

将 $f_{clk}=50$ MHz 代入公式(6-2),可求得 $f_{min}=0.011\ 64$ Hz。令

$$k = \frac{1}{f_{min}} \qquad (6-3)$$

将 $f_{min}=0.011\ 64$ Hz 代入公式(6-3),可求得 $k=85.899\ 345\ 92$。

当需要 AD9835 输出某一频率为 f 的信号时,由式(6-1),式(6-2)和式(6-3)可求出相应的相位增量为

$$\Delta phase = kf \qquad (6-4)$$

实际上,相位增量就是决定 AD9835 输出频率的数据控制字中的频率数据,将它写入 AD9835 的频率寄存器中,就能使 AD9835 输出需要的信号频率。限于篇幅,这里不讨论公式(6-1)的原理,读者只要能使用公式(6-4)就行了。子程序 AD9835_calc(void)就是利用公式(6-4)进行计算的。

子程序 AD9835_init(void)中最后三条语句是用表 6-7 的初始化控制字让 AD9835 进入正常电源工作模式,控制字的值为 C000H,其中 D15=D14=1,SLEEP=RESET=CLR=0。

16 位的控制字分为 2 字节,由子程序 AD9835_word(uchar)写入 AD9835,由于子程序 AD9835_byte(uchar)一次只能写入 1 字节,所以,需要调用 AD9835_word(uchar)两次才能完成。

下面是有关 AD9835 初始化编程的四个子程序。

```
//---------------------------------------------------------------
void AD9835_byte(uchar a)                    //写 1 字节
{
    uchar n = 0;
    for(n = 0;n<8;n++)
    {
        if(((a<<n) & 0x80) == 0) {DAT = 0;}   //DATA = 0,先输出高位
        else{DAT = 1;}                        //DATA = 1
```

第6章 DDS 波形发生器

```c
        CLK = 0;                                    //SCLK = 0
        _nop_();
        _nop_();
        CLK = 1;                                    //SCLK = 1

    }
}
//-----------------------------------------------
void AD9835_word(uchar * p)                         //写1个字即2字节
{
    SYC = 0;                                        //FSYNC = 0
    AD9835_byte(* p);
    p++;
    AD9835_byte(* p);
    SYC = 1;                                        //FSYNC = 1
}
//-----------------------------------------------
void AD9835_init(void)                              //初始化
{
    uchar dds[2] = {0xF8,0x00};

    AD9835_word(dds);

    dds[0] = 0x33;
    dds[1] = F_word[0];
    AD9835_word(dds);
    dds[0] = 0x22;
    dds[1] = F_word[1];
    AD9835_word(dds);
    dds[0] = 0x31;
    dds[1] = F_word[2];
    AD9835_word(dds);
    dds[0] = 0x20;
    dds[1] = F_word[3];
    AD9835_word(dds);

    dds[0] = 0xC0;
```

```
    dds[1] = 0x00;
    AD9835_word(dds);
}
//————————————————————————
//Fc = 50 MHz K = 85.8993459
//计算频率寄存器的4字节值
void AD9835_calc(void)
{
    unsigned long z = 0;
    float x;
    x = (freq[0] * 0.1 + freq[1] * 1 + freq[2] * 10 + freq[3] * 100 + freq[4] * 1000 + freq[5] * 10000 + freq[6] * 100000 + freq[7] * 1000000) * 85.8993459;
    z = x;
    F_word[3] = (char)z;
    F_word[2] = (char)(z>>8);
    F_word[1] = (char)(z>>16);
    F_word[0] = (char)(z>>24);
}
```

6.2.4 AD9835 的基本应用电路

AD9835 的功能十分强大，但使用也较复杂。为了使大家尽快学会使用，这里只介绍最基本的用法。

AD9835 的基本应用电路如图 6-4 所示。图中电源部分的引脚应按照 6.2.2 小节引脚说明中的要求连接好，电源电压必须符合要求，滤波和去耦电容都应该有。引脚 2 与引脚 3 相连，使用内部参考电压。除了电源部分的引脚外，控制引脚中用于直接位控调制的引脚 FSELECT、PSEL0 和 PSEL1 都未使用，直接接地。AD9835 的控制参数要求以同步串行方式输入，SCLK、SDATA 和 FSYNC 三根线由单片机控制，输出频率由键盘设定，液晶显示器显示输出波形频率。

器件 X2 是供 AD9835 使用的 50 MHz 有源晶振，其对输出频率的精确度和稳定性起着至关重要的作用。

波形信号由引脚 14 输出，后面接滤波器。为保证 0～10 MHz 的信号输出带宽，滤波器采用无源 LC 的 5 阶滤波器。AD9835 的 D/A 输出仅为 1.2 V 左右，信号再经两级宽带高速运放放大后输出。放大器使用 MAXIM 的高速双运放，性能优异。用 RP1 电位器可调节输出电压的大小。

第 6 章 DDS 波形发生器

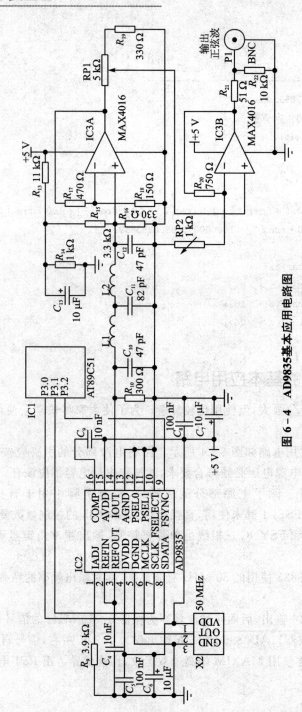

图 6-4 AD9835 基本应用电路图

6.3 矩阵键盘的使用

本机使用了 4×4 矩阵键盘,用于直接设定输出频率。该矩阵键盘与单片机的接法如图 6-5 所示。用矩阵法连接只需 8 根口线就可控制 16 只键,而且编程简单。在功能不太复杂的系统中,使用扫描查询法就可以很好地工作。用 C 语言编写的键盘扫描子程序如下。

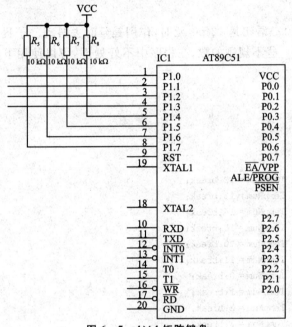

图 6-5 4×4 矩阵键盘

```
uchar Key_scan(void)
{
    uchar sccode,recode;
    P1 = 0xf0;
    if((P1 & 0xf0) != 0xf0)                        //若有键按下
    {
        del_ms(12);                                //延时去抖动
        if((P1 & 0xf0) != 0xf0)
        {
            sccode = 0xfe;                         //逐行扫描初值
            while((sccode & 0x10) != 0)
            {
                P1 = sccode;                       //输出行扫描码
                if((P1 & 0xf0) != 0xf0)            //本行有键按下
                {   recode = (P1 & 0xf0) | 0x0f;
```

```
                return((~sccode) + (~recode));        //返回特征字节码
            }
            else
                sccode = (sccode<<1) | 0x01;          //行扫描码左移一位
        }
    }
    return No_key;                                    //无键按下返回 255
}
```

程序中的 del_ms(12) 语句是 12 ms 延时,作用是延时去抖动。子程序的返回值为扫描后得到的键值,这些值是一些不规则的数,在程序中不好处理,可以使用下面程序将它们转换成 0~15 的数字。

```
uchar Key_table(k)
{
    uchar TempNum;
    switch(k)
    {
        case 0x11: TempNum = 12;break;
        case 0x12: TempNum = 13;break;
        case 0x14: TempNum = 14;break;
        case 0x18: TempNum = 15;break;
        case 0x88: TempNum = 10;break;
        case 0x28: TempNum = 11;break;
        case 0x48: TempNum = 0;break;
        case 0x84: TempNum = 1;break;
        case 0x44: TempNum = 2;break;
        case 0x24: TempNum = 3;break;
        case 0x82: TempNum = 4;break;
        case 0x42: TempNum = 5;break;
        case 0x22: TempNum = 6;break;
        case 0x81: TempNum = 7;break;
        case 0x41: TempNum = 8;break;
        case 0x21: TempNum = 9;break;
        default: break;
    }
    return TempNum;
}
```

6.4 用 AD9835 和单片机制作的波形发生器

波形发生器的完整电路原理图如图 6-6 所示。单片机使用 ATMEL 公司的 AT89C51,

第6章 DDS波形发生器

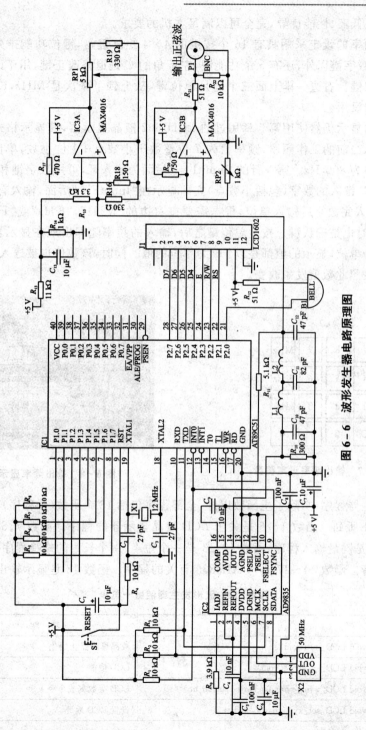

图6-6 波形发生器电路原理图

第6章 DDS波形发生器

这种单片机价格低廉、性能优异,完全可以满足本机的要求。

波形输出频率的设定采用具有16个按键的4×4矩阵键盘,键位功能排列如图6-7所示。除了10个数字键以外,还有5个功能键,左下角的C是退格改正键,用于改正输入错误。右下角是小数点键。右边一排上面三个键是单位键,从上到下依次是MHz,KHz和Hz。有一个"*"键空着没用。

输出频率的显示仍然使用第5章用过的LCD1602液晶显示器,其显示格式如图6-8所示。第二行显示当前的工作频率,频率值为7位整数+小数点+1位小数,单位是Hz。开机后默认输出频率为800 Hz。第一行的"InputF="后面为输入区,可用数字键和小数点键直接键入需要的频率,键入的数字(包括小数点)立即显示在"InputF="后面,输入有误时可用退格键"C"改正。输入完数字后输入单位,根据需要按右边的"MHz"、"KHz"或"Hz"三个单位键之一,单位键同时也是确认键。按过单位键之后,输入的频率随即出现在显示器的第二行,不管键入的是哪个单位,显示的值都是以Hz为单位的值。同时,该数值也被送入AD9835,且输出波形的频率按照此数值发生改变。

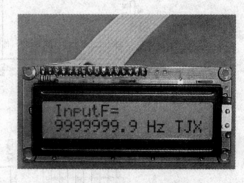

图6-7 输出频率设定键盘　　　　　图6-8 输出频率显示格式

在波形发生器程序中,除了主函数以外,全部程序包括18个函数(子程序),它们的名称和功能如表6-11所列。函数1~6是关于LCD液晶显示器的程序。函数7、8是两个延时程序,函数9~11是键盘输入程序,函数12、13是一个短声、一个长声的蜂鸣程序,是当键盘按下时发出的提示音。函数14~17是与AD9835有关的程序。函数18是显示输出频率的程序。

表6-11 波形发生器函数一览表

序 号	名 称	功 能
1	void LCD_init(void)	液晶显示器初始化
2	void LCD_en_write(void)	LCD使能
3	void LCD_write_char (uchar cd,uchar ab)	LCD写数据或命令
4	void LCD_set_xy(uchar x, uchar y)	设置LCD地址

续表 6-11

序号	名称	功能
5	void LCD_byte(uchar abc)	LCD 写 1 字节
6	void LCD_write_str(uchar X,uchar Y,uchar * s)	LCD 写显示字符串
7	void delay_nus(uint n)	微秒延时
8	void del_ms(uint n)	毫秒延时
9	uchar Key_scan(void)	键盘扫描
10	void Key_num(uchar n)	键入数字并显示
11	uchar Key_table(k)	键值表
12	void bee()	低有效蜂鸣
13	void Long_bee(void)	低有效蜂鸣长声
14	void AD9835_init(void)	AD9835 初始化和写频率值
15	void AD9835_byte(uchar a)	AD9835 写 1 字节
16	void AD9835_word(uchar * p)	AD9835 写 1 字(2 字节)
17	void AD9835_calc(void)	计算 AD9835 频率寄存器的 4 字节值
18	void disp(void)	显示

主程序流程图如图 6-9 所示,主要包括液晶显示器初始化、显示标题、启动 AD9835 按默认值输出等。接着即进入大循环,等待用户键入自己需要的频率值。程序已调试通过,功能正常。全部 C 语言程序如下。

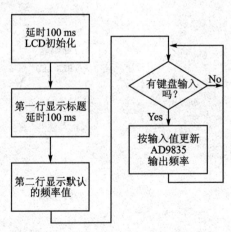

图 6-9 波形发生器主程序流程图

第 6 章 DDS 波形发生器

```c
//F = 12 MHz with LCD1602
//AD9835 on AT89C51
#include <reg51.H>
#include <stdio.h>
#include <INTRINS.H>  //_nop_()需要

typedef unsigned char uchar;
typedef unsigned int uint;

//键排列
// 7 8 9 C
// 4 5 6 D
// 1 2 3 E
// A 0 B F

//LCD1602
sbit    LCD_D7 = P2^7;
sbit    LCD_D6 = P2^6;
sbit    LCD_D5 = P2^5;
sbit    LCD_D4 = P2^4;
sbit    LCD_E  = P2^3;
sbit    LCD_RW = P2^2;
sbit    LCD_RS = P2^1;

//I/O
sbit    BEP = P2^0;       //蜂鸣器
sbit    LED = P3^2;       //RED LED
//AD9835
sbit    DAT = P3^0;
sbit    CLK = P3^1;
sbit    SYC = P3^3;

//FREQ
sbit    FRQ = P3^5;       //T1 检查
#define No_key  255

//键值
#define MHz 12             //MHz
#define KHz 13             //KHz
```

```c
#define Hzz 14                                          //Hz
#define point 15                                        //小数点
#define shift 11                                        //不用
#define back 10                                         //改正

uchar freq[8] = {0x00,0x00,0x00,0x08,0x00,0x00,0x00,0x00};//8位频率值 800.0 Hz
uchar F_word[4];

uchar step = 8,cur = 7,act = 0,key = No_key;            //act 有效位
uchar buf[9];                                           //输入缓存
/*------------------------------------------------------------
Public function prototypes
--------------------------------------------------------------*/
void LCD_init           (void);                         //LCD 初始化
void LCD_en_write       (void);                         //LCD 使能
void LCD_write_char     (uchar cd,uchar ab);            //LCD 写数据或命令
void LCD_set_xy         (uchar x, uchar y);             //设置 LCD 地址
void LCD_write_str      (uchar X,uchar Y,uchar * s);    //LCD 写显示字符串
void LCD_byte           (uchar abc);                    //LCD 写 1 字节

void delay_nus          (uint n);                       //微秒延时
void del_ms             (uint n);                       //毫秒延时

uchar Key_scan          (void);                         //键盘扫描
void  Key_num           (uchar n);                      //键入数字并显示
uchar Key_table         (k);                            //键值表
void bee();                                             //低有效蜂鸣
void Long_bee           (void);                         //低有效蜂鸣长声

void AD9835_byte        (uchar a);                      //AD9835 写 1 字节
void AD9835_word        (uchar * p);                    //AD9835 写 1 字即 2 字节
void AD9835_init        (void);                         //AD9835 初始化和写频率值
void AD9835_calc        (void);                         //计算出 AD9835 频率寄存器的 4 字节值
void disp(void);                                        //显示

//------------------------------------------------------------
void LCD_init(void)                                     //液晶显示器初始化
{
    P1 = 0xFF;
```

```c
    P3 = 0xFF;                              //输出
    LCD_RS = 0;
    del_ms(50);

    LCD_write_char(0x30,0);
    del_ms(6);
    LCD_write_char(0x30,0);
    del_ms(1);
    LCD_write_char(0x30,0);                 //上电即正常显示,无需复位
    del_ms(1);
    LCD_write_char(0x02,0);
    del_ms(1);
    LCD_write_char(0x28,0);                 //4 位总线模式显示模式设置(不检测忙信号)
    del_ms(1);
    LCD_write_char(0x08,0);                 //显示关闭
    del_ms(1);
    LCD_write_char(0x01,0);                 //显示清屏
    del_ms(1);
    LCD_write_char(0x06,0);                 //显示光标移动设置
    del_ms(1);
    LCD_write_char(0x0C,0);                 //显示开及光标设置
    del_ms(10);
}
//————————————————————————————
void LCD_write_str(uchar X,uchar Y,uchar * s)   //写显示字符
{
    LCD_set_xy(X,Y);                        //写地址
    while( *s)
    {
        LCD_write_char(0, *s);
        s++;
    }
}
//————————————————————————————
void LCD_set_xy(uchar x,uchar y)            //设置 LCD 地址
{
    uchar address;
    if(y == 0) address = 0x80 + x;
    else
```

```c
    address = 0xc0 + x;
    LCD_write_char(address,0);
}
//--------------------------------------------------
void LCD_en_write(void)                    //LCD 使能
{
    _nop_();
    LCD_E = 1;                             //EN = 1
    _nop_();
    LCD_E = 0;                             //EN = 0
}
//--------------------------------------------------
void LCD_write_char(uchar cd,uchar ab)     //LCD 写数据或命令
{
    delay_nus(20);
    if(cd == 0)
    {
        LCD_RS = 1;                        //RS = 1,写显示内容
        LCD_byte(ab);
    }
    else
    {
        LCD_RS = 0;                        //RS = 0,写命令
        LCD_byte(cd);
    }
}
//--------------------------------------------------
void LCD_byte(uchar abc)                   //LCD 写 1 字节
{
    delay_nus(50);
    if(((abc<<0) & 0x80) == 0)             //先写高位
        LCD_D7 = 0;                        //abc = 0
    else LCD_D7 = 1;                       //abc = 1
    if(((abc<<1) & 0x80) == 0)
        LCD_D6 = 0;
    else LCD_D6 = 1;
    if(((abc<<2) & 0x80) == 0)
        LCD_D5 = 0;
    else LCD_D5 = 1;
```

```c
    if((((abc<<3) & 0x80) == 0)
        LCD_D4 = 0;
    else LCD_D4 = 1;
        LCD_en_write();

    if((((abc<<4) & 0x80) == 0)
        LCD_D7 = 0;
    else LCD_D7 = 1;
    if((((abc<<5) & 0x80) == 0)
        LCD_D6 = 0;
    else LCD_D6 = 1;
    if((((abc<<6)&0x80) == 0)
        LCD_D5 = 0;
    else LCD_D5 = 1;
    if((((abc<<7)&0x80) == 0)
        LCD_D4 = 0;
    else LCD_D4 = 1;
        LCD_en_write();
}
//----------------------------------------------
uchar Key_table(k)                              //键值表
{
    uchar TempNum;
    switch (k)
    {
        case 0x11: TempNum = 12;break;
        case 0x12: TempNum = 13;break;
        case 0x14: TempNum = 14;break;
        case 0x18: TempNum = 15;break;
        case 0x88: TempNum = 10;break;
        case 0x28: TempNum = 11;break;
        case 0x48: TempNum = 0;break;
        case 0x84: TempNum = 1;break;
        case 0x44: TempNum = 2;break;
        case 0x24: TempNum = 3;break;
        case 0x82: TempNum = 4;break;
        case 0x42: TempNum = 5;break;
        case 0x22: TempNum = 6;break;
```

```c
            case 0x81: TempNum = 7;break;
            case 0x41: TempNum = 8;break;
            case 0x21: TempNum = 9;break;
            default: break;
        }
        return TempNum;
}

//--------------------------------------------------
uchar Key_scan(void)                              //键盘扫描
{
    uchar sccode,recode;
    P1 = 0xf0;
    if((P1 & 0xf0) != 0xf0)                       //若有键按下
    {
        del_ms(12);                               //延时去抖动
        if((P1 & 0xf0) != 0xf0)
        {   sccode = 0xfe;                        //逐行扫描初值
            while((sccode & 0x10) != 0)
            {   P1 = sccode;                      //输出行扫描码
                if((P1 & 0xf0)!= 0xf0)            //本行有键按下
                {   recode = (P1 & 0xf0) | 0x0f;
                    return((~sccode) + (~recode));//返回特征字节码
                }
                else
                    sccode = (sccode<<1) | 0x01;  //行扫描码左移一位
            }
        }
    }
    return No_key;                                /*无键按下返回0*/
}

//--------------------------------------------------
void Key_num(unsigned char n)                     //键入数字并显示
{
    if(step == = 0) {Long_bee();}
    else{
        buf[step] = n; n = n | 0x30;
        LCD_set_xy(cur,0);                        //地址
```

```c
            LCD_write_char(0,n);
            step-- ; cur++ ;}
        key = No_key;
    }

    //------------------------------------------------
    void bee()                              //低有效蜂鸣
    {
        P2 = P2 & 0xFE;                     //P2.0 = 0
        del_ms(100);
        P2 = P2 | 0x01;                     //P2.0 = 1
    }
    //------------------------------------------------
    void Long_bee(void)                     //长蜂鸣
    {
        BEP = 0;                            //PB0 = 1
        del_ms(400);
        BEP = 1;                            //PB0 = 0
    }
    //------------------------------------------------
    void delay_nus(uint n)                  //n 微秒延时函数
    {
        uint i = 0;
        for (i = 0;i<n;i++)
            _nop_();
    }

    //------------------------------------------------
    void del_ms(uint n)                     //n 毫秒延时
    {   uchar j;
        while(n--)
        {for(j = 0;j<125;j++);}
    }

    //------------------------------------------------
    void disp(void)                         //显示
    {
        uchar disbuf[8];
        uchar i;
```

```c
        for(i = 0;i <= 7;i++)
        {disbuf[i] = freq[i] | 0x30;}
        if(disbuf[7] == 0x30)
        {   disbuf[7] = 0x20;
            if(disbuf[6] == 0x30)
            {   disbuf[6] = 0x20;
                if(disbuf[5] == 0x30)
                {   disbuf[5] = 0x20;
                    if(disbuf[4] == 0x30)
                    {   disbuf[4] = 0x20;
                        if(disbuf[3] == 0x30)
                        {   disbuf[3] = 0x20;
                            if(disbuf[2] == 0x30)
                            {   disbuf[2] = 0x20;
                            }
                        }
                    }
                }
            }
        }
        LCD_set_xy(0,1);                            //地址
        LCD_write_char(0,disbuf[7]);
        LCD_write_char(0,disbuf[6]);
        LCD_write_char(0,disbuf[5]);
        LCD_write_char(0,disbuf[4]);
        LCD_write_char(0,disbuf[3]);
        LCD_write_char(0,disbuf[2]);
        LCD_write_char(0,disbuf[1]);
        LCD_write_char(0,0x2e);                     //小数点
        LCD_write_char(0,disbuf[0]);
        LCD_write_str(9,1,"Hz TJX");

}

//-----------------------------------------------
void AD9835_byte(uchar a)                           //写1字节
{
    uchar n = 0;
    for(n = 0;n<8;n++)
```

```c
        {
            if(((a<<n) & 0x80) == 0){DAT = 0;}      //DATA = 0,先输出高位
            else{DAT = 1;}                           //DATA = 1

            CLK = 0;                                 //SCLK = 0
            _nop_();
            _nop_();
            CLK = 1;                                 //SCLK = 1
        }
    }
//--------------------------------------------------
void AD9835_word(uchar * p)                          //AD9835 写 1 字,即 2 字节
{
    SYC = 0;                                         //FSYNC = 0

    AD9835_byte( * p);
    p++;
    AD9835_byte( * p);

    SYC = 1;                                         //FSYNC = 1
}

//--------------------------------------------------
void AD9835_init(void)                               //AD9835 初始化和写频率值
{
    uchar dds[2] = {0xF8,0x00};

    AD9835_word(dds);

    dds[0] = 0x33;
    dds[1] = F_word[0];
    AD9835_word(dds);
    dds[0] = 0x22;
    dds[1] = F_word[1];
    AD9835_word(dds);
    dds[0] = 0x31;
    dds[1] = F_word[2];
    AD9835_word(dds);
    dds[0] = 0x20;
```

```c
        dds[1] = F_word[3];
        AD9835_word(dds);

        dds[0] = 0xC0;
        dds[1] = 0x00;
        AD9835_word(dds);
    }
//----------------------------------------------------
//Fc = 50 MHz K = 85.8993459
//计算出 AD9835 频率寄存器的 4 字节值
void AD9835_calc(void)
{
    unsigned long z = 0;
    float x;
    x = (freq[0] * 0.1 + freq[1] * 1 + freq[2] * 10 + freq[3] * 100 + freq[4] * 1000 + freq[5] *
10000 + freq[6] * 100000 + freq[7] * 1000000) * 85.8993459;
    z = x;
    F_word[3] = (char)z;
    F_word[2] = (char)(z>>8);
    F_word[1] = (char)(z>>16);
    F_word[0] = (char)(z>>24);
}

//----------------------------------------------------
int main(void)                                      //主函数
{
    uchar smalkey = 0,flag = 0;                     //位置
    uchar i,j,k1 = No_key,k2 = No_key;
    uchar dot = 0xff;                               //小数点 cursor
    uchar intc = 0;                                 //整数位,有效数位

    del_ms(100);
    LCD_init();
    LCD_write_str(0,0,"InputF =         ");         //显示第一行

    del_ms(100);
    disp();                                         //第二行显示默认值 800 Hz
    AD9835_calc();
    AD9835_init();                                  //输出 800 Hz 正弦波
```

```c
while(1)
{
    del_ms(200);
    k2 = Key_scan();
    if(k2!= No_key)
    { key = k2;k2 = No_key;bee();
      key = Key_table(key);
      switch(key)
      { case 1:
          { Key_num(1);}break;
        case 2:
          { Key_num(2);}break;
        case 3:
          { Key_num(3);}break;
        case 4:
          { Key_num(4);}break;
        case 5:
          { Key_num(5);}break;
        case 6:
          { Key_num(6);}break;
        case 7:
          { Key_num(7);}break;
        case 8:
          { Key_num(8);}break;
        case 9:
          { Key_num(9);}break;
        case 0:
          { Key_num(0);}break;
        case MHz:
        {
            if(dot<7)
            {
                for(i = 0;i<= 7;i++)
                {freq[i] = 9;}
                Long_bee();
            }
            else if(dot == 0xff)
            {
                for(i = 0;i<= 7;i++)
```

```c
            {freq[i] = 0;}
            if(step<7)
            {
                for(i = 0;i< = 7;i++)
                {freq[i] = 9;}
                Long_bee();
            }
            else
            {
                freq[7] = buf[8];
            }
        }
        else
        {
          for(i = 0;i< = 7;i++)
          {freq[i] = 0;}
          intc = 8 - dot;
          act = 7 + intc;                   //整数位
          i = 6 + intc;j = 8;               //起始位
          for(;act>0;act--)
          {freq[i] = buf[j];i--;j--;}
        }
        disp();
        LCD_write_str(0,0,"InputF =          ");
        AD9835_calc();
        AD9835_init();
        dot = 0xff;
        act = 0;
        step = 8;
        cur = 7;
        for(i = 0;i< = 8;i++)
        {buf[i] = 0;}
        key = No_key;
    }break;
case KHz:
{
    if(dot<4)
    {  for(i = 0;i< = 7;i++)
       {freq[i] = 9;}
```

```c
        Long_bee();
    else if(dot = = 0xff)
    {
        for(i = 0;i< = 7;i + + )
        {freq[i] = 0;}
        if(step<4)
        {
            for(i = 0;i< = 7;i + + )
            {freq[i] = 9;}
            Long_bee();}
        else
        {
            for(i = 0;i< = 7;i + + )
            {freq[i] = 0;}
            act = 8 - step;
            i = act + 3;j = 8;
            for(;act>0;act - - )
            {freq[i] = buf[j];i - - ;j - - ;}
        }
    }
    else
    {
        for(i = 0;i< = 7;i + + )
        {freq[i] = 0;}
        intc = 8 - dot;
        act = 4 + intc;
        i = 3 + intc;j = 8;
        for(;act>0;act - - )
        {freq[i] = buf[j];i - - ;j - - ;}
    }
    disp();
    LCD_write_str(0,0,"InputF =        ");
    AD9835_calc();
    AD9835_init();
    dot = 0xff;
    act = 0;
    step = 8;
    cur = 7;
    for(i = 0;i< = 8;i + + )
```

```
        {buf[i] = 0;}
        key = No_key;
    }break;
    case Hzz:
    {
        if(dot<1)
        {   for(i = 0;i< = 7;i++)
            {freq[i] = 9;}
            Long_bee();}
        else if(dot = = 0xff)            //no dot
        {
            for(i = 0;i< = 7;i++)
            {freq[i] = 0;}
            if(step<1)
            {
                for(i = 0;i< = 7;i++)
                {freq[i] = 9;}
                Long_bee();
            }
            else
            {
                for(i = 0;i< = 7;i++)
                {freq[i] = 0;}
                act = 8 - step;
                i = act;j = 8;
                for(;act>0;act -- )
                {freq[i] = buf[j];i -- ;j -- ;}
            }
        }
        else
        {
            for(i = 0;i< = 7;i++)
            {freq[i] = 0;}
            intc = 8 - dot;
            act = 1 + intc;
            i = intc;j = 8;
            for(;act>0;act -- )
            {freq[i] = buf[j];i -- ;j -- ;}
        }
```

```c
            for(i=0;i<=7;i++)
            {
                if(freq[i]>0)
                {flag=1;}                               //Not all = 0
            }
            if(flag==0)
            {   Long_bee();
                freq[0]=1;                              //all = 0
            }
            else{flag=0;}
            disp();
            LCD_write_str(0,0,"InputF=       ");
            AD9835_calc();
            AD9835_init();
            dot=0xff;
            act=0;
            step=8;
            cur=7;
            for(i=0;i<=8;i++)
            {buf[i]=0;}
            key=No_key;
        }break;
        case point:
        {
            if(step==0)
            {Long_bee();}
            else
            {
                LCD_write_str(cur,0,".");
                dot=step;
                cur++;
            }
            key=No_key;
        }break;
        case back:
        {
            if(cur==7)
            {
                Long_bee();
```

```
                    key = No_key;break;
                }
                if(dot = = step)
                {dot = 0xff;}
                else{step + + ;}
                cur - - ;
                LCD_set_xy(cur,0);
                LCD_write_char(0x0d,0);        //显示闪烁开
                key = No_key;
            }break;
            case shift:
            {key = No_key;}break;

            default: break;
        }//switch
    }//if
} //while
}
```

6.5 调试方法

由于本机比较复杂,为了确保调试成功,且更重要的是不损坏器件,因此,在制作过程中一定要按照规定的顺序分步调试,这样,在出现故障时也便于分析故障原因。总的原则是先调试硬件,后调试软件。

6.5.1 硬件电路的调试

首先确保硬件电路正常,包括保证每个器件都工作正常,即使是一个电阻或一个电容,都应经过检查,确保正常无误。通常按照以下步骤进行:

① 单独元器件的检查。元件在未焊接之前,均应尽可能检查好,以保证器件本身没有问题。

② 电路板检查。如果是外加工的 PCB 板,在焊接之前应检查板子有无搭线短路、断路等情况,确保电路板无误后再焊装元件。

③ 焊好后的检查。焊好后绝不要急于通电,一定要仔细对照电路图检查看有无差错,若是用万能板制作的,则更要仔细检查,并用万能表测量关键点的连接情况,对于电源线路部分尤其应重点检查,确保无误。

④ 通电检查。在上述检查没有问题的情况下才可通电。通电试验应按照分区分步的原

则进行,能不插的 IC 器件先不要插,先观察电路板上的电源指示灯是否正常,并用万能表检测几个关键点的电压是否正常,待没问题后再插 IC 器件。

⑤ 在使用插排连接的部件如 LCD 显示器进行插接时一定看清位置和方向,不要搞反,以免损坏部件。

6.5.2 软件调试

软件的调试应按照以下原则分步进行:

① 调试 LCD 显示器。显示器调好后,后面的调试就比较直观了。

② 调试矩阵键盘。可以先编一段小程序在 LCD 上显示键值。

③ 待输入的键值显示正常后,再调试用键盘设定频率值。这部分程序比较复杂,需要花费较多时间。如果直接采用书上的程序就比较容易,但是最好先自己动手编写,这样才能锻炼编程能力。频率设定分两步,先检查用键盘输入的值在 LCD 上的显示是否正常,待正常后再进入下一步。

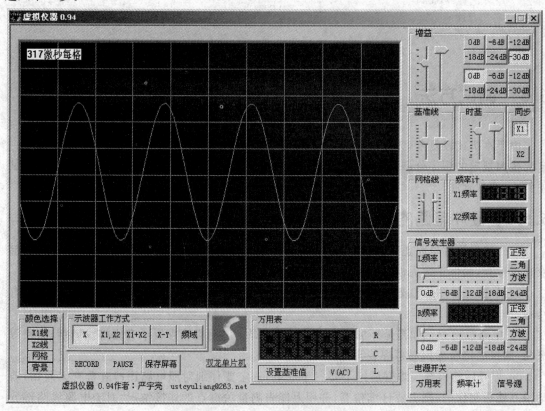

图 6-10 虚拟示波器显示的输出波形

④ 调试 AD9835。将设定值送入 AD9835，看能否输出所设定的频率波形，最好用示波器察看。如果没有示波器，也可用虚拟示波器观察，图 6-10 就是用虚拟示波器观察到的波形，从图中看出，输出的正弦波波形很漂亮。设定的频率值为 1 500 Hz，可用虚拟示波器上的频率计来测定输出波形频率，这里显示的是 1 378 Hz，有一定的误差。另外，该虚拟示波器的带宽有限，最多只能看到 1 MHz 的波形。不过，只要用它看到低频的波形正常，也就能说明问题了，不用花钱购买昂贵的示波器。

第 7 章

自制简单的 51 编程器

  8051 系列单片机需要专用的编程器,编程算法也比较复杂。早期市面上出售的成品编程器十分昂贵,一般人买不起,对于初学者来说也没有必要破费太多。现在,虽然市面上也有廉价的简单编程器出售,但是,如果自己能够动手做一个,对于学习单片机技术无疑是一件很有意义的事。本人参考网上一些资料并结合自己的经验,制作了一个简单的编程器,效果很好。它成本低,使用方便,可直接从电脑的 USB 端口取电,无需外接电源;能够编程现在最常用的 51 类闪存型 AT89C5x 和 AT89Cx051 单片机,完全能满足一般初学者的需要。制作完成的编程器如图 7-1 所示。其主要器件安装在一小块万能板上,所用器件都是市面上容易买到的,很适合单片机爱好者自行制作。

图 7-1 自制的 51 系列单片机编程器

7.1 8051 系列单片机编程器的基本原理

  8051 系列单片机的程序储存在片内程序存储器中。程序存储器主要有两类,一类是一次性写入的 ROM,另一类是可反复擦写的 EEPROM 和闪速存储器(flash memory)。这两类程序存储器中的程序都需要使用编程器将编好的程序代码烧录进去,才能使单片机工作。这里介绍的编程器主要是针对后面一类。

现在人们编写程序代码都是在电脑中进行的,编译好的程序最后以二进制或INTEL的HEX文件格式储存在电脑中。编程器和电脑之间一般由RS232接口相连,也可以由USB接口相连。若想将编程命令和编译好的HEX文件程序代码通过接口传送到编程器中的监控单片机中,则须编写一个应用程序,由它来指挥电脑完成这个任务。在编程器中有两个单片机插座,一个是监控单片机插座,另一个是目标单片机插座。监控单片机插座上插有一片内部写有监控程序的监控单片机,其任务是接收上位机(即电脑)发来的指令和程序代码,并将该程序代码写入目标单片机,或者完成上位机发来的其他指令,例如将目标单片机中的内容上传给上位机等。编程器的编程原理框图如图7-2所示。

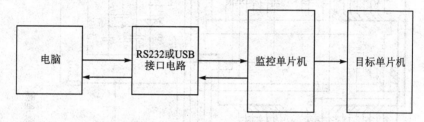

图 7-2 编程器的编程原理框图

一个实用的编程器至少要能够完成以下工作:
① 擦除单片机闪存中原有的程序。
② 将新的程序代码写入单片机中。
③ 读出单片机闪存中现有的代码。
④ 写单片机锁存位。

这些具体的工作都由编程器中的监控单片机完成,而监控单片机又是在上位机的指挥下完成这些任务的。一般情况下,上位机先发擦除指令给监控单片机,擦除单片机闪存中原来的程序;接着再发写入指令和程序代码给监控单片机,将程序代码写入目标单片机中;然后读出单片机闪存中的代码与源代码校对;写入完全正确之后,最后再写封锁位。这里自制的编程器,上位机与编程器之间的指令和数据交换,都是通过电脑的RS232接口和单片机的串口进行的,因此,上位机程序主要就是串口通信程序,其次还有一些HEX数据文件的转换和存储程序。

7.2 编程器的硬件电路

自制编程器的电路原理图如图7-3所示。它主要由五部分组成。

第 7 章 自制简单的 51 编程器

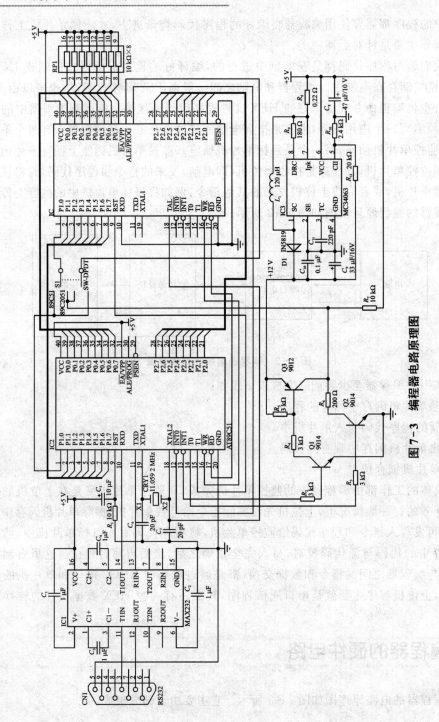

图 7-3 编程器电路原理图

1. 监控单片机

如前所述,监控单片机其中的一个任务是接收上位机发来的指令和程序代码,这项工作通过串行口实现。单片机的 RXD 和 TXD 引脚与接口电路相连,接口电路再与上位机的 RS232 接口相连。监控单片机的另一个任务,也是它最主要的任务就是,按照上位机的指令将上位机发来的程序代码烧写入目标单片机。当然,在烧写之前它还须擦除目标单片机中原有的内容,在写入之后还要完成读出写入的内容并与源代码校对检查写入是否正确等任务。对于有封锁位的单片机还要写封锁位。

2. 接口电路

由于上位机的 RS232 接口电平与单片机的串口电平不同,因此要在两者之间接入电平转换电路使它们的电平匹配。该匹配器有现成的 IC 芯片,这里使用的是 MAXIM 公司的 MAX232。如果买不到该芯片,则可使用普通三极管等分立元件自己搭建一个电路来实现,如图 7-4 所示。

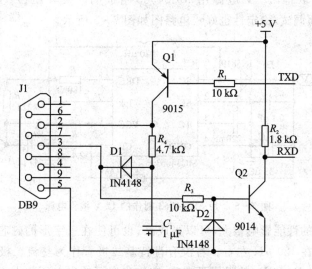

图 7-4 用分立元件搭建的接口电路

上位机 RS232 串口使用的是 DB9 的 9 针插口,其引脚功能如表 7-1 所列,连接时不要接错。

表 7-1 RS232 插口的引脚功能

引 脚	1	2	3	4	5	6	7	8	9
代 号	CD	RXD	TXD	DTR	GND	DSR	RTS	CTS	RI
功 能	载波检测	接收数据	发送数据	数据终端准备好	信号地	数据准备好	请求发送	清除发送	振铃指示

3. 目标单片机插座和 40/20 引脚切换电路

AT89C5x 和 AT89Cx051 单片机分别是 40 和 20 引脚封装，为了简化电路，它们使用同一个 40 引脚插座，但要用一个 40/20 引脚切换电路来区分。切换电路可用一个 2×2 开关或两个跳线插头来实现。开关在上时，对 AT89C5x 类型单片机编程。这时监控单片机的引脚 1 与目标单片机 AT89C5x 的引脚 1 相连，电源切换电路的输出接 AT89C5x 的编程电压引脚 VPP。开关在下时，对 20 引脚的 AT89Cx051 单片机编程，目标单片机插座只有上半部分的 20 个插脚有用。这时电源切换电路的输出接目标单片机 AT89Cx051 引脚 1 的 RST，引脚 10 是 AT89Cx051 的 GND 引脚，由于该引脚在编程 AT89C5x 类型单片机时没有用，所以这里已经直接接地。

4. 电源

单片机编程器需要 5 V 和 12 V 两种电源，12 V 电源在烧写 Flash 闪存时使用。5 V 电源可直接从 USB 接口取得，12 V 电源用 MC34063 搭成的开关升压器获得，输入 5 V，输出 12 V。电路简单，无须调试，稳定性也好。电路图如图 7-5 所示。

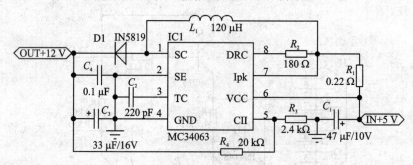

图 7-5　用 MC34063 制作的 12 V 编程电源

电感 L_1 对电源的性能影响很大，可以买成品，也可使在工字形的磁芯上使用 0.1 mm 的漆包线绕成，电感量在 120 μH 左右。若没有肖特基二极管作为整流二极管 D1，也可使用普通二极管。分压电阻 R_3 和 R_4 的阻值要准确，它们决定了输出电压的大小，若输出电压不准，可微调电阻 R_4。对其他元件无特殊要求，一般情况下，若电路及元件无误，无须调试即可正常工作。本电路可输出数十毫安的电流，完全可以满足编程器的需要。

5. 电源切换电路

在目标单片机编程电压引脚 VPP 上所加的电压，在编程过程中需要按时序要求和编程算法在 0/5/12 V 之间变换，电源切换电路就是为实现这一要求而设置的，如图 7-6 所示。电源切换电路的两个输入控制端接至监控单片机的 P3.3 和 P3.4 引脚，其输出端通过 40/20 引脚切换开关接至目标单片机的编程电压引脚，对于 AT89C51 单片机来说就是 VPP 引脚（引脚 31），对于 AT89C2051 单片机来说则是 RST 引脚（引脚 1）。监控单片机根据编程监控程序的要求,通过 P3.3 和 P3.4 两个引脚的组合逻辑来控制电源切换电路输出不同的电压 VPP,组合逻辑真值表如表 7-2 所列。

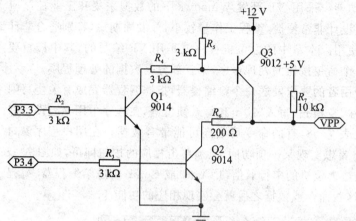

表 7-2 VPP 电源切换电路组合逻辑真值表

P3.3	P3.4	VPP
0	0	5 V
0	1	0 V
1	0	12 V

图 7-6 电源切换电路

在编程器的监控单片机中有三个相关的子程序用于实现 VPP 电压的切换,其程序如下。

```
void SetVpp5V()                    //设置 VPP 为 5 V
{
    P3_4 = 0;
    P3_3 = 0;
}

void SetVpp0V()                    //设置 VPP 为 0 V
{
    P3_3 = 0;
    P3_4 = 1;
}

void SetVpp12V()                   //设置 VPP 为 12 V
{
    P3_4 = 0;
    P3_3 = 1;
}
```

7.3 上位机程序

Visual Basic(VB)是 Windows 环境下简单、易学、高效的可视化编程语言开发系统,以其

第7章 自制简单的51编程器

所见即所得的可视化界面设计风格和32位面向对象的程序设计等特点,广泛应用于各个领域,是很多计算机软件开发人员采用的开发工具。VB不但提供了良好的界面设计能力,而且在微机串口通信方面也有很强的功能。采用VB开发Winodws下的数据采集和工业控制应用软件十分方便,尤其是软件界面设计非常便捷,编程工作量较小,开发周期短,特别适合非计算机专业的工程技术人员掌握和使用。本章中的上位机程序就是用VB编写的,其中最重要的就是串口通信程序,其次是每一个命令按钮的处理程序,第三部分是数据的处理程序。

上位机程序的任务是,根据使用者的要求发送命令给编程器,指挥编程器完成有关烧写闪存的功能。这些命令主要包括擦除、空检查、写入、读出和写封锁位等,在程序中用一组设计好的单字节代码表示每一个命令,见表7-8,有的命令后面还可能带有数据。在用户程序窗口中,这些命令用图标按钮表示,用户要想实现某一项功能,只须单击相应的按钮即可,如图7-7所示。所有这些命令和数据,都通过上位机的串行通信口Com1或Com2发送给编程器,编程器的监控单片机上的串口在收到这些命令或数据之后就会实现相应的功能。

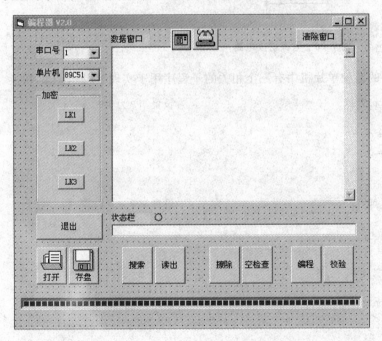

图7-7 上位机VB程序界面

7.3.1 串口通信控件MSComm的使用

MSComm控件是Microsoft提供的扩展控件,用于支持VB程序对串口的访问,该控制"隐藏"了大部分串口通信的底层运行过程和许多烦琐的处理过程,同时支持查询方法和事件驱动的通信机制,事件驱动通信是交互方式处理串口事务的一种非常有效的方法,特别适合 Windows 程序的编写。在串口通信过程中,当发送数据、收到数据或产生传输错误时,触发 MSComm 控件的 OnComm 事件,然后通过判断 CommEvent 属性值获得事件类型,再根据事件类型进行相应数据处理。因此,用 MSComm 控件实现微机串口的数据通信相当简单,可用很少的程序代码轻松实现串口的访问和数据通信。第 8 章的串口数据接收就采取了这个方法。

1. 串口通信基础知识

一般说来,计算机都有一个或多个串行端口,依次是 Com1,Com2……这些串口提供了外部设备与 PC 进行数据传输的通道。串口在 CPU 与外设之间充当解释器的角色。当字符数据从 CPU 发送给外设时,这些字符数据将被转换成串行比特流数据;当接收数据时,比特流数据被转换为字符数据传递给 CPU。

2. 串口控件 MSComm 的加入

VB 窗口左边工具栏中并没有 MSComm 控件,因此,要想使用该控件,则须选择"工程"→"部件"菜单项或按快捷键 Ctrl+T 打开"部件"对话框,然后在部件对话框的列表框中选中 Microsoft Comm Control 6.0,最后单击"应用"按钮,该控件就会出现在左边工具栏中,图标是一个电话机的样子,如图 7-8 所示。

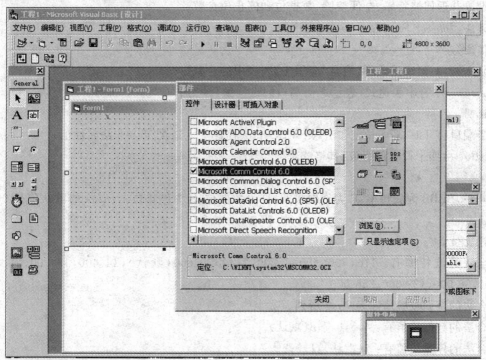

图 7-8 在 VB 中加入串口控件 MSComm

3. 串口控件 MSComm 的属性

串口控件 MSComm 的每一个属性都有不同的含义和属性值,用户在使用时须根据实际需要设定该值。下面介绍其中几个常用属性的意义和其值的设置方法。

(1) CommPort 属性

设置并返回通信端口号。

语法　　$object.\text{CommPort}[\ =value\ ]$

描述

$object$　　对象表达式,其值是"应用于"列表中的对象。

$value$　　整型值,表示端口号。

说明

设计时,$value$ 可以设置成 1~16 的任何数(默认值为 1)。但是,当用 PortOpen 属性打开一个并不存在的端口时,MSComm 控件会产生错误 68(设备无效)。

警告　　必须在打开端口之前设置 CommPort 属性。

数据类型　　Integer。

(2) Settings 属性

设置并返回波特率、奇偶校验、数据位和停止位参数。

语法　　$object.\text{Settings}[\ =value\ ]$

描述

$object$　　对象表达式,其值是"应用于"列表中的对象。

$value$　　字符串表达式,表示通信端口的设置值,详见下面"说明"部分。

说明

当端口打开时,若 $value$ 非法,则 MSComm 控件产生错误 380(非法属性值)。

$value$ 由四个设置值组成,其格式是

$$BBBB,P,D,S$$

其中,BBBB 为波特率,P 为奇偶校验,D 为数据位,S 为停止位。$value$ 的默认值是 9600,N,8,1。

设置值

合法的波特率有:110,300,600,1 200,2 400,9 600(默认),14 400,19 200,28 800,38 400,56 000,128 000,256 000。

合法的奇偶校验值如表 7-3 所列。

合法的数据位值有:4,5,6,7,8(默认)。

合法的停止位值有:1(默认),1.5,2。

数据类型　　String。

表 7-3　Settings 属性奇偶校验值

设定值	E	M	N	O	S
说明	偶数(Even)	标记(Mark)	无校验(默认)	奇数(Odd)	空格(Space)

(3) PortOpen 属性

设置并返回通信端口的状态(开或关)。在设计时无效。

语法　$object.\text{PortOpen}[\ =value]$

描述

$object$　对象表达式,其值是"应用于"列表中的对象。

$value$　布尔表达式,表示通信端口的状态。

设置值

$value$ 的设置值是:True 表示端口开,False 表示端口关。

说明

设置 PortOpen 属性为 True 时打开端口,为 False 时关闭端口并清除接收和传输缓冲区。当应用程序终止时,MSComm 控件自动关闭串行端口。

在打开端口之前,确定 CommPort 属性已设置为一个合法的端口号。如果 CommPort 属性设置为一个非法的端口号,则当打开该端口时,MSComm 控件产生错误 68(设备无效)。

另外,串行端口设备必须支持 Settings 属性的当前设置值。如果 Settings 属性包含硬件不支持的通信设置值,那么硬件可能不会正常工作。

如果在端口打开之前,DTREnable 或 RTSEnable 属性设置为 True,那么当关闭端口时,该属性设置为 False;否则,DTR 和 RTS 线保持其先前的状态。

数据类型　Boolean。

(4) InputMode 属性

设置或返回 Input 属性取回的数据的类型。

语法　$object.\text{InputMode}[\ =value]$

描述

$object$　对象表达式,其值是"应用于"列表中的对象。

$value$　值或常数,用来确定输入模式,详见下面"设置值"部分。

设置值　$value$ 的设置值如表 7-4 所列。

表 7-4　InputMode 属性的常数值

常　数	值	描　述
comInputModeText	0(默认)	通过 Input 属性以文本方式取回数据
comInputModeBinary	1	通过 Input 属性以二进制方式取回数据

说明

InputMode 属性确定 Input 属性如何取回数据。数据取回的格式或是字符串或是二进制数据数组。

若数据只用 ANSI 字符集,则设置为常数 comInputModeText。对于其他字符数据,当数据中含有嵌入控制字符或 Nulls 时,则设置为常数 comInputModeBinary。

(5) Input 属性

返回并删除接收缓冲区中的数据流。该属性在设计时无效,在运行时为只读。

语法　object.Input

描述

object　对象表达式,其值是"应用于"列表中的对象。

说明

Input 属性由 InputMode 属性确定其读取的数据类型。如果设置 InputMode 为 comInputModeText,则 Input 属性通过一个 Variant 类型变量返回文本数据。如果设置 InputMode 为 comInputModeBinary,则 Input 属性通过一个 Variant 类型变量返回一个二进制数据数组。

数据类型　Variant。

(6) Output 属性

往传输缓冲区写数据流。该属性在设计时无效,在运行时为只读。

语法　object.Output[=value]

描述

object　对象表达式,其值是"应用于"列表中的对象。

value　要写到传输缓冲区中的一个字符串。

说明

Output 属性可以传输文本数据或二进制数据。用 Output 属性传输文本数据时,必须定义一个包含一个字符串的 Variant 类型变量。用 Output 属性发送二进制数据时,必须传递一个包含字节数组的 Variant 类型变量给 Output 属性。

正常情况下,如果发送一个 ANSI 字符串到应用程序,则可以文本数据的形式发送。如果发送包含嵌入控制字符、Null 字符等的数据,则要以二进制形式发送。

数据类型　Variant。

(7) RThreshold 属性

在 MSComm 控件设置 CommEvent 属性为 comEvReceive 并产生 OnComm 事件之前,设置并返回要接收的字符数。

语法　object.Rthreshold [=value]

描述

object　对象表达式,其值是"应用于"列表中的对象。

value 整型表达式，表示在产生 OnComm 事件之前要接收的字符数。

说明

当接收字符后，若 Rthreshold 属性设置为 0（默认值），则不产生 OnComm 事件。例如，当设置 Rthreshold 为 1 时，接收缓冲区收到的每一个字符都会使 MSComm 控件产生 OnComm 事件。

数据类型　Integer。

(8) InBufferCount 属性

返回接收缓冲区中等待的字符数。该属性在设计时无效。

语法　object.InBufferCount[=value]

描述

object　对象表达式，其值是"应用于"列表中的对象。

value　整型表达式，表示在接收缓冲区中等待的字符数。

说明

InBufferCount 属性表示调制解调器已收到、并在接收缓冲区等待被取走的字符数。可将 InBufferCount 属性设置为 0 来清除接收缓冲区。

数据类型　Integer。

(9) CommEvent 属性

返回最近的通信事件或错误。该属性在设计时无效，在运行时为只读。

语法　object.CommEvent

描述

object　对象表达式，其值是"应用于"列表中的对象。

说明

只要有通信错误或事件发生都会产生 OnComm 事件，这时 CommEvent 属性返回值表示不同的通信错误或事件。CommEvent 属性的事件常数值如表 7-5 所列，通信错误常数值如表 7-6 所列。根据 CommEvent 的属性值可了解发生了何种事件和错误，以便程序处理。

表 7-5　CommEvent 属性的事件常数值

常　数	值	描　述
comEvSend	1	发送事件
comEvReceive	2	收到 Rthreshold 个字符。此事件将持续产生，直至使用 Input 属性从接收缓冲区中删除数据
comEvCTS	3	使 Clear To Send 线的状态发生变化
comEvDSR	4	使 Data Set Ready 线的状态发生变化。此事件只在 DST 引脚上的信号从 1 变到 0 时才发生

续表 7-5

常　数	值	描　述
comEvCD	5	使 Carrier Detect 线的状态发生变化
comEvRing	6	检测到振铃信号。某些通用异步传输接口可能不支持此事件
comEvEOF	7	收到文件结束（ASCII 字符为 26）字符

表 7-6　CommEvent 属性的通信错误常数值

常　数	值	描　述
comEventBreak	1001	接收到一个中断信号
comEventCTSTO	1002	Clear To Send 线超时。在系统规定时间内传输一个字符时，Clear To Send 线为低电平
comEventDSRTO	1003	Data Set Ready 线超时。在系统规定时间内传输一个字符时，Data Set Ready 线为低电平
comEventFrame	1004	帧错误。硬件检测到一帧错误
comEventOverrun	1006	端口超速。未在下一个字符到达之前从硬件读取字符导致该字符丢失
comEventCDTO	1007	载波检测超时。在系统规定时间内传输一个字符时，Carrier Detect 线为低电平。Carrier Detect 也称为 Receive Line Signal Detect (RLSD)
comEventRxOver	1008	接收缓冲区溢出。接收缓冲区没有空间
comEventRxParity	1009	奇偶校验。硬件检测到奇偶校验错误
comEventTxFull	1010	传输缓冲区已满。传输字符时传输缓冲区已满
comEventDCB	1011	检索端口设备控制块（DCB）时发生的意外错误

数据类型　Integer。

4．MSComm 控件两种处理通信的方式

MSComm 控件提供两种处理通信的方式：事件驱动方式和查询方式。

(1) 事件驱动方式

事件驱动通信是处理串行端口交互作用的一种非常有效的方法。在许多情况下，当事件发生时需要得到通知，例如，当串口接收缓冲区中存有字符，或者当 Carrier Detect (CD) 或 Request To Send (RTS) 线上到达一个字符或发生一个变化时，在这些情况下，可以利用 MSComm 控件的 OnComm 事件来捕获并处理这些通信事件。OnComm 事件还可以检查和处理通信错误。所有通信事件和通信错误的列表，参阅表 7-5 和表 7-6。在编程过程中，可

以在 OnComm 事件处理函数中加入自己的处理代码。这种方法的优点是程序响应及时,可靠性高。每个 MSComm 控件对应着一个串行端口。如果应用程序需要访问多个串行端口,则必须使用多个 MSComm 控件。

(2) 查询方式

查询方式实质上还是事件驱动方式;但在有些情况下,这种方式显得更为便捷。在程序的每个关键功能之后,可以通过检查 CommEvent 属性的值来查询事件和错误。

5. MSComm 控件的使用

了解了 MSComm 控件的基本属性之后,就可以利用该控件编写通信程序了。

首先,在 VB 中新建一个工程文件;然后,添加 Microsoft Comm Control 6.0 组件;接着,在窗口 Form1 中加入命令按钮并取名为 CmdTest,将 MSComm 控件取名为 MSComm1;最后,添加如下程序代码。

```
Private Sub cmdTestClick()
    MSComm1.CommPort = 2              '设定 Com2
    If MSComm1.PortOpen = False Then
        MSComm1.Settings = "9600,n,8,1"   '9600 波特率,无校验,8 位数据位,1 位停止位
        MSComm1.PortOpen = True           '打开串口
    End if
    MSComm1.OutBufferCount = 0         '清空发送缓冲区
    MSComm1.InBufferCount = 0          '清空接收缓冲区
    '注意,发送字符数据时必须用回车符(vbCr)结束
    MSComm1.Output = "This is a good book!" &vbCr
    '注意,发送字符数组数据时 ByteArray 必须事先定义赋值
    Dim ByteArray as byte( )
    '定义动态数组
    ReDim ByteArray(1)
    '重定义数组大小
    ByteArray(0) = 0
    ByteArray(1) = 1
    MSComm1.Output = ByteArray
End Sub

'查询法接收
Private Sub MSCommEvent()
    Select Case MSComm1.CommEvent
        Case comEvReceive
            Dim Buffer As Variant
            MSComm1.InputLen = 0
```

```
        '接收二进制数据
        MSComm1.InputMode = ComInputModeBinary
        Buffer = MSComm1.Input
        '接收字符数据
        MSComm1.InputMode = comInputModeText
        Buffer = MSComm1.Input
    Case else
    End Select
End Sub
```

上面的子程序 Private Sub MScommEvent( ) 中就是采用查询 CommEvent 属性的值来查询接收事件的，当 CommEvent 属性的值等于 comEvReceive 时，有接收事件发生。

7.3.2 上位机程序窗口说明

用 VB 编写的上位机程序界面如图 7-7 所示。程序中使用了一个 MSComm 串口通信控件，1 个 CommonDialog 公共对话框控件，2 个 ComboBox 控件，2 个 TextBox 文本框，1 个 Shape 图形控件，13 个 CommandButton 命令按钮，1 个 ProgressBar 进度条，1 个画框，以及 4 个 Label 标签。各个控件的名称、代号和功能如表 7-7 所列。

表 7-7 窗口控件列表

控件名称	控件代号	功 能
串口通信控件	MSComm1	上位机与单片机之间的通信
公共对话框控件	CommonDialog	打开和存储文件
进度条	ProgressBar	显示写入或读出数据进程
图形控件	Shape1	显示串口打开或关闭状态
下拉列表框	Combo1	设定串口号
下拉列表框	Combo2	设定单片机型号
文本框	Text1	显示操作提示
文本框	Text2	显示读出或写入的文件
画框	Frame1	放入三个封锁位命令按钮
命令按钮	Command1	打开文件
命令按钮	Command2	存储文件
命令按钮	Command3	搜索
命令按钮	Command4	读出
命令按钮	Command5	擦除
命令按钮	Command6	空检查

第7章 自制简单的51编程器

续表 7-7

控件名称	控件代号	功　能
命令按钮	Command7	编程(写入)
命令按钮	Command8	校验
命令按钮	Command9	清除文件显示窗口
命令按钮	Command10	退出程序
命令按钮	Command11	写封锁位 LK1
命令按钮	Command12	写封锁位 LK2
命令按钮	Command13	写封锁位 LK3
标签	Label1	串口号
标签	Label2	单片机
标签	Label3	数据窗口
标签	Label4	状态栏

　　CommonDialog 控件 也是一个需要用户自行添加的特殊控件。选择"工程"→"部件"菜单项，选中其中的 Microsoft Common Dialog Control 6.0 选项，如图 7-9 所示，该控件是一个用于文件处理的综合控件，功能十分强大，用起来也很方便。它提供一组标准的操作对话框，可用来打开和保存文件，设置打印选项，以及选择文字颜色和字体等。通过运行 Windows 帮助引擎，还能显示控件的帮助信息。

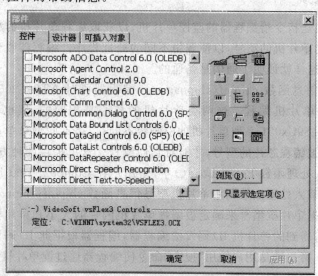

图 7-9　添加 CommonDialog 控件

7.3.3 VB 程序源码及说明

VB 是一种完全支持结构化程序设计的、面向对象（Object Oriented Programming，简称 OOP）的程序设计语言。对象是数据和程序的结合体。对象一般指窗口、菜单和对话框等，这些对象是程序的基本元素。系统通过消息实现对象之间的联系和作用，以消息和事件来驱动（event_driven）对象是程序设计的基本点。应用程序平常处在消息等待的循环中，当有一个事件发生（例如用户按下和释放一个按键）时，系统收到该事件消息后就会将该消息复制到应用程序的消息队列中；应用程序一旦发现消息队列中有消息，就会给相应的消息函数或窗口函数发送该消息以便对其进行处理，例如将键入的字符显示到窗口上；最后再回到消息等待循环状态，等待处理下一个消息，这就是消息驱动的原理。此处的程序主要是处理窗口内的命令按钮，每一个命令按钮对应一个消息处理函数，实现一个功能。例如，当单击"打开"文件按钮时，应用程序会调用该按钮的处理函数完成打开文件的功能。窗口以及窗口内的每一个对象都有其相应的处理函数，例如打开窗口也有一个对应的处理函数，并实现一定的功能。下面对程序的主要功能说明如下。

① 窗口载入处理函数 Form_Load()。它首先初始化串口，包括设置串口号、波特率、输入数据的类型及输入缓冲区的大小等。设置语句是：

```
CommPort = 1
Settings = "19200,N,8,1"
InputMode = comInputModeBinary
InBufferSize = 4096
```

接着打开串口发送指令给编程器的监控单片机，以获取编程单片机的型号 ID 代码，使编程器了解将要编程的单片机的型号，以便调用不同的处理程序。编程器收到该指令后发送相同的代码给上位机，这样就证明了通信是畅通的。

② 单片机型号信息函数 chipinf(chipname)。编程器可对 AT89C2051 和 AT89C51/52 两类最常用的 51 类单片机编程。这两类单片机的核心是相同的，但也有些不同点，一是 AT89C5x 系列与 AT89Cx051 系列单片机的引脚数不同；二是不同型号单片机的闪存大小不同，编程器必须知道被编程芯片的型号，才能对它们编程。这里提供两种方法帮助识别它们，第一种是在窗口载入处理函数 Form_Load() 中，由用户在 Combo2.Text 属性中指定单片机型号，然后再由窗口载入处理函数调用单片机型号信息函数 chipinf(chipname)。该函数实际是一个对照表，它根据单片机型号来确定被编程单片机闪存的大小和单片机的 ID 码，上位机在窗口载入时立即将得到的单片机 ID 码发给编程器，编程器根据此 ID 码即可调用不同处理程序对单片机编程。第二种是用户使用"搜索"命令使编程器通过读单片机的内部特征码来自己识别是哪一种型号的单片机。

③ 串口号默认值为 Com1，如果不是，用户可在 Combo1.Text 属性中修改，程序由此获得

改变后的串口号，并再次与编程器通信，若通信正常，则出现"编程器就绪"的提示；若通信不正常，则出现"串口号错误"的提示，用户需要重新确认串口号后再次修改。

④ 函数 Send(cmd) 用于发送单字节命令，函数 Reci(m) 用于接收编程器发来的应答或数据，可以接收多字节。

⑤ HEX 文件处理函数 flash_HexFile(sf)。"打开"命令按钮可打开待写入的 HEX 文件，并将其中的二进制数据整理出来排列好，以便程序将它们发往编程器写入闪存。另外，还须将它们按照一定的格式显示在文本框中。"存盘"命令按钮则正好相反，它将从单片机闪存中读出的数据字符串转换成 HEX 格式，然后存盘。函数 flash_HexFile(sf) 实现将闪存中的数据字符串转换成 HEX 格式的功能。

⑥ 编程器使用的文件为 INTEL 的 HEX 格式，每行长度为 21 字节，其组成如下：

$$nnaaaa00ddddddddddddddddddddddddddddddcc$$

其中，nn 为数据字节长度；aaaa 为行地址；00 为数据类型；dddd…dddd 为数据，共 16 字节；cc 为校验和。

⑦ 当芯片 ID 和闪存大小确定以后，用户即可使用命令按钮对芯片进行擦除、读出、写入、校验等各项处理。共有 10 个按钮，每个按钮都有一个处理程序。每个按钮的名称和功能如表 7-7 所列。

⑧ 程序中的搜索、擦除、空检查、写入、读出和校验等各项命令的代码如表 7-8 所列。编程器在收到命令后要根据命令做出不同的应答。对于命令 A1H，编程器返回的是待编程单片机的 ID 代码，不同单片机有不同的代码，该代码是编程人员自己定义的（表 7-8 命令 A1H 的"编程器应答"列）。对于命令 A2H，如检查为空，则编程器返回 A2H；如检查非空，则编程器返回 AAH（表 7-8 命令 A2H 的"编程器应答"列）。对于写入和校验两条命令，上位机在发出命令后还要接着发送写入或校验的数据长度，即 2 字节的末地址。对于"写入"命令，接着还要发送要写入的数据，每次发送 16 字节，若编程器收到无误，则发 A6H 作为应答，上位机接着再发；若收到有误，则返回 FFH。

表 7-8 编程器命令代码及其功能实现

功能	上位机命令	编程器应答	上位机发	编程器应答	上位机发	编程器应答	上位机发
搜索器件 ID	A1H	01：89C2051 03：89C51 04：89C52 00：未知芯片	—	—	—	—	—
空检查	A2H	AAH：非空 A2H：空	—	—	—	—	—
擦除	A3H	A3H					

续表 7-8

功 能	上位机命令	编程器应答	上位机发	编程器应答	上位机发	编程器应答	上位机发
读出	A4H	读出的数据，每次 16 字节	A0H	—	—	—	—
校验	A5H	A5H	2 字节末地址	2 字节末地址	—	1 字节数据	A0H
写入数据	A6H	A6H	2 字节末地址	2 字节末地址	16 字节数据	A6H：对 FFH：错	—
写封锁位 1	A7H	A7H	—	—	—	—	—
写封锁位 2	A8H	A8H	—	—	—	—	—
写封锁位 3	A9H	A9H	—	—	—	—	—

实现编程器的全部程序如下。

```
Dim rcmd As String                          '应答

Dim chip As String                          '芯片号
Dim chipname As String                      '芯片名称
Dim chiplen As Integer                      '芯片闪存长度

Dim sfile As String                         '打开的文件内容,无间隔字符串
Dim flash As String                         '闪存中的数据
Dim sbuf As String                          '收到的数据

Dim lastads As Integer                      '文件末地址
Dim strAddH As String
Dim strAddL As String

Dim I As Integer
Dim J As Integer
Dim m As Integer                            '数据个数
Dim w As Integer                            '接收数据个数计数器

Private Sub Combo1_Click()                  '改变串口号
    With MSComm1
        If .PortOpen = True Then            '判断通信口是否打开
            .PortOpen = False
        End If
        .CommPort = Combo1.Text
        .PortOpen = True
```

```vb
        End With
        Send (chip)
        rcmd = ""
        rcmd = Reci(1)
        
        If rcmd = chip Then
            Text1.Text = "编程器就绪"
        Else
            Text1.Text = "串口号错误"
        End If
        
End Sub

Private Sub Combo2_Click()                  '改变器件
    chipname = Combo2.Text                  '芯片名称
    chipinf(chipname)                       '芯片信息
    Text1.Text = chipname
    Send (chip)
    rcmd = ""
    rcmd = Reci(1)
    
    If rcmd = chip Then
        Text1.Text = "芯片改为" + chipname
    Else
        Text1.Text = "编程器故障"
    End If
End Sub

Private Sub Form_Load()                     '载入窗口
    Form1.Height = 6800
    Form1.Width = 8000
    Shape1.FillColor = vbWhite              '串口打开/关闭显示
    Command2.Enabled = False
    Command7.Enabled = False
    Command8.Enabled = False
    
    rcmd = ""
    ProgressBar1.Visible = False
    sbuf = ""
    With MSComm1
        .CommPort = 3
```

```vb
            .Settings = "19200,N,8,1"
            .InputMode = comInputModeBinary
            .InBufferSize = 4096
            Combo1.Text = .CommPort
            On Error Resume Next              '改变错误处理的方式
            Err.Clear
            If .PortOpen = False Then         '判断通信口是否打开
              .PortOpen = True                '打开通信口
              chipname = Combo2.Text          '芯片名称
              Call chipinf(chipname)          '芯片信息
              Shape1.FillColor = vbGreen
              ProgressBar1.Align = vbAlignBottom
              ProgressBar1.Visible = False
              ProgressBar1.Min = 0
              
              If Err Then                     '错误处理
                 MsgBox "串口通信无效"
                 Exit Sub
              End If
            Else
              Shape1.FillColor = vbWhite
              .PortOpen = False
            End If
        End With
        Send (chip)
        rcmd = ""
        rcmd = Reci(1)
        
        If rcmd = chip Then
          Text1.Text = "编程器就绪"
        Else
          Text1.Text = "编程器未连接"
        End If

End Sub

Private Sub Form_Unload(Cancel As Integer)    '退出窗口
    With MSComm1
        If .PortOpen = True Then              '判断通信口是否打开
          .PortOpen = False
        End If
```

```vb
        End With
        ′程序退出关闭设备
End Sub

Private Function Send(cmd As String)            ′发单字节
    Dim az(0) As Byte
    az(0) = "&H" & cmd
    MSComm1.Output = az
End Function

Private Function Reci(m As Integer) As String   ′接收多字节
    Dim Rcv() As Byte                           ′接收串口数据变量
    Dim str As String
    Dim Buf As String
    Dim I As Integer
    str = ""
    ReDim Rcv(m - 1)
    Do Until MSComm1.InBufferCount >= m
       DoEvents
    Loop
    MSComm1.InputLen = m
    Rcv = MSComm1.Input
    For I = 0 To m - 1
        Buf = Hex(Rcv(I))
        Buf = IIf(Len(Buf) = 1, "0" & Buf, Buf)
        str = str & Buf
    Next I
    Reci = str
End Function

Private Sub Command1_Click()                    ′打开文件
    Dim strArray(8192) As String
    Dim name As String
    Dim strByte As String
    Dim strLine As String
    Dim strLen As String
    Dim strAdd As String
    Dim strType As String
    Dim strData As String
    Dim line As String
    Dim s_add As String
```

```
            FileAddMax = 0
            With CommonDialog1
                .DialogTitle = "打开"
                .CancelError = False
                .Filter = "Intel Hex 文件（*.hex)|*.hex"
                .ShowOpen
                If Len(.FileName) = 0 Then
                    Exit Sub
                End If
                name = .FileName
            End With
            '处理打开的文件
            filehandle% = FreeFile
            Open name For Input As #filehandle%
            Do While Not EOF(filehandle%)
                Line Input #filehandle%, strLine          '输入文件中的一行
                strLen = Mid(strLine, 2, 2)               '行长度
                strAdd = Mid(strLine, 4, 4)               '地址
                strType = Mid(strLine, 8, 2)              '数据类型
                strData = Mid(strLine, 10, (Val("&H" + strLen)) * 2)
                If Val("&H" + strAdd) > FileAddMax Then
                  FileAddMax = Val("&H" + strAdd)
                  lenMax = Val("&H" + strLen)
                  lastads = FileAddMax + lenMax - 1
                End If

                If Val("&H" + strType) = 0 Then
                  For I = 0 To Val("&H" + strLen) - 1
                  strByte = Mid(strData, I * 2 + 1, 2)
                  strArray(Val("&H" + strAdd) + I) = strByte    '字节放入数组
                  Next I
                End If
                strLine = ""
            Loop
            Close #filehandle%

            strData = ""
            sfile = ""
            J = 0
            Do While (I <= lastads)
              strLine = ""
```

```vb
        line = ""
        For I = J To J + 15
            strLine = strLine + strArray(I) + " "    '每16字节为一行
            line = line + strArray(I)
        Next I

        s_add = zero(J)                              '地址前加无效零
        strLine = " " & s_add & " " & strLine        '一行数据
        strData = strData & strLine & vbCrLf         '用于显示的文件内容
        sfile = sfile & line                         '用于写入和校验的文件内容
        J = J + 16
    Loop
    Text1.Text = name & vbCrLf & "文件末地址：" & Hex(lastads)   '文件信息
    Text2.Text = strData                             '送文本框显示
    strData = ""
    Dim intAdd As Integer

    strAdd = Hex(lastads)                            '文件末地址
    intAdd = Len(strAdd)
    If intAdd = 2 Then
        strAddH = "00"
    ElseIf intAdd = 3 Then
        strAddH = "0" + Left(strAdd, 1)
    Else
        strAddH = Left(strAdd, 2)
    End If
    strAddL = Right(strAdd, 2)
    Command7.Enabled = True
    Command8.Enabled = True

End Sub

Private Sub Command2_Click()                         '存盘，将闪存中的数据存成HEX格式文件
    Dim sfile As String
    Dim Hexstr As String

    With CommonDialog1
        .DialogTitle = "存储读出的Flash数据为HEX格式文件"
        .CancelError = False
        .Filter = "Intel Hex 文件（*.hex)|*.hex|Binary 文件(*.bin)|*.bin"
        .ShowSave
```

```vb
            If Len(.FileName) = 0 Then
                Exit Sub
            End If
            sfile = .FileName
        End With
        ´ 处理打开的文件
        filehandle% = FreeFile
        Open sfile For Output As #filehandle%
        Hexstr = flash_HexFile(flash)          ´将闪存中的数据字符串转换成HEX格式文件
        Print #filehandle%, Hexstr
        Close #filehandle%
        flash = ""
        Hexstr = ""
        MsgBox "存盘完成"
End Sub

Private Sub Command3_Click()                   ´搜索,命令代码A1H

    ProgressBar1.Visible = True
    ProgressBar1.Min = 0
    ProgressBar1.Max = 1000
    Send ("A1")
    
    For I = 0 To 1000
        ProgressBar1.Value = I
    Next I
    rcmd = ""
    rcmd = Reci(1)
    Select Case rcmd
    
        Case "01"
            chip = "01"
            Text1.Text = "芯片是89C2051"
            chiplen = &H7FF                    ´2 KB = 2 048,07FFH
        Case "03"
            chip = "03"
            Text1.Text = "芯片是89C51"
            chiplen = &HFFF                    ´4 KB = 4 096,0FFFH
        Case "04"
            chip = "04"
            Text1.Text = "芯片是89C52"
```

```
            chiplen = &H1FFF                      '8 KB = 8 192,1FFFH

        End Select
        ProgressBar1.Visible = False

End Sub

Private Sub Command4_Click()                     '读闪存数据,每次读出 16 字节,接收时无需延时
    Dim rstr As String
    Dim line As String
    Dim Ad As String
    Dim Dd As String

    Dim m As Integer
    Dim n As Integer
    flash = ""
    rstr = ""
    All = ""
    line = ""
    Text2.Text = ""
    n = (chiplen + 1) / 16
    ProgressBar1.Visible = True
    ProgressBar1.Min = 0
    ProgressBar1.Max = n - 1
    Send ("A4")
    For J = 0 To n - 1
        rstr = Reci(16)                          '接收一行数据
        Send ("A0")                              '回答
        flash = flash + rstr                     '用于存盘的闪存数据
        Dd = ""
        For I = 0 To 15
            Dd = Dd + Mid(rstr, I * 2 + 1, 2) + " "   '字节间加空格
        Next I
        m = J * 16
        Ad = zero(m)                             '地址前加无效零
        line = " " + Ad + " " + Dd + vbCrLf      '显示格式:空格+地址+空格+数据
        All = All + line
        ProgressBar1.Value = J
    Next J
    Text2.Text = All                             '送文本框显示
    Text1.Text = "读出完成"
```

```vb
        ProgressBar1.Visible = False
        Command2.Enabled = True
    End Sub

    Private Sub Command5_Click()                    '擦除,命令 A3H
        ProgressBar1.Visible = True
        ProgressBar1.Min = 0
        ProgressBar1.Max = 1000
        Send ("A3")
        For I = 0 To 1000
            ProgressBar1.Value = I
        Next I
        rcmd = ""
        rcmd = Reci(1)
        If rcmd = "A3" Then
           Text1.Text = "擦除完成"
        End If
        ProgressBar1.Visible = False

    End Sub

    Private Sub Command6_Click()                    '空检查,命令 A2H
        ProgressBar1.Visible = True
        ProgressBar1.Min = 0
        ProgressBar1.Max = 1000
        Send ("A2")
        For I = 0 To 1000
            ProgressBar1.Value = I
        Next I

        rcmd = ""
        rcmd = Reci(1)

        If rcmd = "A2" Then
           Text1.Text = "芯片是空的"
        ElseIf rcmd = "AA" Then
           Text1.Text = "芯片不是空的"
        End If
        ProgressBar1.Visible = False
    End Sub
```

```vb
Private Sub Command7_Click()                    '编程,命令 A6H,只按文件长度写入
    Dim rstr As String                          '接收数据串
    Dim str As String

    ProgressBar1.Visible = True
    ProgressBar1.Min = 0
    ProgressBar1.Max = lastads
    rcmd = ""
    Send("A6")
    rcmd = Reci(1)

    Send(strAddH)
    rcmd = Reci(1)

    Send (strAddL)
    rcmd = Reci(1)

    For I = 0 To lastads
        str = Mid(sfile, I * 2 + 1, 2)
        Send (str)
        rcmd = Reci(1)
        ProgressBar1.Value = I
    Next I

    Text1.Text = "编程完成"
    ProgressBar1.Visible = False
End Sub

Private Sub Command8_Click()                    '校验,命令 A5H
    Dim rstr As String
    Dim sf As String                            '文件中取 2 个字符
    sf = ""
    rstr = ""

    ProgressBar1.Visible = True
    ProgressBar1.Min = 0
    ProgressBar1.Max = lastads
    Send("A5")
    rcmd = Reci(1)

    Send(strAddH)
```

```vb
        rcmd = Reci(1)

        Send(strAddL)
        rcmd = Reci(1)

        For J = 0 To lastads
            rstr = Reci(1)
            Send("A0")
            sf = Mid(sfile, J * 2 + 1, 2)
            If sf <> rstr Then
                MsgBox "校对错误"
                Exit Sub
            End If
            ProgressBar1.Value = J
        Next J

        Text1.Text = "校对完成"
        ProgressBar1.Visible = False

End Sub

Private Sub Command9_Click()                    '清除窗口
    Text1.Text = ""
    Text2.Text = ""
End Sub

Private Sub Command10_Click()                   '退出
    '程序退出关闭设备
    Unload Form1
End Sub

Private Sub Command11_Click()                   'LK1,写封锁位1,命令 A7H
    ProgressBar1.Visible = True
    ProgressBar1.Min = 0
    ProgressBar1.Max = 1000
    Send ("A7")
    For I = 0 To 1000
        ProgressBar1.Value = I
    Next I
    rcmd = ""
    rcmd = Reci(1)
```

```
    If rcmd = "A7" Then
       Text1.Text = "LK1 完成"
    End If
    ProgressBar1.Visible = False
End Sub

Private Sub Command12_Click()                   'LK2,写封锁位 2,命令 A8H
    ProgressBar1.Visible = True
    ProgressBar1.Min = 0
    ProgressBar1.Max = 1000
    Send ("A8")
    For I = 0 To 1000
        ProgressBar1.Value = I
    Next I
    rcmd = ""
    rcmd = Reci(1)
    If rcmd = "A8" Then
       Text1.Text = "LK2 完成"
    End If
    ProgressBar1.Visible = False
End Sub

Private Sub Command13_Click()                   'LK3,写封锁位 3,命令 A9H
    ProgressBar1.Visible = True
    ProgressBar1.Min = 0
    ProgressBar1.Max = 1000
    Send ("A9")
    For I = 0 To 1000
        ProgressBar1.Value = I
    Next I
    rcmd = ""
    rcmd = Reci(1)
    If rcmd = "A9" Then
       Text1.Text = "LK3 完成"
    End If
    ProgressBar1.Visible = False
End Sub

Public Function chipinf(c As String)            '单片机信息
    Select Case c
        Case "89C2051"
```

```
            chip = "01"
            chiplen = &H7FF            '2KB = 2048,07FFH
        Case "89C51"
            chip = "03"
            chiplen = &HFFF            '4KB = 4096,0FFFH
        Case "89C52"
            chip = "04"
            chiplen = &H1FFF           '8KB = 8192,1FFFH

    End Select

End Function

Function zero(x As Integer) As String      '地址前加无效零
    Dim ix As Integer
    Dim s1 As String
    ix = x
    If ix < 16 Then
        s1 = "000" + CStr(Hex(ix))
    ElseIf ix >= 16 And ix < 256 Then
        s1 = "00" + CStr(Hex(ix))
    ElseIf ix >= 256 And ix < 4096 Then
        s1 = "0" + CStr(Hex(ix))
    Else
        s1 = CStr(Hex(ix))
    End If
    zero = s1

End Function

Private Function flash_HexFile(sf As String) As String
'将数据转换为 HEX 格式
'HEX 格式：nnaaaa00ddddddddddddddddddddddddddddddddcc
'nn：数据字节长度
'aaaa：行地址
'00：数据类型
'dddd…dddd：数据,共 16 字节
'cc：校验和
    Dim la As Integer
```

```
        Dim ld As String
        Dim lad As String

        Dim num As Integer
        Dim Isum As Integer
        Dim Ick As Integer
        Dim Hck As String
        Dim HexLine As String
        Dim HexAll As String

        HexAll = ""
        num = (chiplen + 1) / 16                            '行数
        For I = 0 To num - 1
            la = I * 16                                     '行地址
            lad = zero(la)                                  '地址前加无效零
            ld = Mid(sf, I * 32 + 1, 32)                    '数据
            HexLine = ""
            Isum = 0
            For J = 0 To 15
                Isum = Isum + Val("&H" + Mid(ld, J * 2 + 1, 2)) '16字节校验和
            Next J
            Isum = Isum + 16 + la                           '一行的校验和
            Isum = Isum Mod 256
            Ick = 256 - Isum                                '补码
            If Ick = 256 Then
                Hck = "00"
            ElseIf Ick < 16 Then
                Hck = "0" & Hex(Ick)
            Else
                Hck = Hex(Ick)
            End If
            HexLine = ":" & "10" & lad & "00" & ld & Hck    '一行完整的数据
            HexAll = HexAll + HexLine + vbCrLf
        Next I

        HexAll = HexAll + ":00000001FF"
        flash_HexFile = HexAll

End Function
```

第 7 章 自制简单的 51 编程器

程序运行后的窗口如图 7-10 所示,图中用"读出"命令按钮读出单片机闪存中的内容,并显示在 Text2 文本框中。每行前四位是地址,后面是 16 字节的数据。读出完成后在状态栏显示"读出完成"。

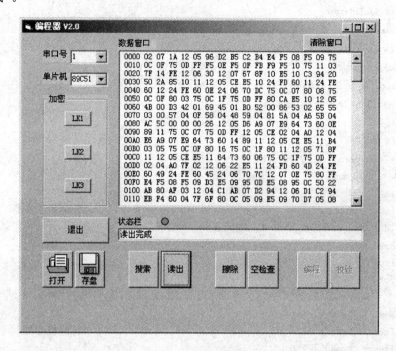

图 7-10 运行中的程序界面

7.4 监控单片机程序

编程器中的监控单片机程序是用 C 语言编写的,程序长度约 1.6 KB,写在一片 AT89C51 芯片中。除了主函数之外,另有 30 个函数。这些函数包括初始化、串口收发数据、延时、设定编程电压 VPP、搜索、擦除、写入(编程)、读出、写封锁位等。全部函数如表 7-9 所列。

表 7-9 函数功能表

序 号	函数名称	函数功能
1	void init()	单片机初始化
2	uchar Rec_Scom(void)	串口接收
3	void Send(uchar message)	串口发送
4	void del_ms(uint x)	n ms 延时

续表 7-9

序 号	函数名称	函数功能
5	void del_us(uchar a)	13 μs 延时
6	void wait(void)	4.3 μs 延时
7	void SetVpp0V()	设置 VPP 为 0 V
8	void SetVpp5V()	设置 VPP 为 5 V
9	void SetVpp12V()	设置 VPP 为 12 V
10	uchar Rever(uchar dd)	2051 数据顺序反转
11	void IDMod2051()	2051 特征码逻辑
12	uchar Searc_2051(void)	搜索 2051 单片机
13	void Reset2051()	2051 单片机初始化
14	void PrgMod2051()	2051 编程逻辑组合
15	void Prg2051()	2051 编程
16	void EraseMod2051()	2051 擦除逻辑组合
17	void Erase2051()	2051 擦除
18	void ReadMod2051()	2051 读出逻辑组合
19	void Lb12051()	2051 写封锁位 1
20	void Lb22051()	2051 写封锁位 2
21	void IDMod51()	51/52 特征码逻辑组合
22	uchar Searc_51(void)	搜索 51/52 单片机
23	void EraseMod51()	51/52 擦除逻辑组合
24	void Erase51()	51/52 擦除
25	void ReadMod51()	51/52 读出逻辑组合
26	void Prg51()	51/52 编程
27	void PrgMod51()	51/52 编程逻辑组合
28	void Lb151()	51/52 写封锁位 1
29	void Lb251()	51/52 写封锁位 2
30	void Lb351()	51/52 写封锁位 3

7.4.1 编程函数及编程方法

1. 编程函数

表 7-9 中的函数分为三大部分，第 1～9 为公用函数，第 10～20 为 AT89C2051 单片机专

用函数,第 21~30 为 AT89C51/52 单片机专用函数。由于单片机 AT89C2051 与 AT89C51/52 的引脚数等不同,因此其编程方法有很大差别,必须使用两套不同的程序来处理;同时,它们的编程接口连接方法也有很大不同,使用者务必事先详细了解它们的所有不同点,才能进行正确的操作。

2. 单片机 AT89C51/52 的编程方法

新买来的 AT89C51 芯片,其片内的闪速存储器全部处于擦除状态,即全部内容为 FFH,须用编程器将自己编写好的程序写入单片机的闪存中。AT89C51/52 单片机的编程接口电路如图 7-11 所示。

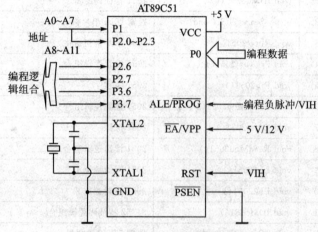

图 7-11 AT89C51/52 编程接口电路

(1) 读特征码

AT89C51 内部有 3 字节用于表示制造商的有关数据,其地址和含义见表 7-10,读出方法同"读代码",P2.6,P2.7,P3.6 和 P3.7 的组合逻辑电平见表 7-12。表 7-9 中序号为 21 的函数 IDMod51( ) 就是读特征码的逻辑组合,调用序号为 22 的函数 Searc_51(void) 可以读出特征码。

(2) 编程电压

编程电压有 12 V 和 5 V 两种,可从单片机表面印刷的标记或片内的暗含特征码标记识别出来,见表 7-11。

表 7-10 特征码

地址	内容	值	值的含义
30H	制造商代码	1EH	ATMEL
31H	单片机型号	51H	AT89C51
32H	编程电压	FFH	12 V

表 7-11 编程电压

编程电压	12 V	5 V
印刷标记	AT89C51XXXX	AT89C51XXXX-5
暗含标记	30H=1EH 31H=51H 32H=FFH	30H=1EH 31H=51H 32H=05H

(3) 编程方法

图 7-11 是 AT89C51/52 单片机编程接口电路原理图,此处的编程器就是按照该电路原理制作的。编程时将待编程单片机插入编程器的 IC 插座上;编程单元的地址分别加在 P1 口及 P2 口的 P2.0~P2.3 上,共 12 条地址线,对于 AT89C51 来说,地址范围是 0000H~0FFFH;数据加到 P0 口上;RST 接高电平,PSEN 接低电平,ALE/PROG 接编程负脉冲,EA/VPP 接 12 V 电压;P2.6,P2.7,P3.6 和 P3.7 按 Flash 编程方式表 7-12 中"写代码"一行所列的逻辑组合接入相应的电平;表 7-9 中序号为 27 的函数 void PrgMod51() 是写入代码的逻辑组合。要注意,所有这些信号和电压的接入都必须按照一定的时序进行,编程时序如图 7-12 所示。然后按照下列步骤进行:

① 在地址线上输入要编程的单元地址。
② 在数据线上输入要写入的数据。
③ 激活正确的控制信号组合。
④ 高电压编程时,VPP 加 12 V 电压。
⑤ 每编程一字节或一个封锁位,ALE/PROG 引脚上加一个编程脉冲。字节写周期是自动定时的,典型值不大于 1.5 ms。
⑥ 改变地址和数据,重复步骤①~⑤,直到编程完全部内容。

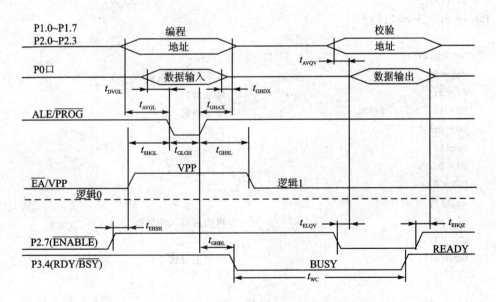

图 7-12　AT89C51/52 编程时序和校验波形

第 7 章 自制简单的 51 编程器

表 7 - 12 AT89C51/52 Flash 编程方式

功能		RST	PSEN	ALE/PROG	DA/VPP	P2.6	P2.7	P3.6	P3.7
写代码		H	L	负脉冲	H/12 V	L	H	H	H
读代码		H	L	H	H	L	L	H	H
写封锁位	LB1	H	L	负脉冲	H/12 V	H	H	H	H
	LB2	H	L	负脉冲	H/12 V	H	H	L	L
	LB3	H	L	负脉冲	H/12 V	H	L	H	L
擦除芯片		H	L	负脉冲	H/12 V	H	L	L	L
读特征码		H	L	H	H	L	L	L	L

表 7 - 9 中序号为 26 的函数 void Prg51()就是完成编程功能的函数,它与主程序的相关语句一起完成该项功能。主程序中先调用写入代码的逻辑组合函数 PrgMod51(),当接收到上位机发来的编程数据之后,将地址低位送到 P1 口,高位送到 P2 口,数据送到 P0 口,然后再调用 Prg51()函数即可实现对单片机闪存的编程写入。这部分的程序片段如下。

```
...
PrgMod51();
for(i = 0;i< = add2;i++)
{
    SetVpp12V();
    dat = Rec_Scom();           //接收上位机数据
    P1 = i;                     //地址低位
    P2 = (i>>8) | 0x80;         //地址高位
    P0 = dat;                   //数据
    Prg51();
    P0 = 0xFF;
    P27 = 0;
    wait();
    s1 = P0;                    //再读回写入的数据
    P27 = 1;
    Send(s1);                   //发回上位机
}
...
```

(4) 数据查询

AT89C51 芯片提供数据查询功能,当写周期完成时,在 P0 口上可以得到刚刚写入的真实数据。利用 RDY/BSY(P3.4)输出信号可以监视字节编程的进展情况,从编程时序图 7 - 12

中可以看出,ALE 升为高电平后,P3.4 被拉低,表示编程 BUSY,P3.4 抬高后,编程完成,刚刚写入的真实数据出现在 P0 口上。这时拉低 P2.7,即可读出刚刚写入的数据。

(5) 程序校验

如果封锁位 LB2 和 LB3 未编程,那么编程的数据可从 P0 口被读出。各引脚所加的逻辑电平组合见表 7-12 中"读代码"一行中的数据,表 7-9 中序号为 25 的函数 ReadMod51()就是读代码的逻辑组合。P0 口各引脚要接 10 kΩ 的上拉电阻。

(6) 擦除芯片

如果是用过的旧芯片,须事先将其整片擦除才能重新编程。擦除的接口电路与编程的接口电路相同,各引脚所加的逻辑电平组合见表 7-12 中"擦除芯片"一行中的数据,表 7-9 中序号为 23 的函数 EraseMod51()就是擦除芯片的逻辑组合。ALE/PROG 引脚所接的负脉冲宽度要大于 10 ms,执行此操作可将全部 4 KB 的闪存内容变为 FFH,同时三个封锁位也被擦除。表 7-9 中序号为 24 的函数 Erase51()就是擦除芯片的函数,调用此函数实现擦除芯片的功能。

(7) 写封锁位

方法同"写代码",只是 P2.6,P2.7,P3.6 和 P3.7 的组合逻辑电平不同,见表 7-12。表 7-9 中序号为 28~30 的函数 Lb151(),Lb251()和 Lb351()分别是写入三个封锁位的函数。

3. 单片机 AT89C2051 的编程方法

AT89C2051 的编程接口电路如图 7-13 所示,它与 AT89C51/52 的编程原理十分相似,但也有几点不同:

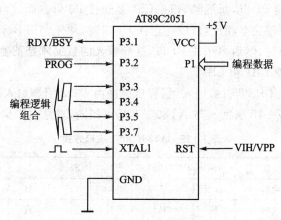

图 7-13　AT89C2051 编程接口

① 由于 AT89C2051 和 AT89C51/52 的引脚数和排列有很大的不同,所以编程器在对这两种不同类型的单片机进行编程时,要使用一组 2×2 跳线开关 S1 来设置,S1 的上面位置是 AT89C51/52 单片机,下面位置是 AT89C2051 单片机。读者在使用时,务必先设置好跳线,而

且 AT89C2051 单片机要放在 40 引脚 IC 管座靠近 1 脚的地方,不要插错,以免损坏芯片。

② AT89C2051 芯片由于受到引脚数量的限制而无法写入地址,因此其内部含有一个地址计数器,当 RST 为上升沿时,计数器被复位到 000H,每当在 XTAL1 引脚上施加一个正脉冲,计数器就加 1,靠这样的方法进行寻址。图 7-14 是 AT89C2051 的编程时序和校验波形图。

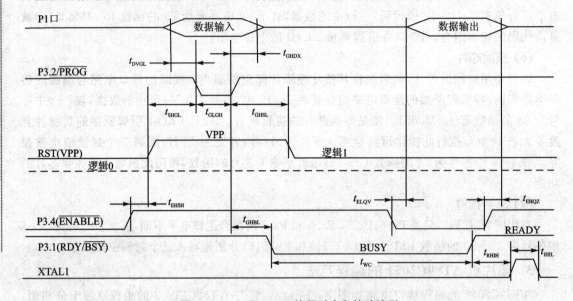

图 7-14 AT89C2051 编程时序和校验波形

③ 写入数据被送到 P1 口,而不像 AT89C51 是送往 P0 口。而且,由于 P1 口的内部高低位顺序与标准的数据顺序完全相反,所以在送往 P1 口时,须先调用 Rever(uchar dd)函数将上位机发来的数据顺序翻转,然后再送往 P1 口,这样写入的数据才是正确的。

④ 封锁位只有两位 LB1 和 LB2。

⑤ 12 V 编程电压由 RST 引脚加入,编程负脉冲由 P3.2 引脚加入。

⑥ 组合逻辑如表 7-13 所列。与 AT89C51 基本相同,只是引脚少了两个。

表 7-13 AT89C2051 编程方式

功能		RST	P3.2/PROG	P3.3	P3.4	P3.5	P3.7
写代码		12 V	负脉冲	L	H	H	H
读代码		H	H	L	L	H	H
写封锁位	LB1	12 V	负脉冲	H	H	H	L
	LB2	12 V	负脉冲	H	H	L	H
擦除芯片		12V	负脉冲	H	L	L	L
读特征码		H	H	L	L	L	L

这里更重要的是,程序中的引脚号并不是如表 7-13 所列的 P3.3,P3.4,P3.5 和 P3.7,原因是,在本编程器中,用于监控的是 40 引脚的 AT89C51 单片机,组合逻辑是从其相关引脚向 AT89C2051 发送的,而且 2051 与 51 共用一个 40 引脚的 IC 管座。因此,读者应注意 AT89C51 与 AT89C2051 的引脚位置,它们的对应关系见表 7-14。

表 7-14　AT89C2051 与 AT89C51 引脚对应关系

AT89C2051	AT89C51	功　能
XTAL1	P1.4	地址进位脉冲
P3.2/PROG	P1.5	编程负脉冲
P3.3	P1.6	组合逻辑(P3.4 置零时可读回刚才写入的数据)
P3.4	P1.7	
P3.5	P3.5	
P3.7	P1.0	

单片机 AT89C2051 编程写入的程序片段如下。

```
case c2051:
{
    Reset2051();                //复位
    PrgMod2051();               //编程逻辑组合
    for(i = 0;i <= add2;i ++)
    {
        dat = Rec_Scom();       //接收上位机数据
        P0 = Rever(dat);        //数据翻转
        Prg2051();
        P0 = 0xff;
        P34_2051 = 0;           //P3.4 置零
        s1 = P0;                //读回写入的数据
        s1 = Rever(s1);         //数据翻转
        P34_2051 = 1;
        Send(s1);               //发回上位机
        XTAL1 = 1;              //地址计数器加 1
        wait();                 //延时 4.3 μs
        XTAL1 = 0;
    }
    Reset2051();
    PRG2051 = 0;
} break;
```

7.4.2 主函数流程图

主函数流程图如图 7-15 所示。

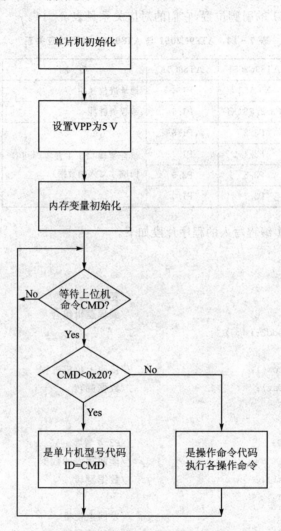

图 7-15 单片机监控程序流程图

首先对单片机进行初始化,包括设置串口控制寄存器 SCON=0x50 为方式 1,这种方式一帧数据含 10 位,1 个起始位,8 个数据位和 1 个停止位。与上位机的串口工作方式一致,这样才能保证串口通信正常。定时器 1 作为波特率发生器,波特率设为 19 200 bps,然后启动定时器工作。接着给四个并行口 P0,P1,P2,P3 置高电平,置编程电压 VPP 为 5 V。

内存变量主要有：add2 是单片机的闪存大小，CMD 是上位机命令，ID 是单片机型号代码。各命令代码、单片机型号代码在程序开始时用 #define 语句定义，与上位机的完全对应。

初始化完成后，经过一段时间延时，程序即进入等待上位机命令的大循环中。上位机首先发来的是单片机的型号代码，型号代码为一个小于 0x20 的数，以此与操作命令区分，型号代码被存入变量 ID 中。接着接收操作命令，按照接收到的操作命令代码调用相应函数，完成搜索、擦除、空检查、编程写入、读出、校验等各项功能。

7.4.3 监控单片机程序

监控单片机的全部程序如下。

```
#include <reg51.H>
typedef unsigned char uchar;
typedef unsigned int uint;

#define Resp 0xA0          //应答
#define Searc 0xA1         //搜索
#define Empty 0xA2         //空检查
#define Erase 0xA3         //擦除
#define Read 0xA4          //读出
#define Veri 0xA5          //校验
#define Writ 0xA6          //编程
#define Lb1 0xA7
#define Lb2 0xA8
#define Lb3 0xA9
#define No 0xAA            //非空
#define true 0xff          //空

#define Incog 0x00         //未知芯片
#define c2051 0x01
#define c51 0x03
#define c52 0x04

//VPP
sbit P33 = P3^3;
sbit P34 = P3^4;
//2051
sbit XTAL1 = P1^4;
sbit PRG2051 = P1^5;       //P3.2
```

```c
    sbit P33_2051 = P1^6;
    sbit P34_2051 = P1^7;
    sbit P35_2051 = P3^5;
    sbit P37_2051 = P1^0;
    //c51
    sbit PRG51 = P3^2;
    sbit RST51 = P3^5;

    sbit P26 = P2^6;
    sbit P27 = P2^7;
    sbit P36 = P3^6;
    sbit P37 = P3^7;

    uchar bdata u,v;
    sbit v0 = v^0; sbit u0 = u^0;
    sbit v1 = v^1; sbit u1 = u^1;
    sbit v2 = v^2; sbit u2 = u^2;
    sbit v3 = v^3; sbit u3 = u^3;
    sbit v4 = v^4; sbit u4 = u^4;
    sbit v5 = v^5; sbit u5 = u^5;
    sbit v6 = v^6; sbit u6 = u^6;
    sbit v7 = v^7; sbit u7 = u^7;
    uchar a,j,flag;
    //----------------------------------------------------
    uchar Rever(uchar dd)
    {
        u = dd;
        v0 = u7;
        v1 = u6;
        v2 = u5;
        v3 = u4;
        v4 = u3;
        v5 = u2;
        v6 = u1;
        v7 = u0;
        return v;
    }
    //----------------------------------------------------
    void SetVpp5V()                    //设置VPP为5 V
    {
```

```c
    P34 = 0;
    P33 = 0;
}
//--------------------------------------------------
void SetVpp0V()                    //设置 VPP 为 0 V
{
    P33 = 0;
    P34 = 1;
}
//--------------------------------------------------
void SetVpp12V()                   //设置 VPP 为 12 V
{
    P34 = 0;
    P33 = 1;
}
//--------------------------------------------------
void wait (void)                   //4.3 μs
{
    ;
}
//--------------------------------------------------
void del_us(uchar a)               //13 μs
{
    for(; a>0; a--);
}
//--------------------------------------------------
void del_ms(uint x)
{
    uchar j;
    while(x--)
    {for(j = 0; j<125; j++); }
}
//--------------------------------------------------
void Send(uchar message)
{
    SBUF = message;
    while(TI == 0);
    TI = 0;
}
```

```c
//----------------------------------------
uchar Rec_Scom(void)
{
    uchar x;
    while(RI == 0);
    RI = 0;
    x = SBUF;
    return x;
}
//==================================
void init()
{
    TMOD = 0x20;
    TH1 = 0xfd;                    //波特率为 19 200 bps; f4 ->2400
    TL1 = 0xfd;
    PCON = 0x80;
    SCON = 0x50;
    TR1 = 1;
    P0 = 0xFF;
    P1 = 0xFF;
    P2 = 0xFF;
    P3 = 0xFF;
    SetVpp5V();
}


//==================================
void Reset2051()
{
    SetVpp0V();                    //RST = 0
    XTAL1 = 0;
    del_ms(10);                    //10 ms
    SetVpp5V();                    //RST = 1
    PRG2051 = 1;
}
//----------------------------------------
void IDMod2051()
{
    P33_2051 = 0;
    P34_2051 = 0;
```

```c
    P35_2051 = 0;
    P37_2051 = 0;
}
//---------------------------------------------
void EraseMod2051()
{
    P33_2051 = 1;
    P34_2051 = 0;
    P35_2051 = 0;
    P37_2051 = 0;
}
//---------------------------------------------
void Erase2051()
{
    SetVpp12V();
    wait();
    PRG2051 = 0;
    del_ms(10);
    PRG2051 = 1;
    wait();
    SetVpp5V();
}
//---------------------------------------------
void ReadMod2051()
{
    P33_2051 = 0;
    P34_2051 = 0;
    P35_2051 = 1;
    P37_2051 = 1;
}
//---------------------------------------------
void PrgMod2051()
{
    P33_2051 = 0;
    P34_2051 = 1;
    P35_2051 = 1;
    P37_2051 = 1;
}
//---------------------------------------------
```

```c
void Prg2051()
{
    SetVpp12V();
    del_us(1);                          //10 μs
    PRG2051 = 0;
    del_us(1);                          //1～110 μs
    PRG2051 = 1;
    del_us(1);
    SetVpp5V();
    del_us(100);                        //1.2 ms
}
//----------------------------------------
void Lb12051()
{
    P33_2051 = 1;
    P34_2051 = 1;
    P35_2051 = 1;
    P37_2051 = 1;
}
//----------------------------------------
void Lb22051()
{
    P33_2051 = 1;
    P34_2051 = 1;
    P35_2051 = 0;
    P37_2051 = 0;
}
//========================================
void IDMod51()
{
    RST51 = 1;
    P26 = 0;
    P27 = 0;
    P36 = 0;
    P37 = 0;
}
//----------------------------------------
void EraseMod51()
{
```

```c
    RST51 = 1;
    P26 = 1;
    P27 = 0;
    P36 = 0;
    P37 = 0;
    SetVpp5V();
}
void Erase51()
{
    del_us(1);
    PRG51 = 0;
    del_ms(10);                    //延时 10 ms
    PRG51 = 1;
    del_us(1);
    SetVpp5V();
}
//----------------------------------------
void ReadMod51()
{
    RST51 = 1;
    P26 = 0;
    P27 = 0;
    P36 = 1;
    P37 = 1;
    SetVpp5V();
}
//----------------------------------------
void PrgMod51()
{
    RST51 = 1;
    P26 = 0;
    P27 = 1;
    P36 = 1;
    P37 = 1;
    SetVpp5V();
}
void Prg51()
{
    del_us(1);                     //10 μs
```

```
        PRG51 = 0;
        del_us(1);                      //1~110 μs
        PRG51 = 1;
        del_us(1);                      //10 μs
        SetVpp5V();
        del_us(150);                    //2 ms
}

//--------------------------------------------------
uchar Searc_2051(void)
{
        uchar a,b,c;
        Reset2051();
        P0 = 0xff;
        IDMod2051();
        PRG2051 = 1;
        a = P0;
        a = Rever(a);                   //1e
        XTAL1 = 1;
        wait();
        XTAL1 = 0;
        b = P0;
        b = Rever(b);                   //21
        if (a == 0x1e && b == 0x21)
        {c = c2051; }
        else c = Incog;
        return c;
}
//--------------------------------------------------
uchar Searc_51(void)
{
        uchar a,b,c,v;
        PRG51 = 1;
        SetVpp5V();
        IDMod51();
        P2 = 0x00;
        P1 = 0x30;
        a = P0;                         //1e
        P1 = 0x31;
```

```
    b = P0;                              //51
    P1 = 0x32;
    c = P0;                              //ff
    if(a = = 0x1e && c = = 0xff)
    {
        switch(b)
        {
            case 0x51: { v = c51; } break;
            case 0x52: { v = c52; } break;
            default: v = Incog; break;
        }
    }
    else v = Incog;
    return v;
}
//----------------------------------------------
void Lb151()
{
    RST51 = 1;
    P26 = 1;
    P27 = 1;
    P36 = 1;
    P37 = 1;
    SetVpp5V();
}
//----------------------------------------------
void Lb251()
{
    RST51 = 1;
    P26 = 1;
    P27 = 1;
    P36 = 0;
    P37 = 0;
    SetVpp5V();
}
//----------------------------------------------
void Lb351()
{
    RST51 = 1;
```

```c
        P26 = 1;
        P27 = 0;
        P36 = 1;
        P37 = 0;
        SetVpp5V();
}
//------------------------------------------------
void main()
{
    uint i,j,add,add2;
    uchar s1,CMD,ID,dat;
    init();

    i = 0x0000;
    add = 0x0fff;
    add2 = 0x0000;
    s1 = 0x00;
    dat = 0x00;
    CMD = 0x00;
    ID = c51;
    del_ms(20);
    while(1)
    {
        CMD = Rec_Scom();
        if (CMD<0x20)
        {
            ID = CMD;
            Send(CMD);                              //上位机发来 ID
            switch(CMD)
            {   case 0x01: add = 0x07ff; break;
                case 0x03: add = 0x0fff; break;
                case 0x04: add = 0x1fff; break;
                default: break; }
        }
        else
        {
            switch(CMD)
            {
                case Searc:
```

```
        {
            dat = Searc_2051();
            if (dat!= Incog)
            {
                ID = dat;
                add = 0x07ff;
                Send(ID);
            }
            else
            {
                dat = Searc_51();
                if (dat!= Incog)
                {
                    ID = dat;
                    Send(ID);
                    if (ID == c51) add = 0x0fff;
                    else add = 0x1fff;
                }
            }
            CMD = 0x00;
        }break;
        case Empty:
        {
            del_us(2);                          //空检查
            switch(ID)
            {
                case c2051:
                {
                    Reset2051();
                    ReadMod2051();
                    P0 = 0xff;
                    for(i = 0; i<= add; i++)    //2 KB
                    {
                        s1 = P0;
                        s1 = Rever(s1);
                        XTAL1 = 1;
                        wait();
                        XTAL1 = 0;
                        if (s1!= true)
```

```
                    {
                        Send(No);
                        goto exit1;
                    }
                }
                Send(Empty);
                exit1:
                PRG2051 = 0;
            } break;
            case c51:
            case c52:
            {
                SetVpp5V();
                PRG51 = 1;
                ReadMod51();
                P0 = 0xff;
                for(i = 0; i <= add; i++)
                {
                    P1 = i;
                    P2 = i>>8;
                    wait();
                    s1 = P0;
                    if (s1 != true)
                    {
                        Send(No);           //非空
                        goto exit4;
                    }
                }
                Send(Empty);
                exit4:
                PRG51 = 0;
            } break;
            default: break; }
        CMD = 0x00;
    } break;
    case Erase:
    {
        del_us(2);
        switch(ID)
```

```
        {
            case c2051:
            {
                Reset2051();
                EraseMod2051();
                Erase2051();
                Reset2051();
                Send(Erase);
            }break;
            case c51:
            case c52:
            {
                EraseMod51();
                SetVpp12V();
                Erase51();
                Send(Erase);
            }break;                              //延时 10 ms
            default: break; }
        CMD = 0x00;
    }break;
    case Read:
    {
        del_us(10);
        switch(ID)
        {
            case c2051:
            {
                Reset2051();
                ReadMod2051();
                P0 = 0xff; j = 0;
                for(i = 0; i<= add; i++)         //2 KB
                {
                    s1 = P0;
                    s1 = Rever(s1);
                    Send(s1);
                    XTAL1 = 1;
                    wait();
                    XTAL1 = 0;
```

```
            j++;
            if(j == 16)                    //每次发16字节
            {
                dat = Rec_Scom();
                j = 0;
                if(dat!= Resp)break;
            }
        }
        PRG2051 = 0;
    } break;
    case c51:
    case c52:
    {
        SetVpp5V();
        PRG51 = 1;
        ReadMod51();
        P0 = 0xff; j = 0;
        for(i = 0; i<= add; i++)           //8KB
        {
            P1 = i;
            P2 = i>>8;
            wait();
            s1 = P0;
            Send(s1);
            j++;
            if(j == 16)                    //每次发16字节
            {
                dat = Rec_Scom();
                j = 0;
                if(dat!= Resp) break;
            }
        }
        PRG51 = 0;
    } break;                               //延时10 ms
    default: break; }
    CMD = 0x00;
} break;
case Veri:
{
```

```c
Send(CMD);
dat = Rec_Scom();
Send(dat);
add2 = (uint)(dat);
dat = Rec_Scom();
Send(dat);
add2 = add2 * 256 + (uint)(dat);
del_us(2);
switch(ID)
{
    case c2051:
    {
        Reset2051();
        ReadMod2051();
        P0 = 0xff;
        for(i = 0; i <= add2; i++)     //2 KB
        {
            s1 = P0;
            s1 = Rever(s1);
            Send(s1);
            XTAL1 = 1;
            wait();
            XTAL1 = 0;
            dat = Rec_Scom();
            if(dat != Resp) break;
        }
        PRG2051 = 0;
    } break;
    case c51:
    case c52:
    {
        SetVpp5V();
        PRG51 = 1;
        ReadMod51();
        P0 = 0xff;
        for(i = 0; i <= add2; i++)     //8KB
        {
            P1 = i;
            P2 = i >> 8;
```

```
                    wait();
                    s1 = P0;
                    Send(s1);
                    dat = Rec_Scom();
                    if(dat!= Resp) break;
                }
                    PRG51 = 0;
            } break;                            //延时 10 ms
            default: break; }
        CMD = 0x00;
    } break;
    case Writ:
    {
        Send(CMD);
        dat = Rec_Scom();
        Send(dat);
        add2 = (uint)(dat);
        dat = Rec_Scom();
        Send(dat);
        add2 = add2 * 256 + (uint)(dat);
        switch(ID)
        {
            case c2051:
            {
                Reset2051();
                PrgMod2051();
                for(i = 0; i< = add2; i++)
                {
                    dat = Rec_Scom();
                    P0 = Rever(dat);
                    Prg2051();
                    P0 = 0xff;
                    P34_2051 = 0;
                    s1 = P0;
                    s1 = Rever(s1);
                    P34_2051 = 1;
                    Send(s1);
                    XTAL1 = 1;
                    wait();
```

```
                XTAL1 = 0;                  //4.3 μs
            }
            Reset2051();
            PRG2051 = 0;
        } break;
        case c51:
        case c52:
        {
            PrgMod51();
            for(i = 0; i<= add2; i++)
            {
                SetVpp12V();
                dat = Rec_Scom();
                P1 = i;
                P2 = (i>>8) | 0x80;
                P0 = dat;
                Prg51();
                P0 = 0xFF;
                P27 = 0;
                wait();
                s1 = P0;
                P27 = 1;
                Send(s1);

            }
        }break;

        default: break;
    }                                        //switch(ID)
}break;
case Lb1:
{
    if (ID == c2051)
    {
        Reset2051();
        Lb12051();
        Prg2051();
        Reset2051();
```

```c
            PRG2051 = 0;
            Send(Lb1);
        }
        else if(ID == c51 || ID == c52)
        {
            Lb151();
            SetVpp12V();
            Prg51();
            Send(Lb1);
        }
        CMD = 0x00;
    }break;
    case Lb2:
    {
        if (ID == c2051)
        {
            Reset2051();
            Lb22051();
            Prg2051();
            Reset2051();
            PRG2051 = 0;
            Send(Lb2);
        }
        else if(ID == c51 || ID == c52)
        {
            Lb251();
            SetVpp12V();
            Prg51();
            Send(Lb2);
        }
        CMD = 0x00;
    }break;
    case Lb3:
    {
        if(ID == c51 || ID == c52)
        {
            Lb351();
            SetVpp12V();
```

```
            Prg51();
            Send(Lb3);
        }
        CMD = 0x00;
    }break;

    default: break;
    }//else
}//while
}
```

7.5 使用 USB 接口的编程器

USB 接口总线是目前十分流行的一种新型串行接口总线,它除了具有一般串行总线的优点之外,还具有硬件简单易用、传输速率高、自带 5 V 电源等一系列突出特点,因此在各类电脑外设和数码产品中得到了广泛应用。本章的编程器也可以将它与上位机的连接改为 USB 接口,这样,编程器就可以直接从 USB 接口取电而无需外接电源,操作十分方便。

7.5.1 USB 接口芯片 CH341 简介

CH341 是一个多功能的 USB 总线转换芯片,它可以通过 USB 总线提供异步串口、打印口、并口以及常用的 2 线和 4 线等同步串行接口,如图 7-16 所示。

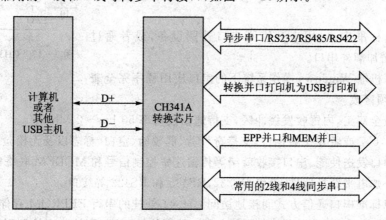

图 7-16 USB 总线转换芯片 CH341A 的功能

在异步串口方式下,CH341 提供串口发送使能、串口接收就绪等交互式的速率控制信号以及常用的MODEM联络信号,用于为计算机扩展异步串口,或者将普通串口设备直接升级到USB总线。

在打印口方式下,CH341提供了兼容USB相关规范和Windows操作系统的标准USB打印口,用于将普通并口打印机直接升级到USB总线。

在并口方式下,CH341提供了EPP方式或MEM方式的8位并行接口,用于在不需要单片机/DSP/MCU的环境下,直接输入/输出数据。

除此之外,CH341芯片的全功能版CH341A芯片还支持一些常用的同步串行接口,例如2线接口(SCL线、SDA线)和4线接口(CS线、SCK/CLK线、MISO/SDI/DIN线、MOSI/SDO/DOUT线)等。

CH341芯片具有如下性能:
- 全速USB设备接口,兼容USB V2.0,外围元器件只需晶体和电容。
- 用户可选。通过外部的低成本串行EEPROM来定义用户ID、产品ID和序列号等。
- 支持5 V电源电压和3.3 V电源电压。
- 低成本,可直接对原串口外围设备、原并口打印机和原并口外围设备进行转换。
- 提供SOP—28和SSOP—20两种无铅封装形式,符合RoHS标准。
- 由于是通过USB转换的接口,所以只能做到应用层兼容,而无法做到绝对相同。

CH341A芯片采用SOP—28和SSOP—20两种无铅封装,CH341A芯片的简化版CH341T仅用于USB转串口或者USB转2线接口,它使用超小型SSOP—20封装,引脚排列如图7-17所示。

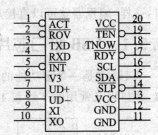

图7-17 CH341T的引脚

CH341芯片的异步串口方式,即USB转串口方式,具有以下功能:
- 可仿真标准串口,用于升级原串口外围设备,或者通过USB增加额外串口。
- 与计算机端Windows操作系统下的串口应用程序完全兼容,无须修改。
- 硬件级全双工,内置收发缓冲区,支持通信波特率50 bps~2 Mbps。
- 支持5,6,7或者8个数据位,支持奇校验、偶校验、空白、标志以及无校验。
- 支持串口发送使能、串口接收就绪等传输速率控制信号和MODEM联络信号。
- 通过外加电平转换器件,提供RS232、RS485和RS422等接口。
- 支持以标准串口通信方式间接地访问CH341外挂的串行EEPROM存储器。

异步串口方式下,CH341芯片的引脚包括:数据传输引脚、硬件速率控制引脚、工作状态引脚、MODEM联络信号引脚和辅助引脚。

数据传输引脚包括TXD引脚和RXD引脚。串口空闲时,TXD和RXD应该为高电平。

硬件速率控制引脚包括 TEN 引脚和 RDY 引脚。TEN 是串口发送使能,当其为高电平时,CH341 将暂停从串口发送数据,直到 TEN 为低电平才继续发送。RDY 引脚是串口接收就绪,当其为高电平时,说明 CH341 还未准备好接收,暂时不能接收数据,有可能是芯片正在复位、USB 尚未配置或者已经取消配置,以及串口接收缓冲区已满等。

工作状态引脚包括 TNOW 引脚和 ROV 引脚。TNOW 以高电平指示 CH341 正在从串口发送数据,发送完成后为低电平,在半双工串口方式下,TNOW 可用于指示串口收发切换状态。ROV 以低电平指示 CH341 内置的串口接收缓冲区即将或者已经溢出,后面的数据将有可能被丢弃,正常情况下接收缓冲区不会溢出,所以 ROV 应该为高电平。

MODEM 联络信号引脚包括:CTS 引脚、DSR 引脚、RI 引脚、DCD 引脚、DTR 引脚和 RTS 引脚。所有这些 MODEM 联络信号都由计算机应用程序控制并定义其用途,而非直接由 CH341 控制,如果需要较快的速率控制信号,则可使用硬件速率信号代替。

辅助引脚包括:INT 引脚、OUT 引脚、IN3 引脚和 IN7 引脚。INT 是自定义的中断请求输入,当其检测到上升沿时,计算机端将收到通知;OUT 是通用的低电平有效的输出信号,计算机应用程序可以设定其引脚状态。这些辅助引脚都不是标准的串口信号,用途类似于 MODEM 联络信号。

CH341 内置了独立的收发缓冲区,支持单工、半双工或者全双工异步串行通信。串行数据包括 1 个低电平起始位、5~9 个数据位、1 或 2 个高电平停止位,支持奇校验/偶校验/标志校验/空白校验。CH341 支持常用的通信波特率,包括:50,75,100,110,134.5,150,300,600,900,1 200,1 800,2 400,3 600,4 800,9 600,14 400,19 200,28 800,33 600,38 400,56 000,57 600,76 800,115 200,128 000,153 600,230 400,460 800,921 600,1 500 000 和 2 000 000 等。串口发送信号的波特率误差小于 0.3%,串口接收信号的允许波特率误差不小于 2%。

在计算机端的 Windows 操作系统下,CH341 的驱动程序能够仿真标准串口,所以,绝大部分原串口的应用程序与 CH341 的完全兼容,通常无须做任何修改。除此之外,CH341 还支持以标准串口通信方式间接地访问 CH341 外挂的串行 EEPROM 存储器。

CH341 可用于升级原串口外围设备,或者通过 USB 总线为计算机增加额外串口。通过外加电平转换器件,可进一步提供 RS232,RS485 和 RS422 等接口。

7.5.2　CH341 的应用电路

CH341 的应用电路原理如图 7-18 所示。图中 P3 是 USB 端口,USB 总线包括一对 5 V 电源线和一对数据信号线,通常,+5 V 电源线是红色,接地线是黑色,D+信号线是绿色,D-信号线是白色。USB 总线提供的电源电流最大可达 500 mA,一般情况下,CH341 芯片和低功耗的 USB 产品可直接使用 USB 总线提供的 5 V 电源。如果 USB 产品通过其他供电方式提供常备电源,那么 CH341 也应该使用该常备电源;如果还需要同时使用 USB 总线的电源,

第 7 章 自制简单的 51 编程器

那么可以通过阻值约为 1Ω 的电阻将 USB 总线的 5 V 电源线与 USB 产品的 5 V 常备电源线相连,并将两者的接地线直接连接。

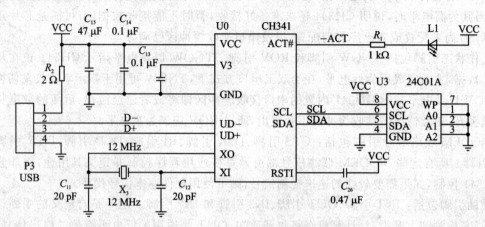

图 7-18 CH341 的应用电路原理图

C_{13} 和 C_{14} 是独石或高频瓷片电容,C_{13} 的容量为 4 700 pF～0.1 μF,用于 CH341 内部电源节点退耦;C_{14} 节点容量为 0.1 μF,用于外部电源节点退耦。晶体 X3、电容 C_{11} 和 C_{12} 用于时钟振荡电路。X3 的频率是 12MHz,C_{11} 和 C_{12} 是容量为 15 pF～30 pF 的独石或高频瓷片电容。

如果 USB 产品使用 USB 总线的电源,并且在 VCC 与 GND 之间并联了较大的电容 C_{15},使得电源上电过程较慢,并且电源断电后不能及时放电,那么 CH341 将不能可靠复位,建议在 RSTI 与 VCC 引脚之间跨接一个容量为 0.1 μF 或者 0.47 μF 的电容 C_{26} 以延长复位时间。

在设计印刷线路板 PCB 时需要注意:① 退耦电容 C_{13} 和 C_{14} 尽量靠近要与 CH341 相连的引脚;② 使 D+ 和 D- 信号线贴近平行布线,尽量在两侧提供地线或者覆铜,以减少来自外界的信号干扰;③ 尽量缩短 XI 和 XO 引脚相关信号线的长度,为了减少高频干扰,可在相关元器件周边环绕地线或者覆铜。

发光二极管 L1 和限流电阻 R_1 是可选器件,通常被省去。外部串行 EEPROM 配置芯片 U3 是可选器件,当 U3 被省去时,可通过 SCL 和 SDA 引脚的连接组合来选择芯片功能。

7.5.3 CH341 在编程器中的应用

1. CH341 硬件应用原理

此处自制的编程器原来是通过电脑的 RS232 异步串行接口与电脑进行通信的,即编程器只能接收异步串行数据。为了使用 USB 接口,就需要一个能将 USB 接口数据转换为异步串行口数据的转换器,这样,编程器就可以接收数据了。CH341T 芯片正好具有这种功能。在自制编程器中,只须将编程器中原来电脑串口与编程器之间的 MAX232 接口电路去掉,换成用 CH341T 构成的 USB 转串口电路即可。实际上,CH341T 的作用就是用 USB 模拟一个虚拟的串口,用户在电脑上使用该 USB 口,就像是使用一个串口一样,硬件是 USB 口,而软件则按串口编程。这样,原来使用电脑 RS232 串口的编程器,就变成了一个使用 USB 接口的编程器了。具体应用电路如图 7-19 所示。

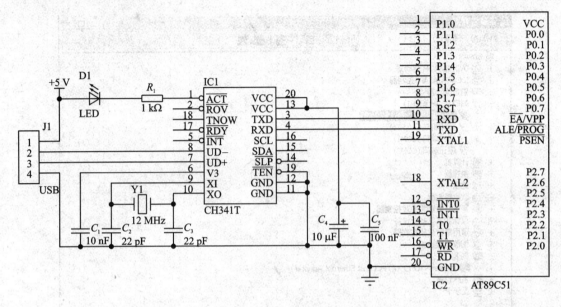

图 7-19 CH341T 异步串行接口应用原理图

2. CH341 软件驱动程序

硬件完成后,必须安装 CH341 的驱动程序 CH341SER.exe,编程器才能正常工作,如图 7-20 所示。驱动程序可从沁恒公司的网站下载。

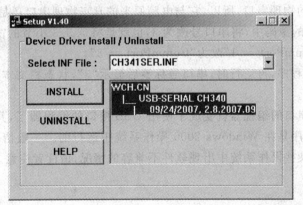

图 7-20 安装 CH341 的驱动程序

第7章 自制简单的 51 编程器

驱动程序安装完成后,打开控制面板,在"系统"→"硬件"→"设备管理器"窗口的"端口(COM 和 LPT)"项目中察看"USB－SERIAL CH341"后面虚拟串口的端口号,此处是"COM3",如图 7-21 所示。

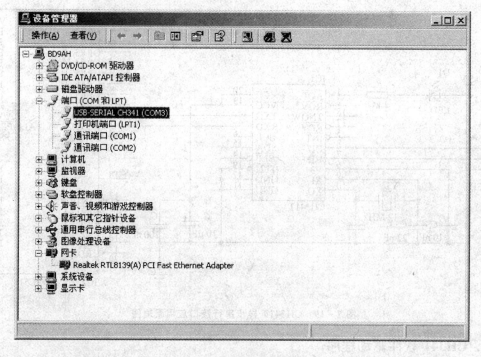

图 7-21 获取虚拟串口号

下一步是在编程器上位机的软件中修改所设置的串口号,由于 CH341 提供的是一个虚拟的串口,而不是真实的物理串口,所以,它与电脑原来的真正物理串口还是有区别的,所以应在上位机 VB 软件程序的源码中,将串口号改为 3,也就是将 7.3.3 小节的窗口载入函数 Form_Load()中的语句"CommPort = 1"改为"CommPort = 3"。

修改后重新编译程序,再运行时,串口号标签后显示"3",状态栏文本框中显示"编程器就绪",如图 7-22 所示。

这样,原来使用串口的编程器就变成了使用 USB 接口的编程器了,其他使用方法与原来的相同。本编程器程序是在 Windows 2000 操作系统中运行的。一般情况下,该程序都会正常运行,但也可能在某些操作系统中出现软件不兼容的情况,请读者注意。

第7章 自制简单的51编程器

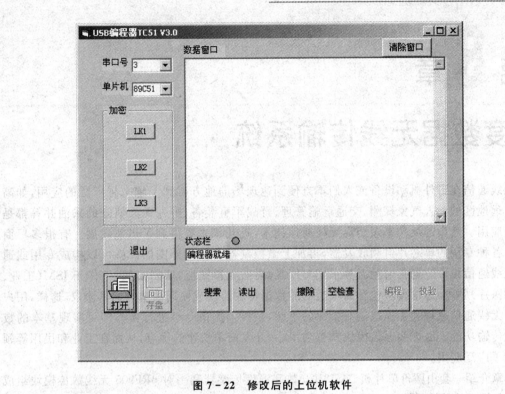

图7-22 修改后的上位机软件

第 8 章
温度数据无线传输系统

无线通信在野外机动设备或人们不方便到达现场的地方得到了越来越广泛的应用,如高空或边远地区的无人气象探测、交通运输管理、野战军事装备、野外无人值守的采油井等都是其典型应用。其中的微功率短距离无线通信技术,近几年来更得到了迅速发展。有很多厂商推出了各种专用的单芯片射频收发器,再加上微控制器和少量外围器件就可以构成专用或通用的无线通信模块。通常射频芯片采用 GFSK(高斯频移键控)调制方式,工作于 ISM(工业、科学和医疗)频段,通信模块包含简单透明的数据传输协议或使用简单的加密协议,这样,用户不必对无线通信原理和工作机制有较深的了解,只要依据命令字进行操作即可实现基本的数据无线传输功能。因无线通信模块具有功率小、开发简单快速的优点,从而在工业和民用等领域得到了广泛应用。

本章介绍一套由廉价单片机、DS18B20 数字温度传感器和一对 nRF905 无线数传模块组成的温度数据无线传输系统。它具有功耗低、误码率低、工作稳定等一系列优点。若将数据采集部分稍加改进,构成一点对多点双向数据传输通道,便可广泛应用于环境监测、无线抄表等领域中,具有很好的推广价值。该系统已经通过调试,工作正常。图 8-1 为系统工作原理框图。

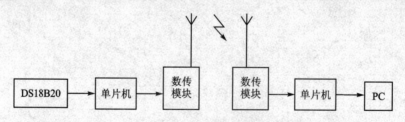

图 8-1 硬件电路框图

图 8-1 中的 DS18B20 是 DALLAS 公司的数字温度传感器,将它测量的温度数据直接送到单片机中,再由单片机传给 nRF905 数传模块,数据经调制后被发送出去。nRF905 工作于 433 MHz/868 MHz/915 MHz 三个 ISM(工业、科学和医疗)频段,这里使用的是 433 MHz 的载频。另外一套 nRF905 无线数传模块收到信号后,将经过解调得到的环境温度数据传给单片机,单片机通过串口将数据再传给上位机,最后经过处理的温度数据连同日期、时间和采集点等相关信息被自动录入电脑保存并实时显示在电脑屏幕上。本系统的实物照片如图 8-2 所示。

第 8 章 温度数据无线传输系统

图 8-2 温度数据无线传输系统

照片中左边为带有 DS18B20 数字温度传感器的、用做发射数据的 nRF905 无线数传模块，右边为用做接收数据的 nRF905 无线数传模块，其中的单片机通过串口与上位机相连，用于上传数据。

8.1 DS18B20 数字温度传感器简介

DS18B20 是 DALLAS 公司推出的数字温度传感器，可直接输出 9～12 位的数字温度值，含有一个由非易失性存储器保存上下限报警点的报警器。DS18B20 使用单总线系统，仅需一根数据线即可实现与微处理器之间的通信。工作温度范围是 −55～+125 ℃，温度测量数据在 −10～+85 ℃ 范围内的精度可达 ±0.5 ℃。DS18B20 还可通过数据线实现寄生供电，从而省掉了外部电源。

每个 DS18B20 都具有一个唯一的 64 位器件识别码，这样可使多个 DS18B20 挂在同一条单总线系统上，并由一个微处理器来控制这些分布在一个较大区域内的很多 DS18B20。因此，它可用于诸如采暖通风空调环境控制系统、建筑物内部、设备或机器的温度监测系统以及过程监控系统。

8.1.1 DS18B20 的引脚封装和性能

常用的 DS18B20 采用与普通三极管相同的 TO—92 封装形式,另外也有 8 引脚的 SO 和 μSOP 封装。TO—92 和 SO 封装如图 8-3 所示。

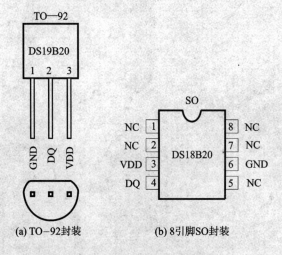

图 8-3 DS18B20 的引脚封装

8.1.2 DS18B20 的内部结构

图 8-4 是 DS18B20 的内部结构框图。64 位 ROM 储存 DS18B20 的唯一器件识别码,中间结果暂存器中有两字节用来暂存温度传感器测得的温度数据。温度报警上、下限寄存器各占一字节,还有一个配置字节由用户来设定温度数据的位数(9,10,11 和 12 位),这三个字节都是 EEPROM 非易失性存储器,这样,即使在系统掉电时数据也不会丢失。

DS18B20 使用 DALLAS 公司独创的单总线系统,只需一根控制信号线就可实现总线通信。在单总线系统中,所有器件都通过一个三态门或开漏极连接在单总线上,所以,该控制线需要一个弱上拉电阻。微处理器通过每个器件的识别码来识别和访问器件。由于每个器件有唯一的 64 位识别码,因此,在同一总线上能够识别的器件数量几乎是无限制的。

DS18B20 的核心是它的直接数字温度传感器,该传感器的分辨率可设置为 9,10,11 和 12 位,分别对应于 0.5 ℃,0.25 ℃,0.125 ℃和 0.0625 ℃的温度增量,上电后分辨率的默认值为 12 位。DS18B20 在上电后并不工作,而是处于休闲状态,主机只有发出一个转换 T 命令(44H)才能使它进入温度测量和 A/D 转换状态,转换完成后就会有两字节的温度测量值存入中间结果暂存器,同时 DS18B20 又重新返回到休闲状态。

DS18B20 输出的温度值为摄氏温度,以一个 16 位有符号补码数的格式存于两个寄存器

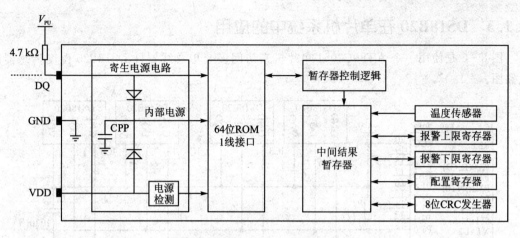

图 8-4 DS18B20 的内部结构

中,如表 8-1 所列。表 8-2 是某些典型温度值的二进制和十六进制数据对照表。

表 8-1 温度数据格式

低字节	位7	位6	位5	位4	位3	位2	位1	位0
	2^3	2^2	2^1	2^0	2^{-1}	2^{-2}	2^{-3}	2^{-4}
高字节	位15	位14	位13	位12	位11	位10	位9	位8
	S	S	S	S	S	2^6	2^5	2^4

注:S 代表符号位。

表 8-2 某些典型温度值的二进制、十六进制数据对照表

摄氏温度值/℃	二进制	十六进制
+125	0000 0111 1101 0000	07D0H
+85	0000 0101 0101 0000	0550H
+25.062 5	0000 0001 1001 0001	0191H
+10.125	0000 0000 1010 0010	00A2H
+0.5	0000 0000 0000 1000	0008H
0	0000 0000 0000 0000	0000H
-0.5	1111 1111 1111 1000	FFF8H
-10.125	1111 1111 0101 1110	FF5EH
-25.062 5	1111 1110 0110 1111	FE6FH
-55	1111 1100 1001 0000	FC90H

注:上电后的复位值是+85 ℃。

8.1.3 DS18B20 在单片机系统中的应用

图 8-5 是使用一个 AT89C2051 单片机来访问多个单总线器件 DS18B20 温度传感器的电路图。

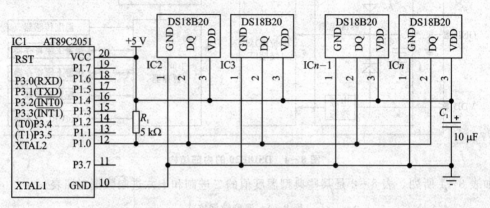

图 8-5 DS18B20 在单片机系统中的应用

8.1.4 DS18B20 的功能命令

与所有单总线器件一样,访问一个 DS18B20 也需要初始化、ROM 命令和功能命令这三个步骤。除了 Search ROM (F0H) 和 Alarm Search(ECH)命令之外,这三个步骤缺一不可,必须按照该顺序 DS18B20 才会响应。

表 8-3 DS18B20 的功能命令

命令	描述	指令码	命令发出后总线响应	备注
温度转换命令				
Convert T	启动温度转换	44H	DS18B20 传输转换状态给主机（寄生供电的 DS18B20 不可用）	*
暂存器命令				
Read Scratchpad	读中间结果暂存器内容,包括 CRC 字节	BEH	DS18B20 传输 9 字节的数据给主机	**
Write Scratchpad	写中间结果暂存器的第 2,3,4 字节(TH, TL 和配置寄存器)	4EH	主机传输 3 字节的数据给 DS18B20	***
Copy Scratchpad	由中间结果暂存器复制 TH, TL 和配置寄存器数据到 EEPROM	48H	无	*

续表 8-3

命　令	描　述	指令码	命令发出后总线响应	备　注
Recall E2	由 EEPROM 回传 TH、TL 和配置寄存器数据到中间结果暂存器	B8H	DS18B20 给主机发送回传状态	—
Read Power Supply	通知主机 DS18B20 的电源类型	B4H	DS18B20 给主机发送电源状态	—

注：* 对于寄生供电的 DS18B20，在温度转换过程中以及从 EEPROM 回传数据到中间结果暂存器过程中，主机必须能强制拉高总线，不允许发生其他总线行为。
　　** 主机可在任何时候使用初始化中断数据传输。
　　*** 在发出一个初始化命令之前，全部 3 字节都必须写入。

　　主机使用 ROM 命令确定了与总线上的哪一个 DS18B20 进行通信之后，即可给 DS18B20 发出功能命令来启动温度转换、决定 DS18B20 的供电方式以及向 DS18B20 的中间结果寄存器写入数据或者从中读出数据等。关于初始化和 ROM 命令在第 3 章中已经讨论过，下面详细介绍各功能命令的作用。

1. 启动温度转换命令(Convert T)

　　该命令启动一次温度转换，随后转换结果被存入中间结果暂存器的两字节温度寄存器中，然后 DS18B20 又返回到其低功耗的休闲状态。如果 DS18B20 是由外部供电，那么主机就可在该命令之后进入读时隙，DS18B20 能根据转换完成与否做出反应，若转换尚在进行之中则给主机发 0，若转换已完成则发 1。但是，在寄生供电模式则无此功能，因为此时总线被强制拉高。

2. 读中间结果暂存器命令(Read Scratchpad)

　　该命令让主机读出 DS18B20 中间结果暂存器内的 9 个字节，由最低字节(即字节 0)开始一直读到第 9 字节(即字节 8，也就是 CRC 校验位)。如果只需要部分数据，则主机可在读取过程中的任何时间发初始化命令，使该命令被中止。

3. 写中间结果暂存器命令(Write Scratchpad)

　　该命令让主机写 3 个字节到 DS18B20，第 1 个字节被写入 TH 寄存器(中间结果暂存器的字节 2)，第 2 个字节被写入 TL 寄存器(中间结果暂存器的字节 3)，第 3 个字节被写入配置寄存器(中间结果暂存器的字节 4)。发送时字节数据的最低位先发。

4. 复制中间结果暂存器命令(Copy Scratchpad)

　　复制中间结果暂存器的 TH、TL 和配置寄存器数据(字节 2，3 和 4)到 EEPROM。若采用寄生供电方式，则主机在发出该命令之后最长 10 μs 内必须使总线至少保持 10 ms 的高电平状态。

5. 回传 EEPROM 内容命令(Recall E2)

该命令执行由 EEPROM 回传 TH、TL 和配置寄存器数据到中间结果暂存器的第 2,3,4 字节。跟随 Recall E2 命令之后,主机可进入读时隙。与启动温度转换命令类似,DS18B20 也能根据回传完成与否做出反应,若回传尚在进行之中则给主机发 0,若回传已完成则发 1。DS18B20 在上电时会自动进行回传 EEPROM 内容的操作,以便器件在通电之后使中间结果暂存器中的数据立即有效。

6. 读电源类型命令(Read Power Supply)

主机在发出该命令后可以紧跟一个读时隙,以便判断在总线上是否有寄生供电的器件。在读时隙期间,寄生供电的 DS18B20 会拉低总线,外部供电的 DS18B20 会继续保持总线高电平。

8.1.5 DS18B20 的编程

如前所述,访问一个 DS18B20 必须经过初始化、ROM 命令和功能命令这三个步骤,且缺一不可,否则 DS18B20 不会响应主机的任何命令。由于本系统中只使用了一个 DS18B20,并采用外部供电方式,因此,编程的工作也较容易。在初始化之后,如果 DS18B20 有应答,主机就可发出 Skip ROM 命令,接着再发 Convert T(44H)温度转换功能命令启动温度转换。启动转换后,单片机可通过发送读时隙来判断温度转换是否结束,DS18B20 会做出响应,发回 0 表示转换过程还在进行,发回 1 表示已经转换完毕。当然,也可以根据 DS18B20 的典型转换时间,经过适当的延时程序之后,再读取转换结果。但要注意,在读取中间结果暂存器中的温度结果时,还必须按照前述的三部曲进行,即先初始化,再发 Skip ROM 命令,接着再发 Read Scrathpad(BEH)功能命令读取中间结果暂存器中的温度值。读出的温度值还须进行适当的格式转换,以便显示或做进一步处理。

下面是一个完整的汇编程序,它可将 DS18B20 测出的温度值显示在 4 位 LED 显示器上,包括 1 位符号、2 位整数和 1 位小数。其中调用的延时、初始化和读/写字节程序在第 3 章的"3.3.4 单总线命令编程"小节中可以找到。

```
        ORG     0000H
MAIN:
        MOV     TMOD, #20H
        MOV     TH1, #0FDH
        MOV     SCON, #50H
        SETB    TR1

        ANL     70H, #00H       ;温度低字节 TL
        ANL     71H, #00H       ;温度高字节 TH
```

```
START:
        LCALL   RESET
        MOV     A,#0CCH                     ;Skip ROM
        LCALL   WR1820
        MOV     A,#0BEH                     ;读温度
        LCALL   WR1820
        LCALL   RD1820
        LCALL   RESET
        MOV     A,#0CCH
        LCALL   WR1820
        MOV     A,#44H                      ;温度转换
        LCALL   WR1820
        LCALL   CODEC                       ;格式转换
        MOV     B,#64H
LOOP:
        LCALL   DISP
        DJNZ    B,LOOP
        LJMP    START
;延时 15 μs
DELAY:
        MOV     R6,#06H
DEL:
        DJNZ    R6,DEL
        DJNZ    R7,DELAY
        RET
;初始化
RESET:  CLR     P1.0
        MOV     R7,#20H                     ;延时 480 μs
        LCALL   DELAY
        SETB    P1.0
        MOV     R7,#4
        LCALL   DELAY
        CLR     F0
        JB      P1.0,RET1
        SETB    F0
        MOV     R7,#28
        LCALL   DELAY
RET1:
```

第 8 章 温度数据无线传输系统

```
            RET
;读 1 字节
RD1820:     CLR     C
            MOV     R1,#02H             ;读入 2 字节
            MOV     R0,#70H             ;存储单元首地址
RD1:
            MOV     R2,#08H
RD2:
            SETB    P1.0
            NOP
            NOP
            CLR     P1.0
            NOP
            NOP
            SETB    P1.0
            MOV     R7,#01H
            LCALL   DELAY
            MOV     C,P1.0
            RRC     A
            DJNZ    R2,RD2
            MOV     @R0,A
            INC     R0
            DJNZ    R1,RD1
            RET
;写 1 字节
WR1820:
            CLR     C
            MOV     R1,#08H
WR1:
            CLR     P1.0
            MOV     R7,#01H
            LCALL   DELAY
            RRC     A
            MOV     P1.0,C
            MOV     R7,#01H
            LCALL   DELAY
            SETB    P1.0
            NOP
```

```
            DJNZ    R1,WR1
            SETB    P1.0
            RET
;显示
DISP:
            MOV     R0,#7AH
            MOV     A,#80H
DISP1:
            MOV     R2,A
            MOV     P0,A
            MOV     A,@R0
            MOV     DPTR,#TABEL
            MOVC    A,@A+DPTR
            MOV     P2,A
            MOV     R7,#100
            LCALL   DELAY
            INC     R0
            MOV     A,R2
            JB      ACC.4,EXIT
            RR      A
            AJMP    DISP1
EXIT:
            RET
TABEL:
DB    0C0H,0F9H,0A4H,0B0H,99H,92H,82H,0F8H,80H,90H
DB    88H,83H,0C6H,0A1H,86H,8EH,8CH,89H,91H,0BFH
;70H:$2^3,2^2,2^1,2^0,2^{-1},2^{-2},2^{-3},2^{-4}$
;71H:S,S,S,S,$2^6,2^5,2^4$
;7AH~7DH:显示缓存
;数据格式转换
CODEC:
            MOV     A,71H
            ANL     A,#0FH
            SWAP    A                       ;S,$2^6,2^5,2^4$,0,0,0,0
            MOV     B,A
            MOV     A,70H
            ANL     A,#0F0H
            SWAP    A
```

```
            ADD     A,B
            MOV     B,70H
            MOV     70H,A              ;S,2⁶,2⁵,2⁴,2³,2²,2¹,2⁰
            MOV     A,B
            ANL     A,#0FH
            SWAP    A
            MOV     71H,A              ;2⁻¹,2⁻²,2⁻³,2⁻⁴,0,0,0,0
;转换后送入显示缓存
            MOV     A,#80H
            ANL     A,70H              ;"与"A
            JZ      POSIT              ;是正跳转
            MOV     7AH,#13H           ;负号
            MOV     A,71H              ;取小数位
            CPL     A                  ;求原码
            ADD     A,#01H             ;取反加1
            MOV     71H,A
            JC      AD                 ;有进位时正数取反加1
            MOV     A,70H              ;无进位时正数取反
            CPL     A
            SJMP    SKIP1
AD:
            MOV     A,70H              ;取整数位
            CPL     A                  ;取反
            INC     A
SKIP1:
            MOV     B,#10
            SJMP    NEXT
POSIT:
            MOV     A,70H
            MOV     B,#100
            DIV     AB
            MOV     7AH,A              ;百位数
            MOV     A,#10
            XCH     A,B
NEXT:
            DIV     AB
            MOV     7BH,A              ;十位数
            MOV     7CH,B              ;个位数
```

$S,2^6,2^5,2^4,2^3,2^2,2^1,2^0$
$2^{-1},2^{-2},2^{-3},2^{-4},0,0,0,0$

```
XIAOSHU:
        MOV     A,71H           ;处理小数
        SWAP    A               ;半字节交换
        ANL     A,#0FH
        MOV     R2,#0
        JZ      FINI
        MOV     B,A             ;小数送入B
        MOV     A,#0
BACK:
        ADD     A,#62H          ;BCD 相加
        DA      A
        JNC     SKIP
        CLR     C
        INC     R2
SKIP:
        DJNZ    B,BACK
FINI:
        MOV     7DH,R2          ;小数位
        RET
END
```

8.2　nRF905 无线数传芯片

本系统中使用的 nRF905 芯片是挪威 NORDIC 公司推出的单片射频收发器，工作电压为 1.9~3.6 V，工作于 433 MHz/868 MHz/915 MHz 这 3 个 ISM 频段，频道转换时间小于 650 μs，最大数据传输速率为 100 Kb/s。nRF905 由频率合成器、接收解调器、功率放大器、晶体振荡器和 GFSK 调制器组成，无需外加声表面滤波器。nRF905 具有 ShockBurst^{TM} 工作模式，可自动处理前导码和 CRC（循环冗余检验），可使用 SPI 接口与微控制器通信，配置十分方便。此外，其功耗很低，以-10 dBm 输出功率发射时，电流只有 11 mA，工作于接收模式时的电流为 12.5 mA，具有待机模式与掉电模式，此时的耗电只有 2.5 μA，易于实现功率管理。由于它收发可靠，使用方便，所以在工业控制、消费电子等各领域都具有广阔的应用前景。

8.2.1　芯片内部结构

nRF905 片内集成了电源管理、晶体振荡器、低噪声放大器、频率合成器和功率放大器等模块，曼彻斯特编码/解码由片内硬件完成，用户无须对数据进行曼彻斯特编码，因此，使用非常方便。nRF905 的内部结构如图 8-6 所示。

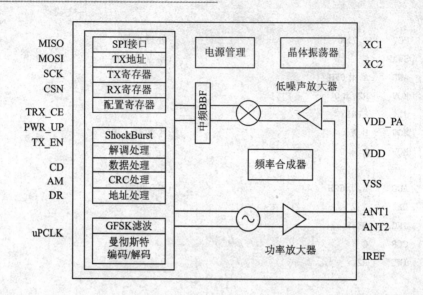

图 8-6 nRF905 的内部结构

8.2.2 nRF905 的封装和引脚

nRF905 采用 32 引脚的 QFN 5 mm×5 mm 小封装(32L QFN 5 mm×5 mm),体积小,节省印制板面积。图 8-7 是 nRF905 的封装和引脚分布,表 8-4 列出了 nRF905 的引脚功能。

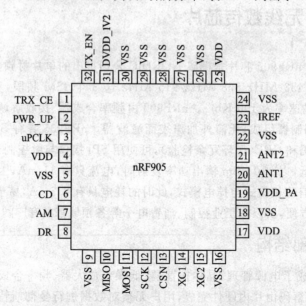

图 8-7 nRF905 的封装和引脚分布

表 8-4 nRF905 的引脚功能

引脚	名称	引脚功能	说明
1	TRX_CE	数字输入	芯片收发使能
2	PWR_UP	数字输入	芯片上电
3	uPCLK	时钟输出	晶振分频的时钟信号输出
4	VDD	电源	电源正（+3 V DC）
5	VSS	电源	地
6	CD	数字输出	载波检测
7	AM	数字输出	地址匹配
8	DR	数字输出	收发数据准备好
9	VSS	电源	地
10	MISO	SPI 接口	SPI 输出
11	MOSI	SPI 接口	SPI 输入
12	SCK	SPI 接口	SPI 时钟
13	CSN	SPI 接口	SPI 使能，低有效
14	XC1	模拟输入	晶体引脚 1/外部时钟输入
15	XC2	模拟输出	晶体引脚 2
16	VSS	电源	地
17	VDD	电源	电源正（+3V DC）
18	VSS	电源	地
19	VDD_PA	电源输出	供 nRF905 功放用的正电源（1.8 V）
20	ANT1	射频	天线接口 1
21	ANT2	射频	天线接口 2
22	VSS	电源	地
23	IREF	模拟输入	接收电流
24	VSS	电源	地
25	VDD	电源	电源正（+3 V DC）
26	VSS	电源	地
27	VSS	电源	地
28	VSS	电源	地
29	VSS	电源	地
30	VSS	电源	地
31	DVDD_1V2	电源	低电压正数字输出
32	TX_EN	数字输入	1：发送模式，0：接收模式

8.2.3 工作模式

nRF905 有两种工作模式和两种节电模式。两种工作模式分别是 ShockBurst™ 接收模式和 ShockBurst™ 发送模式,两种节电模式分别是掉电模式和待机模式。nRF905 的工作模式由 TRX_CE,TX_EN 和 PWR_UP 三个引脚决定,详见表 8-5。

表 8-5 nRF905 工作模式

PWR_UP	TRX_CE	TX_EN	工作模式
0	×	×	掉电和 SPI 编程
1	0	×	待机和 SPI 编程
1	1	0	接收
1	1	1	发射

1. ShockBurst™ 模式

nRF905 采用 Nordic Semiconductor ASA ShockBurst™ 技术使其能够提供高速的数据传输而无需昂贵的高速 MCU。与射频数据包有关的高速信号处理都在 nRF905 片内进行,数据速率由微控制器配置的 SPI 接口决定,数据在微控制器中低速处理,但在 nRF905 中高速发送,因此两次发送中间有很长时间的空闲,这很利于节能。使用低速的 MCU 也能得到很高的射频数据发射速率。在 ShockBurst™ 接收模式下,当一个包含正确地址和数据的数据包被接收到后,地址匹配(AM)和数据准备好(DR)两个引脚通知微控制器。在 ShockBurst™ 发送模式下,nRF905 自动产生前导码和 CRC 校验码,当发送过程完成后,数据准备好引脚 DR 通知微控制器数据发送完毕。因此,nRF905 的 ShockBurst™ 收发模式有利于节约存储器和微控制器资源,同时也缩短了软件开发时间。下面给出 nRF905 典型的发送流程和接收流程。

(1) 典型的 nRF905 发送流程

nRF905 芯片的发送流程是:

① 当微控制器有数据要发送时,通过 SPI 接口,按时序把接收机的地址和要发送的数据传给 nRF905。SPI 接口的速率在通信协议和器件配置时确定。

② 微控制器将 TRX_CE 和 TX_EN 置高,激发 nRF905 的 ShockBurst™ 发送模式。

③ nRF905 在 ShockBurst™ 发送模式中,射频配置寄存器自动开启并完成以下动作:

● 数据打包(加前导码和 CRC 校验码);

● 发送数据包;

● 当数据发送完成,数据准备好引脚 DR 被置高。

④ 初始化时若射频配置寄存器中的自动重发参数 AUTO_RETRAN 已被置高,则 nRF905 会不断重发,直至引脚 TRX_CE 被置低。

⑤ 当引脚 TRX_CE 被置低时,nRF905 发送过程完成,自动进入待机模式。

ShockBurst™ 工作模式保证一旦发送数据的过程开始,无论 TRX_EN 和 TX_EN 引脚是高或低,发送过程都会被处理完。只有在前一个数据包被发送完毕,nRF905 才能接收下一个发送数据包。图 8-8 为 nRF905 的发送流程框图。关于 nRF905 射频配置寄存器的有关内容详见 8.2.4 小节。

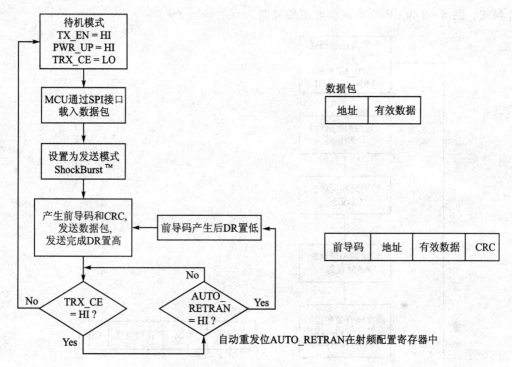

图 8-8 nRF905 的发送流程

(2) 典型的 nRF905 接收流程

nRF905 的接收流程是:

① 当 TRX_CE 为高、TX_EN 为低时,nRF905 进入 ShockBurst™ 接收模式。

② 650 μs 之后,nRF905 不断监测,等待接收数据。

③ 当 nRF905 检测到同一频率的载波时,载波检测引脚 CD 被置高。

④ 当接收到一个相匹配的地址,地址匹配引脚 AM 被置高。

⑤ 当一个正确的数据包接收完毕,nRF905 自动移去前导码、地址和 CRC 校验位,然后将数据准备好引脚 DR 置高。

⑥ 微控制器将 TRX_CE 置低,nRF905 进入待机模式。

⑦ 微控制器通过 SPI 接口,以一定速率将数据移到微控制器内。

第8章 温度数据无线传输系统

⑧ 当所有数据接收完毕,nRF905将数据准备好引脚DR和地址匹配引脚AM置低。

⑨ 此时nRF905可以进入ShockBurst™接收模式、ShockBurst™发送模式或掉电模式。

当正在接收一个数据包时,如果TRX_CE或TX_EN引脚的状态发生改变,nRF905立即改变其工作模式,数据包则丢失。当微处理器接到地址匹配引脚的信号之后,即知道nRF905正在接收数据包,这时,微处理器可以决定是让nRF905继续接收该数据包,还是进入另一个工作模式。图8-9为nRF905的接收流程框图。

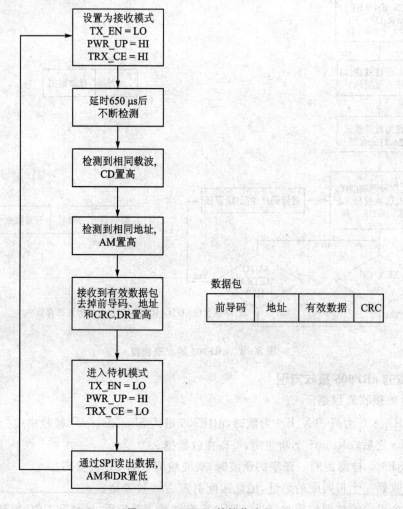

图8-9 nRF905的接收流程

2. 节能模式

nRF905的节能模式包括掉电模式和待机模式。在掉电模式时,nRF905的工作电流最小,一般为 2.5 μA。进入掉电模式后,nRF905 保持配置字中的内容,但不会接收或发送任何数据。待机模式有利于减小工作电流。从待机模式到发送模式或接收模式的启动时间较短。在待机模式时,nRF905 内部的部分晶体振荡器处于工作状态。nRF905 在待机模式下的工作电流与外部晶体振荡器的频率有关。在这两种模式时,配置字的内容保持不变。

8.2.4 nRF905 的配置

nRF905 内部有若干寄存器,这些寄存器必须经过适当配置,才能使 nRF905 正常工作。这些寄存器的配置字都是通过 nRF905 内部的 SPI 接口传送的。SIP 接口的工作可通过 SPI 指令执行。只有当 nRF905 处于掉电或待机模式时,nRF905 的 SPI 接口才可以进入工作状态。

1. nRF905 内部寄存器

nRF905 内部的 SPI 接口连接有 5 个寄存器,分别是状态寄存器、射频配置寄存器、发送地址寄存器(TX_ADDRESS)、发送数据寄存器(TX_PAYLOAD)和接收数据寄存器(RX_PAYLOAD)。各寄存器的功能简述如下:

- 状态寄存器　只包含数据准备好 DR 和地址匹配 AM 两位,共 1 字节,如表 8-6 所列。
- 射频配置寄存器　简称配置寄存器。包含收发配置信息,如频率和输出功率等,共 10 字节,如表 8-7 所列,表内字节定义中所用的参数符号的意义如表 8-8 所列。接收地址保存在射频配置寄存器的字节 5 至字节 8 的四个字节内,它不是一个独立的寄存器,但有时也会使用"接收地址寄存器(RX_ADDRESS)"这个名称,实际上其值就是接收器件的识别码。
- 发送地址寄存器　用于寄存接收机的地址,其字节数由射频配置寄存器设定,最多 4 字节,如表 8-9 所列。
- 发送数据寄存器　用于寄存发送的数据包,其字节数由射频配置寄存器设定,最多可达 32 字节,如表 8-10 所列。
- 接收数据寄存器　用于寄存收到的数据包,其字节数由射频配置寄存器设定,最多可达 32 字节,如表 8-11 所列。当接收数据寄存器中的数据有效时,状态寄存器中的 DR 位变为高。

表 8-6　状态寄存器(只读)

字节号	内　容	初始值
0	位 7:AM,位 5:DR,其他位未用	X

表 8-7 射频配置寄存器

字节号	内 容	初始值
0	位 7~0：CH_NO[7:0]	01101100
1	位 7~6：未用，位 5：AUTO_RETRAN，位 4：RX_RED_PWR，位 3~2：PA_PWR[1:0]，位 1：HFREQ_PLL，位 0：CH_NO[8]	00000000
2	位 7：未用，位 6~4：TX_AFW[2:0]，位 3：未用，位 2~0：RX_AFW[2:0]	01000100
3	位 7~6：未用，位 5~0：RX_PW[5:0]	00100000
4	位 7~6：未用，位 5~0：TX_PW[5:0]	00100000
5	位 7~0：RX_ADDRESS(器件识别码)的字节 0	E7
6	位 7~0：RX_ADDRESS(器件识别码)的字节 1	E7
7	位 7~0：RX_ADDRESS(器件识别码)的字节 2	E7
8	位 7~0：RX_ADDRESS(器件识别码)的字节 3	E7
9	位 7：CRC_MODE，位 6：CRC_EN，位 5~3：XOF[2:0]，位 2：UP_CLK_EN，位 1~0：UP_CLK_FREQ[1:0]	11100111

表 8-8 射频配置寄存器参数说明

参 数	位 数	说 明
CH_NO	9	同参数 HFREQ_PLL 一起设置中心频率（默认值=001101100$_2$=108$_{10}$），频率值为 $f_{RF}=(422.4+CH\_NO/10)\times(1+HFREQ\_PLL)$ MHz
HFREQ_PLL	1	设置 PLL 工作于 433 MHz 或 868 MHz/915 MHz。 0：器件工作于 433 MHz，默认值； 1：器件工作于 868 MHz 或 915 MHz
PA_PWR	2	设置输出功率。 00：10 dBm，默认值； 01：2 dBm； 10：+6 dBm； 11：+10 dBm
RX_RED_PWR	1	设置接收省电模式。 0：默认值； 1：接收为省电模式，工作电流为 1.6 mA，但灵敏度降低
AUTO_RETRAN	1	设置自动重发数据包。当引脚 TRX_CE 和 TX_EN 为高（默认值为 0）时，自动重发发送数据寄存器中的数据包。 0：不重发； 1：重发

续表 8-8

参 数	位 数	说 明
RX_AFW	3	设置接收地址宽度。 001：1 字节 RX 地址宽度； 100：4 字节 RX 地址宽度,默认值
TX_AFW	3	设置发送地址宽度。 001：1 字节 TX 地址宽度； 100：4 字节 TX 地址宽度,默认值
RX_PW	6	设置接收有效数据宽度。 000001：1 字节 RX 有效数据宽度； 000010：2 字节 RX 有效数据宽度； ⋮ 100000：32 字节 RX 有效数据宽度,默认值
TX_PW	6	设置发送有效数据宽度。 000001：1 字节 TX 有效数据宽度； 000010：2 字节 TX 有效数据宽度； ⋮ 100000：32 字节 TX 有效数据宽度,默认值
RX_ADDRESS	32	设置接收地址。所用字节数取决于参数 RX_AFW 的值（默认值为 E7E7E7E7H）
UP_CLK_FREQ	2	设置输出时钟频率。 00：4 MHz； 01：2 MHz； 10：1 MHz； 11：500 kHz,默认值
UP_CLK_EN	1	设置输出时钟使能。 0：不用外部时钟； 1：使用外部时钟,默认值
XOF	3	设置晶振频率。注意,必须按外接晶振的频率设置。 000：4 MHz； 001：8 MHz； 010：12 MHz； 011：16 MHz； 100：20 MHz,默认值

第 8 章　温度数据无线传输系统

续表 8-8

参数	位数	说明
CRC_EN	1	设置 CRC 校验允许。 0：不允许； 1：允许，默认值
CRC_MODE	1	设置 CRC 校验位数。 0：8 位 CRC 校验位； 1：16 位 CRC 校验位，默认值

nRF905 各寄存器的长度是固定的。但在 ShockBurst™ 收发过程中，发送数据寄存器（TX_PAYLOAD）、接收数据寄存器（RX_PAYLOAD）、发送地址寄存器（TX_ADDRESS）和接收地址寄存器 RX_ADDRESS 这 4 个寄存器所使用的字节数由配置字决定。nRF905 进入掉电模式或待机模式时，各寄存器中的内容保持不变。

表 8-9　发送地址寄存器（读/写）

字节号	内容	初始值
0	TX_ADDRESS[7：0]	E7
1	TX_ADDRESS[15：8]	E7
2	TX_ADDRESS[23：16]	E7
3	TX_ADDRESS[31：24]	E7

表 8-10　发送数据寄存器（读/写）

字节号	内容	初始值
0	TX_PAYLOAD[7：0]	X
1	TX_PAYLOAD[15：8]	X
⋮	⋮	⋮
30	TX_PAYLOAD[247：240]	X
31	TX_PAYLOAD[255：248]	X

表 8-11　接收数据寄存器（读/写）

字节号	内容	初始值
0	RX_PAYLOAD[7：0]	X
1	RX_PAYLOAD[15：8]	X
⋮	⋮	⋮
30	RX_PAYLOAD[247：240]	X
31	RX_PAYLOAD[255：248]	X

2. SPI 指令集

nRF905 的 SPI 接口有一组指令用来对 nRF905 内部的各寄存器进行配置，该指令集各指令的名称、格式和功能如表 8-12 所列。只有在 SPI 的片选引脚 CSN 为低时，nRF905 才能接收一条 SPI 指令，每当引脚 CSN 发生由高到低的跳变时，nRF905 才开始接收一条新的 SPI 指令。

表 8-12　SPI 接口指令集

命令	格式	操作
W_CONFIG(WC)	0000 AAAA	写配置寄存器。AAAA 是字节号，因为是从该字节开始写，所以写几个字节也由 AAAA 决定
R_CONFIG(RC)	0001 AAAA	读配置寄存器。AAAA 是字节号，因为是从该字节开始读，所以读几个字节也由 AAAA 决定
W_TX_PAYLOAD(WTP)	0010 0000	从字节 0 开始写发送数据寄存器，写 1～32 字节
R_TX_PAYLOAD(RTP)	0010 0001	从字节 0 开始读发送数据寄存器，读 1～32 字节
W_TX_ADDRESS(WTA)	0010 0010	从字节 0 开始写发送地址寄存器，写 1～4 字节
R_TX_ADDRESS(RTA)	0010 0011	从字节 0 开始读接收地址寄存器，读 1～4 字节
R_RX_PAYLOAD(RRP)	0010 0100	从字节 0 开始读接收数据寄存器，读 1～32 字节
CHANNEL_CONFIG(CC)	1000 pphc cccc cccc	快速设定配置寄存器中 CH_NO、HFREQ_PLL 和 PA_PWR 值的特别指令，其中 CH_NO= cccccccc，HFREQ_PLL = h，PA_PWR = pp

8.2.5　应用电路

在 nRF905 的使用中，根据不同需要，其电路图不尽相同，图 8-10 为 50 Ω 单端天线输出的应用原理图。该电路的输出，通过一个差分到单端的匹配网络连接到 50 Ω 的单端天线。电

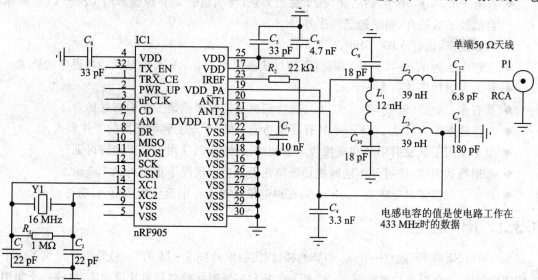

图 8-10　nRF905 应用电路图

第 8 章 温度数据无线传输系统

路中,电感电容的值是使电路工作在 433 MHz 的数据。若要工作在其他频率,可参照用户手册的数据调整。在 nRF905 的电路板设计中,也可使用环形天线,将天线布于 PCB 板上,这样可减小系统的尺寸。更详细的设计,读者可参考 nRF905 的芯片手册。

8.3 NewMsg-RF905SE 无线收发模块

NewMsg-RF905SE 无线收发模块是国内某公司生产的一款以 nRF905 为核心的无线收发模块。它体积小,使用方便,实物照片如图 8-11 所示。其主要参数如下:

图 8-11 NewMsg-RF905SE 无线收发模块

- 尺寸为 32 mm×19 mm。
- 工作频段为 433 MHz、868 MHz 和 915 MHz,可根据软件配置设置工作频率点,433 MHz 的电路与 868 MHz 和 915 MHz 的电路不同,购买时须注意。
- 具有 FSK/GMSK 调制功能,抗干扰能力强,特别适合工业控制采用 DSS+PLL 频率合成技术的场合,频率稳定性极好。
- 灵敏度高,达到 -100 dBm。
- 工作电压为 1.9~3.6 V,功耗低,待机状态仅为 2.5 μA,可满足低功耗设备的要求。
- 最大发射功率达 +10 dBm。
- 具有多个频道(最多 170 个以上),能特别满足需要多信道工作的特殊场合。
- 工作速率最高可达 50 Kbps,具有收发功能一体、半双工和可切换的工作模式。
- 由于采用了低发射功率和高接收灵敏度的设计,所以使用无须申请许可证。
- 采用鞭状天线,使得开阔地的使用距离在不加功放情况下最远可达 500 m。
- 处于接收模式时电流为 12.5 mA,在掉电模式时工作电流仅为 25 μA,功耗很低。

8.3.1 用户接口

NewMsg-RF905SE 通过一个 14 引脚的插针(实物照片图 8-11 的右侧)为用户提供了一个方便的控制接口,各引脚功能如图 8-12 所示。用户可通过此接口与单片机相连,组成一个实用的无线数传系统。除了电源线和地线之外,该接口由 11 根信号线组成,按功能分为 3 组:

① 模式控制信号。NewMsg-RF905SE 的工作模式由 TRX_CE,TX_EN 和 PWR_UP 三根线来设置,如表 8-5 所列。

② SPI 接口信号。由 SCK,MISO,MOSI 和 CSN 四条信号线组成。在配置模式时,单片机通过 SPI 接口配置 NewMsg-RF905SE 的工作寄存器;在发射/接收模式下,单片机通过 SPI 接口发送和接收数据。

③ 状态输出信号。在发送模式下,地址匹配(AM)和数据准备就绪(DR)信号通知 MCU,一个有效的地址和数据包已经接收完成。在发送模式下,NewMsg-RF905SE 自动产生前导码和 CRC 码,DR 信号通知 MCU 数据传输已经完成。NewMsg-RF905SE 中的 uCLK 引线就是 nRF905 芯片中的引脚 uPCLK 时钟输出。

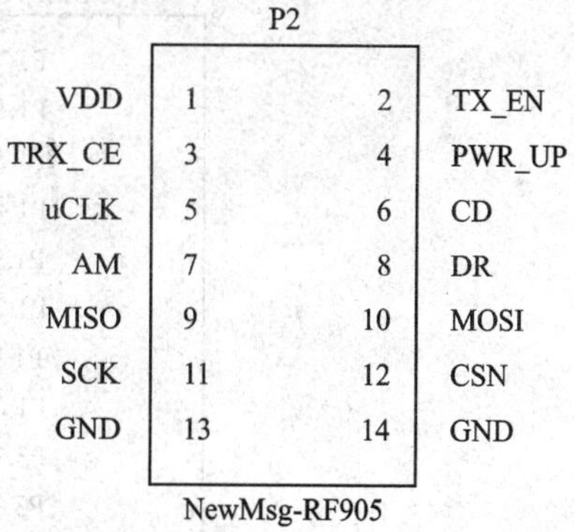

	P2		
VDD	1	2	TX_EN
TRX_CE	3	4	PWR_UP
uCLK	5	6	CD
AM	7	8	DR
MISO	9	10	MOSI
SCK	11	12	CSN
GND	13	14	GND

NewMsg-RF905

图 8-12 NewMsg-RF905SE 无线收发模块用户接口

8.3.2 NewMsg-RF905SE 与单片机的连接

NewMsg-RF905SE 可与廉价的 AT89C2051 连接组成实用的系统,该公司也提供了一款使用 AT89C2051 和该模块组成的演示系统 Msg_Demo_m1,实物照片如图 8-13 所示。通过该模块上的用户接口与单片机连接在一起的接线图如图 8-14 所示。

图 8-13 演示系统 Msg_Demo_m1 的实物照片

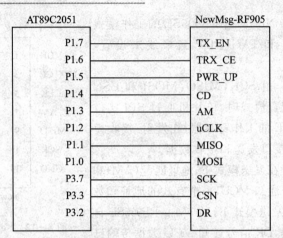

图 8-14　NewMsg-RF905SE 无线收发模块与单片机的连接

8.4　系统的硬件结构

本系统由两套 NewMsg-RF905SE 无线收发模块加 Msg_Demo_m1 演示模块组成。在发送的一套模块上增加了一片 DS18B20 数字温度传感器，图 8-15 是该部分的原理图。

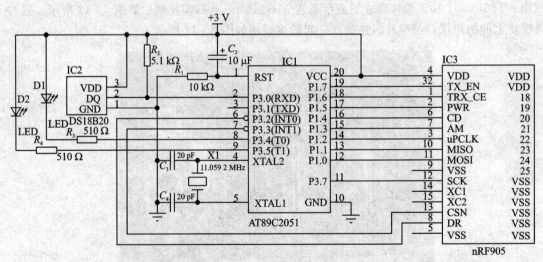

图 8-15　发送部分电路原理图

在接收的一套模块上增加了一片由 MAX232 组成的 RS232 串行接口电路，通过此电路与上位机相连。图 8-16 是该部分的原理图。请注意，AT89C2051 和 nRF905 的电源是 3 V，MAX232 的电源是 5 V，所以在 AT89C2051 的 RXD 引脚和 MAX232 的 T1OUT 引脚之间接入了一个电平匹配二极管 D3。

第 8 章 温度数据无线传输系统

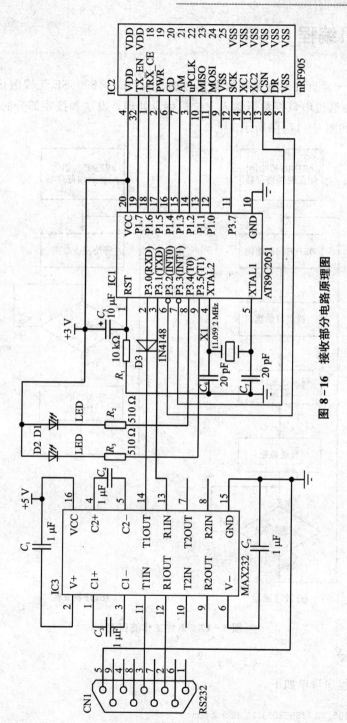

图 8-16 接收部分电路原理图

8.5 单片机编程

两套模块中,一套负责采集温度数据并通过 NewMsg-RF905SE 无线数传模块发送,另一套负责接收数据并通过串口将数据送入上位机存盘处理。发送和接收部分的程序流程框图分别如图 8-17(a)和图 8-17(b)所示。

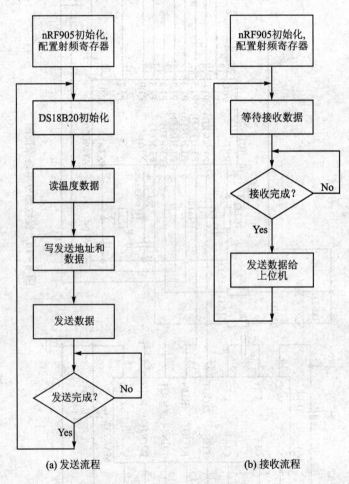

图 8-17 系统工作流程图

1. 发送程序

系统的发送程序清单如下。

//Module nRF905_TX AT89C2051 11.059 2 MHz

```c
#include <reg51.H>
#include <intrins.h>//_nop_()

typedef unsigned char uchar;
typedef unsigned int uint;
//配置口定义//
sbit TXEN    = P1^7;
sbit TRX_CE  = P1^6;
sbit PWR     = P1^5;
//SPI 接口定义//
sbit MISO    = P1^1;
sbit MOSI    = P1^0;
sbit SCK     = P3^7;
sbit CSN     = P3^3;
//状态输出口定义//
sbit CD      = P1^4;
sbit AM      = P1^3;
sbit DR      = P3^2;
sbit LED1    = P3^4;
sbit LED2    = P3^5;
//控制按钮定义//
sbit AN2     = P3^1;
//传感器定义//
sbit DQ      = P3^0;                    //DS18B20 接于 P3.0 引脚
//--------------------------------------------------
//RF 寄存器配置
unsigned char idata RFConf[11] =
{
    0x00,                               //配置命令
    0x6C,                               //CH_NO,频段为 433.2 MHz
    0x0C,                               //输出功率为 10 dBm,不重发,节电为正常模式
    0x44,                               //地址宽度设置为 4 字节
    0x04,0x04,                          //接收发送有效数据长度为 4 字节
    0xE7,0xE7,0xE7,0xE7,                //接收地址
    0xDE,                               //CRC 允许,16 位 CRC 校验,外部时钟信号
                                        //使能,16 MHz 晶振
};

uchar dis_buf[4];                       //温度传感器发送数据缓存
```

```c
//------------------------------------------------
void DelayMs(uint n)                    //j = 115@F = 11.059 2 MHz
{   uchar j;
    while(n--)
    {for(j = 0; j<115; j++);}
}
//------------------------------------------------
void delayUs(uchar us)                  //15 μs 延时
{
    for(; us>0; us--);
}
//------------------------------------------------
uchar reset(void)                       //DS18B20 复位
{
    uchar yes;
    DQ = 0;
    delayUs(29);                        //延时 480 μs
    DQ = 1;
    delayUs(3);
    yes = DQ;
    delayUs(25);
    return(yes);                        //yes = 0 有芯片
}
//------------------------------------------------
uchar read_byte(void)                   //从单总线上读 1 字节
{
    uchar i;
    uchar value = 0;
    for (i = 8; i>0; i--)
    {
        value>>= 1;
        DQ = 0;
        DQ = 1;
        delayUs(1);                     //延时 15 μs
        if(DQ)value |= 0x80;
        delayUs(6);
    }
    return(value);
}
```

```c
//----------------------------------------------------
void write_byte(uchar val)                    //向单总线上写1字节
{
    uchar i;
    for (i = 8;i>0;i--)
    {
      DQ = 0;
      DQ = val & 0x01;
      delayUs(5);
      DQ = 1;
      val = val/2;
    }
    delayUs(5);
}
//----------------------------------------------------
uint Read_Temp(void)                          //读取温度
{
    union{
      uchar tc[2];
      uint tx;
    }temp;
    reset();
    write_byte(0xCC);                         //跳过 ROM
    write_byte(0xBE);                         //读暂存器
    temp.tc[1] = read_byte();
    temp.tc[0] = read_byte();
    reset();
    write_byte(0xCC);                         //跳过 ROM
    write_byte(0x44);                         //开始转换
    return temp.tx;
}
//----------------------------------------------------
void Do_Temp(void)                            //温度数据处理
{
    uint tx;

    tx = Read_Temp();
    if (tx> = 0x0800)                         //温度为负值
    {
```

```c
        tx = ~(tx) + 1;
        dis_buf[3] = (tx & 0x000f) * 625/1000;    //小数部分
        tx = tx>> = 4;                             //负值符号和整数部分
        dis_buf[0] = 0x13;
        dis_buf[1] = tx/10;
        dis_buf[2] = tx%10;
    }
    else
    {
        dis_buf[3] = (tx & 0x000f) * 625/1000;    //小数部分
        tx = tx>> = 4;                             //正值整数部分
        dis_buf[0] = tx/100;
        dis_buf[1] = (tx%100)/10;
        dis_buf[2] = (tx%100)%10;
    }
}

//延时
void Delay(uint x)
{
    uint i;
    for(i = 0; i<x; i++){
        _nop_();
    }
}

//用 SPI 接口写数据至 nRF905
void SpiWrite(uchar b)
{
    uchar i = 8;
    while(i--)
    {
        Delay(10);
        SCK = 0;
        MOSI = (bit)(b & 0x80);
        b<< = 1;
        Delay(10);
        SCK = 1;
```

```c
        Delay(10);
        SCK = 0;
    }
    SCK = 0;
}
/*
;写发射数据命令:20H
;读发射数据命令:21H
;写发射地址命令:22H
;读发射地址命令:23H
;读接收数据命令:24H
*/
void TxPacket(void)
{
    TXEN = 1;
    CSN = 0;
    SpiWrite(0x22);                 //写发送地址,后面跟4字节地址//
    SpiWrite(0xE7);
    SpiWrite(0xE7);
    SpiWrite(0xE7);
    SpiWrite(0xE7);
    CSN = 1;
    _nop_(); _nop_();
    CSN = 0;
    SpiWrite(0x20);                 //写发送数据命令
    SpiWrite(dis_buf[0]);           //4字节数据,符号位或百位
    SpiWrite(dis_buf[1]);           //十位
    SpiWrite(dis_buf[2]);           //个位
    SpiWrite(dis_buf[3]);           //小数位
    CSN = 1;
    _nop_(); _nop_();
    TRX_CE = 1;                     //使能发送模式
    Delay(50);                      //等待发送完成
    TRX_CE = 0;
    while(!DR);
    LED1 = 0;                       //发送完成LED亮一秒
    Delay(10000);
    LED1 = 1;
}
```

```c
//初始化配置寄存器
void Ini_System(void)
{
    uchar i;

    CSN = 1;
    SCK = 0;
    PWR = 1;
    TRX_CE = 0;
    TXEN = 0;
    _nop_();
    CSN = 0;
    for(i = 0; i<11; i++){
        SpiWrite(RFConf[i]);
    }
    CSN = 1;
    PWR = 1;
    Delay(1000);
}
//----------------------------------------------------
void main(void)
{
    DelayMs(100);
    LED1 = 0;
    DelayMs(1000);
    LED1 = 1;
    Do_Temp();
    LED2 = 0;
    DelayMs(1000);
    LED2 = 1;

    Ini_System();

    while(1)
    {
        Do_Temp();
        TxPacket();
        DelayMs(10000);                    //10秒定时发送数据
```

        }

}

2. 接收程序

系统的接收程序清单如下。

```c
//Module nRF905_RX VCC = 3 V AT89C2051 11.059 2 MHz
#include <reg51.H>
#include <intrins.h>//_nop_()

typedef unsigned char uchar;
typedef unsigned int uint;
//配置口定义//
sbit TXEN    = P1^7;
sbit TRX_CE  = P1^6;
sbit PWR     = P1^5;
//SPI 接口定义//
sbit MISO    = P1^1;
sbit MOSI    = P1^0;
sbit SCK     = P3^7;
sbit CSN     = P3^3;
//状态输出口定义//
sbit CD      = P1^4;
sbit AM      = P1^3;
sbit DR      = P3^2;
sbit LED1    = P3^4;
sbit LED2    = P3^5;
//控制按钮定义//
sbit AN1     = P3^0;
sbit AN2     = P3^1;
//------------------------------------------------
void Init_MCU(void)
{
    TMOD = 0x20;
    TH1 = 0xfd;              //波特率为 19 200 bps
    TL1 = 0xfd;
    PCON = 0x80;
    SCON = 0x50;
    TR1 = 1;
```

```c
        LED1 = 1;
        LED2 = 1;
}
//-----------------------------------------------
void Send_PC(uchar mess)
{
        SBUF = mess;
        while(TI == 0);TI = 0;
}
//-----------------------------------------------
//RF 寄存器配置//
unsigned char idata RFConf[11] =
{
        0x00,                           //配置命令
        0x6C,                           //CH_NO,配置频段为 433.2 MHz
        0x0C,                           //输出功率为 10 dBm,不重发,节电为正常模式
        0x44,                           //地址宽度设置为 4 字节
        0x04,0x04,                      //接收发送有效数据长度为 4 字节
        0xE7,0xE7,0xE7,0xE7,            //接收地址
        0xDE,                           //CRC 允许,16 位 CRC 校验,外部时钟信号使能,16 MHz 晶振
};

uchar TxRxBuffer[5];
bit lcdbit;
//延时
void Delay(uint x)
{
        uint i;
        for(i = 0; i<x; i++){
            _nop_();
        }
}

//SPI 接口写数据到 nRF905
void SpiWrite(uchar b)
{
        uchar i = 8;
        while (i--)
        {
```

```c
        Delay(10);
        SCK = 0;
        MOSI = (bit)(b & 0x80);
        b<<= 1;
        Delay(10);
        SCK = 1;
        Delay(10);
        SCK = 0;
    }
    SCK = 0;
}
//由 nRF905 读数据
uchar SpiRead(void)
{
    uchar i = 8;
    uchar ddata = 0;
    while (i-)
    {
        ddata<<= 1;
        SCK = 0;
        _nop_(); _nop_();
        ddata |= MISO;
        SCK = 1;
        _nop_(); _nop_();
    }
    SCK = 0;
    return ddata;
}
//接收数据包
void RxPacket(void)
{
    uchar i;
    i = 0;
    while(DR)
    {
        TxRxBuffer[i] = SpiRead();
        i++;
    }
}
```

```c
/*
;写发射数据命令:20H
;读发射数据命令:21H
;写发射地址命令:22H
;读发射地址命令:23H
;读接收数据命令:24H
*/
//------------------------------------------------
void DelayMs(uint n)    //j=115@F=11.059 2 MHz
{   uchar j;
    while(n--)
    {for(j=0; j<115; j++); }
}
//等待接收数据包
uchar temp;
void Wait_Rec_Packet(void)
{
    TXEN = 0;
    TRX_CE = 1;
    while(1)
    {
      if(DR)
      {
          TRX_CE = 0;            //若数据准备好,则进入待机模式,操作 SPI
          CSN = 0;
          SpiWrite(0x24);
          RxPacket();
          CSN = 1;
          LED2 = 0;
          DelayMs(200);
          LED2 = 1;              //如果接收的数据正确
          break;
      }
    }
}
//初始化配置寄存器
void Ini_System(void)
{
    uchar i;
```

```c
    LED1 = 0;
    Delay(10000);
    LED1 = 1;
    lcdbit = 1;
    CSN = 1;
    SCK = 0;
    PWR = 1;
    TRX_CE = 0;                    //SPI 写入
    TXEN = 0;
    _nop_();
    CSN = 0;
    for(i = 0; i<11; i++){
        SpiWrite(RFConf[i]);
    }
    CSN = 1;
    PWR = 1;
    TRX_CE = 1;
    TXEN = 0;
    Delay(1000);
}

//─────────────────────────────────
void main(void)
{
    uint i;
    DelayMs(100);
    LED1 = 0;
    DelayMs(1000);
    LED1 = 1;
    Init_MCU();
    Send_PC(0xAA);
    Send_PC(0xBB);

    Ini_System();

    while(1)
    {
        Wait_Rec_Packet();          //等待接收完成
        for(i = 0; i<4; i++)
```

```
        Send_PC(TxRxBuffer[i]);
    }
}
```

8.6 上位机编程

接收部分的单片机通过串口将测量数据发给上位机,上位机使用 VB 编写的应用程序来处理这些数据,同时将数据显示在上位机屏幕上供用户察看。VB 应用程序的用户界面如图 8-18 所示。

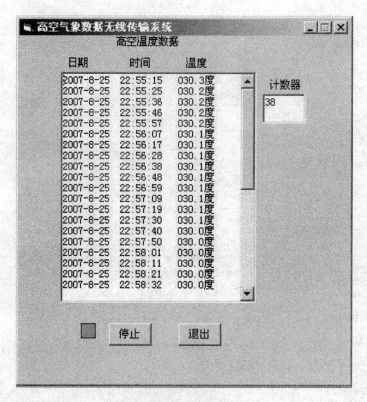

图 8-18 上位机应用程序界面

应用程序窗口上主要包括一个 MSComm 串口通信控件、两个命令按钮和两个文本框,另外还有几个标签,其窗口布局如图 8-19 所示。文本框 Text1 用来显示日期、时间和温度,文本框 Text2 用来显示收到的数据个数。

程序主要包括四部分,即两个按钮的处理程序、窗口的载入和退出以及串口通信中断处理函数 MSComm1_OnComm()。在窗口载入时,首先设置 MSComm 控件的一些相关属性,其

第8章 温度数据无线传输系统

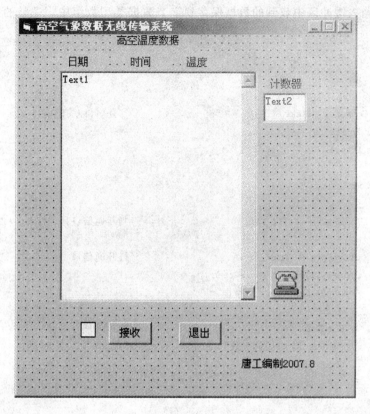

图 8-19 上位机应用程序窗口布局

中最重要的是设置 Rthreshold 属性为 1，这样，当接收缓冲区收到每一个字符时都会使 MSComm 控件产生 OnComm 事件。函数 MSComm1_OnComm()用来处理 OnComm 事件，当发生串口通信中断时，该函数检查 CommEvent 属性的值，该段程序的片段如下。

```
...
Select Case MSComm1.CommEvent              '判断 MSComm1 通信事件
    Case comEvReceive                      '收到 Rthreshold 个字节产生的接收事件
    MSComm1.RThreshold = 0                 '关闭 OnComm 事件
    n = MSComm1.InBufferCount              '输入缓冲区中的数据个数
    ReDim RB(n)                            '按照数据个数重新定义字节数组
    rvar = RB
    MSComm1.InputLen = n
    rvar = MSComm1.Input                   '保存到字节数据类型数组
...
```

若 CommEvent 属性返回值为 comEvReceive，则说明发生了接收事件，收到 Rthreshold

个字节,程序将输入缓冲区中收到的数据保存到字节数据类型数组中。完整的上位机应用程序如下。

```vb
'计数器变量w
Dim w As Integer

Private Sub Command1_Click()                    '打开串口/关闭串口
    Dim rstr As String
    Dim n As Integer
    
    With MSComm1
    
        If .PortOpen = False Then               '判断通信口是否打开
        
            .PortOpen = True                    '打开通信口
            Shape1.FillColor = vbGreen
            Command1.Caption = "停止"
            
            If Err Then                         '错误处理
                MsgBox "串口通信无效"
                Exit Sub
            End If
        Else
            Shape1.FillColor = vbWhite
            Command1.Caption = "接收"
            .PortOpen = False
            
        End If
        
    End With
    
End Sub
Private Sub Command2_Click()                    '退出
    With MSComm1
        If .PortOpen = True Then                '判断通信口是否打开
            .PortOpen = False
        End If
    End With
    '程序退出,关闭设备
    End
```

```
End Sub

Private Sub Form_Load()
    Form1.Height = 6200
    Form1.Width = 5800
    Shape1.FillColor = vbWhite                      '串口打开/关闭显示
    Command2.Enabled = True

    w = 0                                           '接收计数器
    Text1.Text = ""                                 '显示接收计数
    Text2.Text = ""
    With MSComm1
        .CommPort = 1
        .Settings = "19200,N,8,1"
        .InputMode = comInputModeBinary             '设置接收数据模式为二进制形式
        .InBufferSize = 4096
        .InBufferCount = 0                          '清除接收缓冲区
        .RThreshold = 1                             '接收一个字节产生 OnComm 事件
        On Error Resume Next                        '改变错误处理的方式
        Err.Clear
    End With
End Sub

Private Sub MSComm1_OnComm()                        '处理 MSComm1 通信事件
    Dim RB() As Byte
    Dim ss As String
    Dim sbuf As String
    Dim n As Integer
    Dim MyDate

    w = w + 1
    Text2.Text = CStr(w)

    Select Case MSComm1.CommEvent                   '判断 MSComm1 通信事件
        Case comEvReceive                           '收到 Rthreshold 个字节产生的接收事件
            MSComm1.RThreshold = 0                  '关闭 OnComm 事件
            n = MSComm1.InBufferCount               '输入缓冲区中的数据个数
            ReDim RB(n)
            rvar = RB
```

```
            MSComm1.InputLen = n
            rvar = MSComm1.Input              ´保存到字节数据类型数组
            RB = rvar
            For i = 0 To n-1
                sbuf = Hex(RB(i))
                ss = ss + sbuf
            Next i
            sbuf = ""
            MyDate = Date                     ´MyDate 的值为系统当前的日期
            sbuf = CStr(MyDate) + " " + CStr(Time) + " " + Left(ss,3) + "." + Right(ss,1) + "度"
            Text1.Text = Text1.Text & sbuf & vbCrLf
            Case Else
        End Select
        MSComm1.RThreshold = 1                ´设置接收一个字节产生 OnComm 事件
    
    End Sub
    
    Private Sub Form_Unload(Cancel As Integer)   ´退出窗口
        With MSComm1
            If .PortOpen = True Then          ´判断通信口是否打开
                .PortOpen = False
            End If
        End With
                                              ´程序退出关闭设备
        End
    End Sub
```

第 9 章 熔断时间测试仪

熔断器在通过额定熔断电流一段时间之后应该熔断。从通电到熔断有一个时间过程,这段时间称为熔断器的熔断时间。熔断时间是熔断器的一个很重要的参数。工厂在生产中,要对每一批次的产品进行熔断时间的抽查试验,以确保产品质量。这里介绍一个用单片机制作的熔断时间测试仪。

图 9-1 是测试仪的实物照片,图中单片机为 AT89C52,实际上使用 AT89C51 或 AT89C2051 都可以。

图 9-1 熔断时间测试仪实物照片

9.1 慢熔型片式熔断器

按照熔断时间的长短,熔断器可分为普通型、快熔型和慢熔型三种。一般来说,当电路中出现过电流时,则希望其中的熔断器尽快熔断,动作越快越好,这样才能起到保护用电器的作用。特别是对于可控硅等类的电力电子器件，要求其中的熔断器的熔断时间应更短，要达到毫秒甚至微秒级，因为对于电力电子器件来说，极短时间的过电流就足以使其损坏。这里使用的熔断器必须是快速熔断器，慢了就来不及了。

但是，也有另外一种极端的情况。当电路中出现瞬时过电流时，并不要求熔断器立即熔断，因为对于某些电子产品和设备来说，这种短时的过电流是正常的，过一段时间电路就会恢复正常，无需大惊小怪，比如开关电源或感性负载的电机，在启动它们的瞬间都会有瞬态大电流的冲击，但是过了这段时间，电流就会恢复到正常稳态值，刚才的过电流只是一个短暂的瞬态过程，如果这时熔断器不管何种情况，立即熔断，反而帮了倒忙。这时就需要所谓的慢熔型熔断器了。慢熔型熔断器的熔断时间根据产品要求的不同大约在几十毫秒到几十秒之间不等，有的甚至更长。

近年来随着电子产品小型化和微型化的不断发展，电子器件大量采用表面贴装的片式器件（SMD），随之而来的也同样需要适合表面贴装的片式熔断器，特别是由于开关电源的广泛使用，更需要片式慢熔型熔断器。美国加州圣迭戈的 AEM 公司于 2004 年推出了商用 SolidMatrix® 1206 型表面贴装慢断熔断器，其额定电流为 1～8A（额定电压为 24～63 V）。随后 AEM 又开发出 0603 尺寸的慢熔断片式熔断器，这是目前尺寸最小的慢断熔断器，规格只有 1～5 A。AEM 慢断熔断器专门针对电路保护中的高脉冲电流现象而设计，采用紫外线固化成型专利技术及半导体工艺制造，结构紧密，灭弧性能佳，可靠性高，可应用于微型手持数码电子产品，及有高浪涌电流和开关电流冲击的电路保护上。如对液晶面板背光驱动、直流马达驱动和手机等便携式数码产品的电路保护。现在国内最大的片式元件生产企业——风华高科公司也有类似的产品推出。这里介绍的熔断时间测试仪就是用来测试片式慢断熔断器的熔断时间的。

AEM 公司的慢断熔断器的熔断时间包括：
- 对于 100% 的额定电流，熔断时间不少于 4 小时。
- 对于 200% 的额定电流，熔断时间为 1～120 s。
- 对于 300% 的额定电流，熔断时间为 0.1～3 s。
- 对于 800% 的额定电流，熔断时间为 0.002～0.05 s。

9.2 电流传感器

测试仪的原理很简单。当给熔断器通入额定电流后，即刻启动计时器开始计时，在熔断器熔断时停止计时，即能得到熔断器的熔断时间。问题的关键在于如何在通电的同时启动计时器，而且还要保证这时的熔断器中确实有电流流过。基于此要求，这里使用了一个电流传感器作为计时器的启动和停止信号，将电流传感器串联在熔断器的电流回路中，一旦熔断器中通入了额定电流，电流传感器立刻控制计时器开始工作；当熔断器熔断后，回路中无电流时，传感器又立即通知计时器停止计时。电流传感器是测试仪的关键部件。这里使用的电流传感器的实物如图9-2所示,它是风华高科公司生产的DHF6—50A固定闭环型电流传感器,其主要技术指标如表9-1所列。

传感器的引脚及接线是:
- ＋ ＋12 V 工作电源；
- － 公共接地；
- M 电流输出端。

传感器的使用原理和接线如图9-3所示。将被测电流回路的导线穿过传感器的中间方孔,直流时注意,电流的方向应当与传感器上方标志的电流方向一致。当主回路有电流通过时,在二次仪表上即有相应的电流指示。传感器的输出为电流信号,当需要电压输出时,可在输出端接取样电阻,取样电阻R_M的值在0～200 Ω内选择,推荐选用100 Ω,输出电压为5 V。

图9-2 电流传感器

表9-1 DHF6—50A固定闭环型电流传感器技术指标

电流输入范围	额定电流输出标称值	精度等级	线性度	过载能力	响应时间	输出温度漂移	输入频响	隔离耐压
0～50 A DC	50 mA DC	≤1%	≤0.5%	$1.5I_N$/60 s	≤1 μs	≤250 ppm/℃	从直流到10 kHz交流	3 kV DC

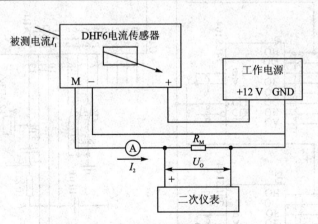

图9-3 传感器的使用原理和接线

9.3 测试仪的硬件结构

测试仪的硬件原理图如图9-4所示。LH即为9.2节所讲的DHF6—50A电流传感器,

第9章 熔断时间测试仪

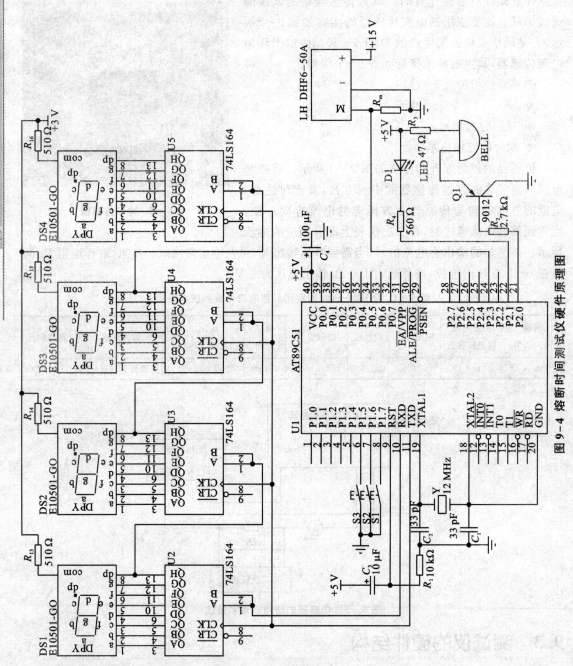

图9-4 熔断时间测试仪硬件原理图

被测熔断器主电流回路的导线穿过传感器的方孔（图中未画），传感器的输出端 M 接至单片机的 P2.3 引脚，并且对地串接了一个电阻 R_m，当有足够大的电流通过主电路时，就会在传感器的 M 端产生一个输出电压，选取适当的电阻 R_m 使该电压达到单片机 I/O 引脚所需要的高电平。P2.3 引脚在主回路无电流通过时为低电平，当主回路有大电流通过时，P2.3 引脚变为高电平，这样就能使单片机获得主回路通电的信息，从而控制单片机的计时电路启动和停止，进而得到熔断器的熔断时间，最终在四位 LED 数码显示器上显示出来。显示器的显示格式是"XX.XX"，单位是秒，最小分辨率为 10 ms。如果熔断时间超过 60 s，这时红色 LED 灯 D1 会点亮，计时电路继续计时，四位显示器继续显示 60 s 以后的数据，直到熔断器熔断为止。用户可通过控制开关 S3 来切换显示小时和分钟数，这时显示器的显示格式也是"XX.XX"，小数点前两位是小时，后两位是分。计时器最大计时值为 99 小时 59 分 59.99 秒。

S1 为手动计时启动和停止开关，按一下开始计时，再按一下停止计时。S2 为复位开关，计时完成后按一下 S2，内部的计时器和显示器复位清零，准备测试下一个产品。

9.4 测试仪的编程

程序用汇编语言编写，除了主程序之外，还有 8 个子程序，它们的名称和功能如表 9-2 所列。

表 9-2 子程序功能表

序号	名称	功能
1	T0INT	定时器 10 ms 中断服务
2	CONT	计时程序
3	REVERS	8 位顺序颠倒
4	COD	单字节二进制码转双字节 BCD 码
5	DISP	显示子程序
6	DEL12	12 ms 延时按键抖动消除
7	DEL240	240 ms 延时
8	BP	按键蜂鸣提示

程序中最重要的是定时器中断，定时器 0 设置为工作方式 1，定时 10 ms 产生溢出中断，根据定时时间 T 和单片机的时钟频率 f_{osc} 即可求出定时器的初值，公式为

$$65\,536 - (f_{osc}/12 \times 10\,000) = 65\,536 - 5\,000 = 60\,536 = 0EC78H$$

但是，定时器中断服务的运行也要花费一定时间，其运行时间越长，对计时精度的影响越大，因此应当予以补偿。为了缩短中断服务子程序的运行时间，在中断处理程序中只设置了一个标志即退出，然后在主程序中查询该标志，再调用计时程序，这样，即使不补偿初值，影响也

第 9 章　熔断时间测试仪

较小。这里的溢出中断服务子程序只有 7 个机器周期,影响较小;但是在计算初值时还是把它加进去了,因此时间常数应补偿为 0EC78H+7=0EC7FH,这样的计时结果比较准确。

12 ms 延时是为了消除按键抖动。当手动按键后,键会有一个若接若离的抖动过程,为了消除它对程序判断的影响,在按键之后加入一段 10 ms 左右的延时,然后再次检查键位状态,这样就可以消除这种影响。另外,在按键后加入了一段蜂鸣器音响提示,如果有音响,表明键确实已被按下。

由于人手的动作缓慢,一般在 100 ms 以上,与微秒级的程序相比显得太慢了,往往出现不协调的情况。240 ms 延时就是为了解决这个问题,主要用于每两次按键之间;否则程序会将一次按键动作当做两次来处理。

本例中的显示电路与第 4 章的基本相同,其原理可参看第 4 章的相关内容。但是也有两点不同:一是这里的 LED 数码管采用了共阳型,因此两者的段码表完全不同;二是这里显示加入了小数点。对于共阳型的数码管来说,加入小数点显示就要将数码管的小数点段位置零,要注意的是,必须是在被显示数据转为段码之后再处理,否则就会出现乱码,可使用一条"与"逻辑指令

$$\text{ANL A,\#7FH}$$

将 A 中的段码与 7FH 相"与",其小数点段即被置零,然后再送往 LED 显示器就会在该位显示出小数点。

对于共阴型的数码管,应该使其小数点段位置 1,所以要使用一条"或"逻辑指令

$$\text{ORL A,\#80H}$$

将 A 中的段码与 80H 相"或",其小数点段被置 1,该位小数点即被显示。

主程序的流程框图如图 9-5 所示。整个程序比较简单,通过流程图读者即可读懂程序。下面是使用汇编语言编写的完整程序。

```
; 熔断时间测试
; 6 MHz 计时器 10 ms 的计数值为 EC78H
MANL    BIT P1.7            ; S1 手动启/停
RESET   BIT P1.6            ; S2 复位清零
SWAHL   BIT P1.5            ; S3 高低四位显示切换
LH      BIT P2.4            ; 电流传感器

LED     BIT P2.1            ; 满 60 s 指示灯
BPB     BIT P2.0            ; 蜂鸣器
MSFL    BIT 08H             ; 10 ms 标志
HBFL    BIT 09H             ; 高位显示标志
ORG 0000H
        LJMP    MAIN
ORG 000BH
```

第 9 章 熔断时间测试仪

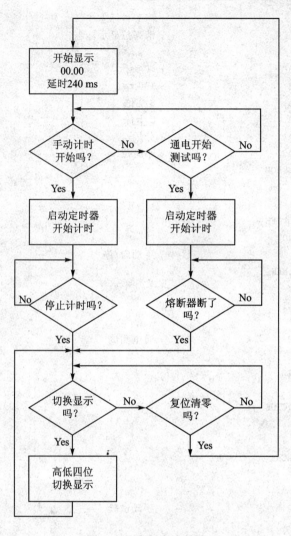

图 9-5 主程序流程图

```
        LJMP    T0INT
MAIN:   MOV     SP,#2FH
        MOV     SCON,#0
        MOV     TMOD,#01H
        MOV     TH0,#0ECH       ;6 MHz 计数器 10 ms 的计数值为 EC78H
        MOV     TL0,#7BH
        SETB    ET0
        SETB    EA
SETZ:   CLR     LH
        SETB    LED
```

第9章 熔断时间测试仪

```
        CLR    MSFL              ;清毫秒标志
        CLR    HBFL              ;清高位显示标志
        CLR    A
        MOV    70H,A             ;10 ms
        MOV    71H,A             ;100 ms
        MOV    72H,A             ;S个位
        MOV    73H,A             ;S十位
        MOV    74H,A             ;分位
        MOV    75H,A             ;小时位
LOOP:   ORL    72H,#80H
        MOV    R0,#70H
        LCALL  DISP
        ANL    72H,#7FH
KEY:    LCALL  DEL240
QT:     SETB   MANL              ;手动启/停
        JNB    MANL,MAN
        SETB   LH
        JB     LH,AUT
        AJMP   QT
AUT:    LCALL  DEL12             ;通电测试
        SETB   LH
        JNB    LH,QT
        SETB   TR0
BACK:   JNB    MSFL,CTUE
        LCALL  CONT
CTUE:   SETB   LH
        JB     LH,BACK
        CLR    TR0
        AJMP   KEY1
MAN:    LCALL  DEL12             ;手动试验
        SETB   MANL
        JB     MANL,QT
        LCALL  BP
        SETB   TR0
        LCALL  DEL12
BACK2:  JNB    MSFL,CTUE2
        LCALL  CONT
CTUE2:  SETB   MANL
        JB     MANL,BACK2
        LCALL  DEL12
        SETB   MANL
        JB     MANL,BACK2
```

```
        CLR     TR0
        LCALL   BP
KEY1:   LCALL   DEL240
KEY2:   SETB    SWAHL
        JNB     SWAHL,DISW
        SETB    RESET
        JNB     RESET,SETZO
        AJMP    KEY2
SETZO:  LCALL   DEL12
        SETB    RESET
        JB      RESET,KEY2
        LCALL   BP
        LJMP    SETZ
DISW:   LCALL   DEL12                   ;高低四位显示切换
        SETB    SWAHL
        JB      SWAHL,KEY2
        LCALL   BP
        CPL     HBFL
        JNB     HBFL,D1
        LCALL   COD                     ;分位和小时位分为两位 BCD 码
        MOV     R0,#7AH                 ;HBFL=1 显示高位
        LCALL   DISP
        LJMP    KEY1
D1:     ORL     72H,#80H                ;HBFL=0 显示低位
        MOV     R0,#70H
        LCALL   DISP
        ANL     72H,#7FH
        LJMP    KEY1
;------------------------------------------
;蜂鸣器
BP:     CLR     BPB
        MOV     R7,#250
L2:     MOV     R6,#124
L1:     DJNZ    R6,L1
        CPL     BPB
        DJNZ    R7,L1
        SETB    BPB
        RET
;延时 12 ms@6 MHz
DEL12:  MOV     R7,#25
DEL7:   MOV     R6,#120
        DJNZ    R6,$
```

```
        DJNZ   R7,DEL7
        RET
DEL240: MOV    R5,#20
LP1:    LCALL  DEL12
        DJNZ   R5,LP1
        RET
;显示
DISP:
        MOV    A,#04H
        MOV    R2,A
DISP1:  MOV    A,@R0
        JNB    ACC.7,NOPOT
        CLR    ACC.7                   ;有小数点
        MOV    B,#7FH                  ;共阴时用#80H
        AJMP   ISPOT
NOPOT:  MOV    B,#0FFH                 ;#00H
ISPOT:  MOV    DPTR,#TABEL
        MOVC   A,@A+DPTR
        ANL    A,B                     ;共阴时显示小数点用 ORL A,B
        LCALL  REVERS
        MOV    SBUF,A
        JNB    TI,$
        CLR    TI
        INC    R0
        DJNZ   R2,DISP1
        RET
;共阳码表低电平有效
tabel:
db    0c0H,0f9H,0a4H,0b0H,99H,92H,82H,0f8H,80H,90H   ;0123456789
db    88H,83H,0c6H,0a1H,86H,8eH,8cH,89H,0bfH,0FFH    ;AbCdEFPH-不显示
;数据翻转
REVERS: CLR    C
        RRC    A
        MOV    07H,C
        RRC    A
        MOV    06H,C
        RRC    A
        MOV    05H,C
        RRC    A
        MOV    04H,C
        RRC    A
        MOV    03H,C
```

```
        RRC     A
        MOV     02H,C
        RRC     A
        MOV     01H,C
        RRC     A
        MOV     00H,C
        MOV     A,20H
        RET
;码变换
COD:    MOV     B,#10
        MOV     A,74H
        DIV     AB
        MOV     7AH,B
        MOV     7BH,A
        MOV     B,#10
        MOV     A,75H
        DIV     AB
        ORL     B,#80H          ;加小数点
        MOV     7CH,B
        MOV     7DH,A
        RET
;计时程序
CONT:   CLR     MSFL            ;清毫秒标识
        MOV     A,70H           ;10 ms 计数
        CJNE    A,#09H,SK0
        MOV     70H,#00H
        MOV     A,71H           ;100 ms 计数
        CJNE    A,#09H,SK1
        MOV     71H,#00H
        MOV     A,72H           ;1 s 计数
        CJNE    A,#09H,SK2
        MOV     72H,#00H
        MOV     A,73H           ;10 s 计数
        CJNE    A,#05H,SK3
        MOV     73H,#00H
        MOV     A,74H           ;分计数
        CJNE    A,#59,SK4
        MOV     74H,#00H
        MOV     A,75H           ;小时计数
        CJNE    A,#99,SK5
        MOV     75H,#00H
        LJMP    EXT
```

```
SK0:    INC     A
        MOV     70H,A
        AJMP    EXT
SK1:    INC     A
        MOV     71H,A
        AJMP    EXT
SK2:    INC     A
        MOV     72H,A
        AJMP    EXT
SK3:    INC     A
        MOV     73H,A
        AJMP    EXT
SK4:    INC     A
        MOV     74H,A
        CLR     LED                    ;满 60 s 指示灯亮
        AJMP    EXT
SK5:    INC     A
        MOV     75H,A
EXT:    ORL     72H,#80H
        MOV     R0,#70H
        LCALL   DISP
        ANL     72H,#7FH
        RET
;中断服务子程序共 7 个周期
T0INT:
        CLR     TR0
        SETB    MSFL                   ;置毫秒标识
        MOV     TH0,#0ECH
        MOV     TL0,#7BH
        SETB    TR0
        RETI
END
```

第 10 章

FM 收音机

无线电音频广播系统,按照调制方式的不同,目前主要有两种系统,即 AM 调幅制和 FM 调频制。FM 调频广播系统以其良好的音质和接收效果,同时兼容立体声方式,因而在公众无线电广播领域得到了广泛应用。多数国家的 FM 调频广播频段在 88~108 MHz 的超高频波段,由于其工作频率较高,所以相应接收设备的有关器件的物理尺寸也小,容易实现小型化和集成化。世界上许多半导体公司都推出了单芯片的 FM 收音集成电路,例如 PHILIPS 公司的 TEA7088 和 TEA576x 系列,Silicon Laboratories 公司的 Si470x FM 调谐器系列,日本三洋公司的 LV24000/02 等,在这些芯片外部只须增加很少的几个器件,甚至只增加一只滤波电容就可做成一个完整的 FM 收音调谐器。目前最小的 FM 调频收音模块的体积仅有 9 mm× 9 mm×2 mm,因此,现在许多数码电子产品如手机、MP3 等内部都带有 FM 调频收音功能。本章将以 PHILIPS 公司的 TEA5767HN 为例介绍 FM 收音机的原理和编程方法。

10.1 FM 广播系统的基础知识

在电视广播没有问世之前,听广播大概是多数中国人不可或缺的一种生活方式。除了能够听到新闻、天气预报等日常生活信息外,它还是人们娱乐和学习的工具,年轻人可通过它听到美妙动听的音乐和歌曲,戏迷们可听到名角的精彩戏曲唱段,学生们则可用它收听外教纯正的外语教学课程。记得有一段时间,一到单田芳的评书广播时间,路上的行人都会停下来听,所以,广播对于人们生活影响之大可见一斑。现在虽然有了电视,但是广播依然在很多地方继续发挥其不可替代的作用。

10.1.1 调频广播系统

1. 无线电广播的基本原理

通常所说的无线电广播系统,是一个包括语音和音乐信号在内的音频信号发布系统。在广播电台里,人们首先用麦克风将演播人员说话的语音、唱歌的歌声以及乐器发出的乐音等各类声波转换成电信号,该电信号称为音频信号。音频信号的频率一般在数十 Hz 到 20 kHz 之间,属于低频信号,该频率范围的电信号无法通过空间发送到很远的地方去。只有当电信号的

第 10 章 FM 收音机

频率足够高时,才能以空间电磁波的形式传播到很远的地方。因此,常见的中波无线电广播系统,其频率在 530～1 600 kHz 的高频信号范围内。要想将音频信号广播出去,必须将它搭载在一个高频信号如 540 kHz 的电波上,才能发送到很远的地方,这个高频电波起到了运载音频信号的作用,因此被称为"载波"。在无线电广播电台,人们将搭载有音频信号的高频载波通过天线发送到空中,高频载波在空中以电磁波形式可以传播到很远的地方。音频信号搭载在高频载波上就能被传到很远的地方,就像人类自己不能飞上天去远游,需要坐飞机才能飞得很远。广播电台节目主持人说话的声音、歌手美妙的歌声、乐队气势磅礴的合奏乐音等各类声音信号,通过高频电磁波可以传播到几千公里之外的地方,人们坐在家中就可通过收音机收听这些广播。

2. 调幅信号和调频信号

音频信号波与某一个一定频率的载波,本来是两个互不相干的东西,但是音频信号波是怎样搭载到载波频率上的呢?人们想了一个办法,让二者产生一定的联系,用音频信号去影响载波,让载波信号的某一参数按照音频信号的变化来变化,这就是所谓的"调制"方法,即用音频去"调制"载频。调制的方法有多种,如果让载频幅度按照音频的变化来改变,就称为"调幅波",现在的中波广播就是调幅波。如果让载频的频率按照音频的变化来改变,就称为"调频波",如图 10-1 所示,通常所说的 FM 就是采用调频方式的广播系统。

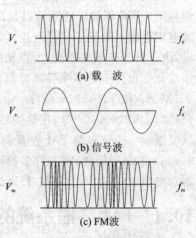

图 10-1 调频波

FM 调频波载波的频率 f_c 称为中心频率,它随着音频信号波的大小发生变化,即载频会在中心频率的左右发生频率偏移,频率变化的最大范围 Δf 称为最大频率偏移。调频广播系统的 $\Delta f = \pm 75$ kHz,因此调频广播电台的带宽为 150 kHz。为了减少相邻电台之间的干扰,实际工作的每个调频电台所占据的带宽为 200 kHz。也就是说,两个相邻的调频电台至少要相隔 200 kHz。相对于调幅信号,调频信号的带宽要宽。为此,调频广播的工作频段在 88～108 MHz 的超高频波段范围。

由于调幅方式的设备简单、成本低,因此,初期的无线电广播系统采用的都是调幅方式。但是调幅方式容易引入干扰,自然界存在的多数电磁干扰都是以脉冲幅度突变形式出现的,像雷电干扰、工业电器干扰等,调幅广播系统对于这类干扰信号是难以消除的,因而调幅广播系统的信号质量不高,尤其难以胜任高保真的音乐广播;另外,要想在调幅系统中实现立体声广播也较困难。FM 调频广播恰好可以克服调幅广播的上述缺点,这是因为调频制与信号的幅度无关,因此只要采用限幅电路,就可轻易将与幅度有关的干扰信号清除掉。调频广播信号的质量比调幅广播信号的质量有了很大提高,另外,调频广播系统可以比较容易实现双声道立体声广播。当然，调频广播系统的设备比调幅广播要复杂，由于其工作频率较高，加上解调电路复杂，所以，调频广播收音机的电路比调幅收音机要麻烦，这使得调频广播的普及受到一定限制。但是随着电子技术的进步，这些问题已经得到了解决，而且由于高频器件的物理尺寸较小，所以更有利于实现小型化和集成化，目前只需一个单片调频集成电路芯片加上很少的几个外围器件就可做成一个性能良好的调频收音机。

3. 调频信号的实现

使用一个 LC 并联电路加上有源器件即可产生一个高频振荡信号，信号的频率由公式 $f=\dfrac{1}{2\pi\sqrt{LC}}$ 可求得。

在 LC 振荡电路两端再并联一个可变电容 C_V，此高频信号的频率会随 C_V 的改变而变化。其频率由公式 $f=\dfrac{1}{2\pi\sqrt{L(C+C_V)}}$ 可求。

如果采用一个变容二极管充当这个可变电容 C_V，然后将音频信号加在变容二极管的两端，并在变容二极管上加直流偏压，那么变容二极管的容量就会随音频信号电压的变化而变化，而高频振荡信号的频率也会随之变化，这样就实现了用音频信号对高频信号的频率调制。频率调制的电路图如图 10-2 所示，图中 C_V 为变容二极管，直流偏压通过电阻 R_2 加在其负极上，音频信号通过电阻 R_1 加到变容二极管的两端，使得 LC 振荡器的频率跟随音频电压发生变化，从而得到 FM 信号。

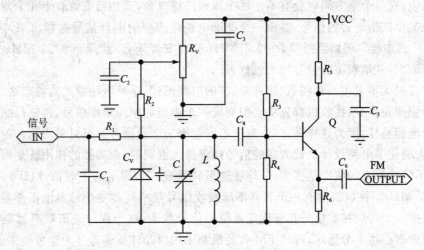

图 10-2 调频信号的产生

10.1.2 调频广播收音机的原理

一个典型的调频广播收音机的电路原理图如图 10-3 所示。一方面,从广播电台发出的高频电磁波在到达用户收音机的天线之后,就会在收音机的天线上感应出一个微弱的信号电压,空间电磁波的场强有一个很大的动态范围,在大多数情况下,这个信号电压十分微弱,只有几微伏甚至不到一微伏。如此微弱的信号显然不够用,必须对它进行放大,因此天线感应信号先进入高频放大器进行放大。另一方面,在接收过程中,信号场强也会产生变化,有时变化还很大,因此要加入自动增益控制电路(AGC)来调整放大器的放大量,以抑制过强的信号,防止放大器产生阻塞。

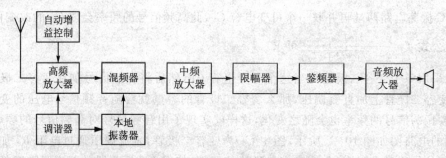

图 10-3 FM 收音机原理框图

一般来说,在一个地方同时会有不止一个调频广播电台,比如西安就有十几个调频台。为了正常接收某个广播电台的信号,需用一个调谐电路将想要的电台信号选择出来,这就是"调谐器(tuner)"的功能。例如要想接收 93.1 MHz 的西安音乐台,就须将 93.1 MHz 的信号选择出来进行放大,其他频率的信号则不被放大。

现代收音机无不采用一种叫做"超外差式"的电路模式,这种电路模式的特点是,不管收到的电台信号频率是多少,接收机都先将它们变成一个固定的中间频率信号,再进行处理。这种模式的好处显而易见,因为这样做之后,对于不同频率的电台信号都可以采用同一种中频电路来处理,大大简化了电路设计。放大后的信号接着进入混频器,混频器的作用就是将接收到的高频信号,不管它原来的频率是多少,一律在这里转换成一个固定的中频信号(IF),中频频率一般是 10.7 MHz。接收机内有一个其频率随接收信号频率同步变化的本地振荡器(LO),它的作用是产生一个与所接收信号具有固定差值的信号频率,这个固定差值频率就是中频。本地振荡器的频率必须十分稳定,现代 FM 收音机都采用以晶体振荡器作为参考频率的 PLL 锁相环调谐电路。下面介绍的 TEA5767 芯片就是采用 32.768 kHz 或者 13 MHz 的晶体振荡器。

经过混频得到的中频信号被送入中频放大器再次进行放大,以适应后级鉴频器对信号电平的要求。为了消除空中电磁噪声的干扰,在鉴频之前,要用限幅器对噪声信号进行抑制,之后再送入检波器解调需要的音频信号。

　　检波器的功能是将调制在高频上的音频信号解调出来,它是"调频"的反过程。检波器有很多不同的电路形式,各有不同的特点,例如"比例检波器"本身就有限幅功能,"移相检波器"不但有限幅的功能,还有放大的作用。解调出的音频信号再被送入音频放大器放大,最后推动扬声器发出声音。

10.2　TEA5767HN 单片 FM 调谐器

　　TEA5767HN 芯片是 PHILIPS 公司推出的针对低电压应用的单芯片数字调谐 FM 立体声收音机芯片。它采用创新的收音机架构取代了外部的无源器件与复杂的线路,芯片内集成了完整的 IF 频率选择和鉴频系统,只需很少的低成本外围元件,就可实现 FM 收音机的全部功能,硬件系统完全不需要调试。TEA5767HN 芯片前端具有高性能的 RF AGC 电路,其接收灵敏度高,并且兼容欧洲、美国和日本 FM 频段;参考频率选择灵活,可通过寄存器设置选择 32.768 kHz 和 13 MHz 的晶体振荡器或者 6.5 MHz 的外部时钟参考频率;可通过 IIC 系统总线进行各种功能控制,并通过 IIC 总线输出 7 位 IF 计数值;立体声解调器完全免调,可用软件控制 SNC、HCC、暂停和静音功能;具有两个可编程 I/O 口,可用于系统的其他相关功能;由于其软件设计简单,再加上小尺寸的封装,使得它非常适合应用于电路板空间相当有限的设计上;可集成到便携式数码消费产品的设计中,如移动电话、MP3 播放器、便携式 CD 机、玩具等众多产品,使它们具有 FM 收音功能。

10.2.1　TEA5767HN 的性能

　　TEA5767HN 具有下列优异的性能:
- 具有集成的高灵敏度低噪声射频输入放大器;
- FM 混频器可转换欧洲、美国(87.5 MHz～108 MHz)和日本(76 MHz～91 MHz)的 FM 频段到中频;
- 可预调接收日本 TV 伴音到 108 MHz;
- 具有射频自动增益控制电路 RF AGC;
- LC 调谐振荡器采用廉价的固定片式电感;
- 具有内部实现的 FM 中频选择性;
- 具有完全集成的 FM 鉴频器,无需外部解调;
- 可选择 32.768 kHz 或 13 MHz 的晶体参考频率振荡器,也可使用外部 6.5 MHz 的参考频率;
- 采用 PLL 合成器调谐系统;
- 引脚 BUSMODE 可选择 IIC 和 3-wire 总线;

第10章 FM收音机

- 总线可输出7位中频计数器；
- 总线可输出4位信号电平信息；
- 具有软件静音功能；
- 具有立体声噪声消除(stereo noise cancelling SNC)功能；
- 具有高音频切割控制(HCC)功能；
- 具有总线可控制的软件静音、SNC和HCC功能；
- 具有免调整立体声解调功能；
- 具有电台自动搜索功能；
- 具有待机模式；
- 具有两个软件可编程的I/O口(SWPORT)；
- 当采用3-wire总线方式时，总线使能线可选择输入和输出；
- 具有自适应的温度范围。

10.2.2 TEA5767HN的引脚和封装

TEA5767HN引脚图见图10-4。

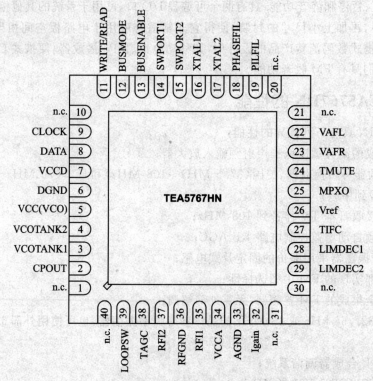

图10-4 TEA5767HN的引脚

TEA5767HN 采用 40 端子的 HVQFN40 超薄平面塑料封装,这种封装无引脚,散热良好,尺寸很小,仅有 6 mm×6 mm×0.85 mm,非常适合袖珍型数码产品使用。其各个端子的功能如表 10-1 所列。

表 10-1 TEA5767HN 的引脚功能表

引脚	符号	功能	引脚	符号	功能
1	n.c.	空脚	21	n.c.	空脚
2	CPOUT	PLL 合成器电荷泵输出	22	VAFL	左声道输出
3	VCOTANK1	压控振荡器调谐电路输出 1	23	VAFR	右声道输出
4	VCOTANK2	压控振荡器调谐电路输出 2	24	TMUTE	软件静音时间常数
5	VCC(VCO)	压控振荡器电源	25	MPXO	FM 解调器 MPX 信号输出
6	DGND	数字地	26	Vref	参考电压
7	VCCD	数字电源	27	TIFC	中频计数器时间常数
8	DATA	总线数据输入输出	28	LIMDEC1	中频滤波器去耦 1
9	CLOCK	总线时钟输入	29	LIMDEC2	中频滤波器去耦 2
10	n.c.	空脚	30	n.c.	空脚
11	WRITE/READ	3-wire 总线时的写/读控制输入	31	n.c.	空脚
12	BUSMODE	总线类型选择输入	32	Igain	中频滤波器增益控制电流
13	BUSENABLE	总线使能输入	33	AGND	模拟地
14	SWPORT1	软件可编程口 1	34	VCCA	模拟电源
15	SWPORT2	软件可编程口 2	35	RFI1	射频输入 1
16	XTAL1	晶振输入 1	36	RFGND	射频地
17	XTAL2	晶振输入 2	37	RFI2	射频输入 2
18	PHASEFIL	相位检波器环路滤波	38	TAGC	射频 AGC 时间常数
19	PILFIL	导频检波器低通滤波	39	LOOPSW	PLL 环路滤波器的开关输出
20	n.c.	空脚	40	n.c.	空脚

10.2.3 TEA5767HN 的内部结构和功能

TEA5767HN 的内部结构框图如图 10-5 所示。硬件结构可分为 FM 收音机和总线控制接口两大部分,收音部分的原理与前述的 FM 收音机原理框图基本类似,但是又有以下一些新的特点:

① 低噪声射频放大器(LNA) 天线接收的信号经电容耦合到由 LC 组成的射频平衡输入电路中,该电路与 LNA 的输入阻抗一起组成 FM 带通滤波器,然后射频信号被输入到一个

第10章 FM 收音机

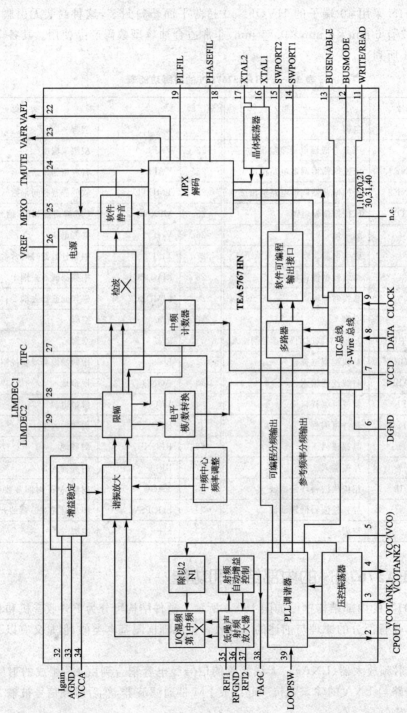

图 10-5 TEA5767HN 的内部结构框图

平衡低噪声放大器(LNA)中进行放大。

② I/Q 混频器　放大后的射频信号与本振信号(LO)在混频器中被叠加，并将 76～108 MHz 的射频信号转换为 225 kHz 的中频(IF)信号。这与过去采用的 10.7 MHz 中频的调频收音机有很大不同。

③ 压控振荡器(VCO)　由变容二极管调谐的 LC 压控振荡器(VCO)提供本振信号(LO)给 I/Q 混频器，该信号须在 N1 分频器中进行适当分频，然后再进入混频器。VCO 的频率由 PLL 同步系统控制。VCO 的频率范围是 150～217 MHz。

④ 晶体振荡器　晶体振荡器可使用 32.768 kHz 或 13 MHz 晶体工作，前者的工作温度范围是 −10～+60 ℃。PLL 调谐器可通过引脚 XTAL2 使用外部的 32.768 kHz，6.5 MHz 或 13 MHz 的时钟信号。晶体振荡器产生的参考频率可供给：
- PLL 调谐器；
- 定时中频计数器；
- 免频率调整的立体声解码压控振荡器；
- 中频滤波器的中心频率调整。

⑤ PLL 调谐系统　PLL 调谐系统可实现电台的自动搜索功能。该系统基于传统的 PLL 技术，根据参考频率及 VCO 的相位和频率，使得偏移的调谐频率持续得到纠正，直至目标频率被锁定。外部控制器可通过 3-wire 或 IIC 总线接口控制调谐系统。

⑥ 射频自动增益控制电路(RC AGC)　LNA 输出的信号被输入到一个射频自动增益控制电路(RF AGC)中。LNA 的增益由该电路控制，以防止 LNA 过载和限制由相邻频道强信号造成的互调干扰。

⑦ 中频滤波器　混频器输出的 IF 信号被输入到集成的中频滤波器中(谐振放大模块)，该滤波器的中心频率由中频中心频率调整模块控制。然后中频信号被输入到限幅模块，截掉信号的变化幅度。限幅器与电平模/数转换器(ADC)和中频计数器模块相连。这两个模块提供 RF 输入信号幅度和频率的正确信息，该信息将被 PLL 电路作为停止的标准。

⑧ FM 解调器　TEA5767HN 带有一个集成了调谐器的正交解调器，这一全集成的正交解调器省去了 IF 电路或外部的调谐器。

⑨ 电平模/数转换器(ADC)　FM 中频模拟电压可被转换为 4 位数字信号并通过总线输出。

⑩ 中频计数器　中频计数器可通过总线输出一个 7 位数据。

⑪ 软件静音　在低射频输入电平时，低通滤波器电压可驱动衰减器实现软件静音，软件静音功能可通过总线控制。

⑫ 立体声解调器(MPX 解调器)　全集成的立体声解调器是免调整的，立体声解调器可通过总线切换到单声道。

⑬ 立体声噪声消除电路(SNC)　在微弱输入信号时，SNC 电路能将立体声解调器从"全

立体声"逐渐转为单声道模式。输入信号电平决定了立体声到单声道的转换。随着射频输入信号电平的衰减,立体声解调器可由立体声转为单声道以减小输出噪声。由于 SNC 功能在微弱输入信号时可改善音频质量,因此,该功能对于手持式设备来说非常有用。当信号跌至低电平时,这种软噪声消除电路可抑制串频噪声,以避免收听多余的噪声;另外,还可通过总线编程设定一个射频信号电平开关来控制从单声道到立体声的转换,立体声噪声消除电路(SNC)也可通过总线进行控制。

⑭ 射频输入信号电平决定音频响应 音频带宽随射频输入信号电平的衰减而降低,该功能可由总线控制。

⑮ 软件可编程接口 两个开集电极的软件可编程输出接口 SWPORT1 和 SWPORT2 可通过总线被访问。

10.2.4 TEA5767HN 的总线接口和控制寄存器

TEA5767HN 芯片内部有一个 5 字节的控制寄存器,该控制寄存器的内容决定了 TEA5767HN 的工作状态。TEA5767HN 在上电复位后默认设置为静音,控制寄存器所有其他位均被置低,因此,必须事先根据需要向控制寄存器写入适当数据,TEA5767HN 才能正常工作。

TEA5767HN 数据的写入以及与外界的数据交换可通过 IIC 和 3-wire 两种总线方式实现。当引脚 BUSMODE 为低时,选用 IIC 总线,其最高时钟频率可达 400 kHz;为高时,选用 3-wire 总线,其最高时钟频率可达 1 MHz。

1. IIC 总线说明

TEA5767HN 的 IIC 总线地址是 C0H,是可收发的从器件结构,无内部地址。最大低电平是 0.2VCCD,最大高电平是 0.45VCCD。

当使用 IIC 总线时,引脚 BUSMODE 必须接地。因总线的最高时钟频率是 400 kHz,故芯片的时钟频率不能高于该极限值。

当向 TEA5767HN 写入数据时,地址的最低位是 0,即写地址是 C0H。当从 TEA5767HN 读出数据时,地址的最低位是 1,即读地址是 C1H。

TEA5767HN 遵守通用的 IIC 总线通信协议,IIC 总线的写模式和读模式格式分别如表 10-2 和表 10-3 所列。

表 10-2 IIC 写模式

开始位	写地址	应答位	数据字节	应答位	停止位

表 10-3 IIC 读模式

开始位	读地址	应答位	数据字节 1

2. 3-wire 总线说明

3-wire 总线包括写/读、时钟和数据三根信号线,最高时钟频率为 1 MHz。用 standby 位可使芯片进入低电流待机模式,但此时芯片必须为写模式;若芯片为读模式,则当进入待机模式时,数据线被拉低。与 IIC 总线模式类似,当引脚 BUSENABLE 正跳变时,可以减小芯片的待机电流,同时若不使用编程待机模式,则芯片内部的工作可正常进行,只是时钟和数据线被隔离停止工作。

数据写入的顺序与 IIC 总线模式完全相同。当在引脚 WRITE/READ 上发生负跳变时数据写入芯片。在时钟的正程期间数据必须稳定,只有当时钟正跳变时,数据才可改变;当时钟变高时,数据写入芯片。由首两字节组成的新的调谐信息被写入后,数据传输可以被停止。

当引脚 WRITE/READ 正跳变时,可由芯片读出数据。当时钟为低时,引脚 WRITE/READ 状态改变,在其下降沿,第一个字节的最高位出现在数据线上,在时钟的上升沿读出数据;接着在时钟的下降沿,其余数据位被依次移位到数据线上。为了使两个连续的读/写有效,引脚 WRITE/READ 必须在一个时钟周期内被翻转。

3. 写数据

TEA5767HN 内部有一个 5 字节的控制寄存器,在 IC 上电复位后,必须先通过总线接口向其写入适当控制字,TEA5767HN 才能正常工作。写入控制字的时序如图 10-6 所示。控制字的格式及其各位的功能含义如表 10-4~表 10-15 所列。每次写入控制字时必须严格按照下列顺序进行:

$$\text{地址},字节1,字节2,字节3,字节4,字节5$$

首先发送每个字节的最高位。在时钟下降沿后写入的数据才有效。

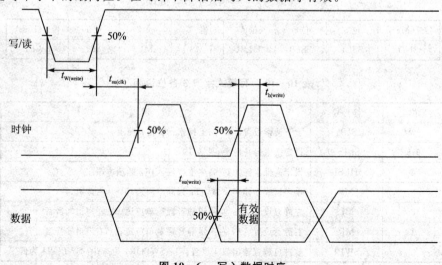

图 10-6 写入数据时序

第10章 FM收音机

表 10-4 写模式控制字

| 数据字节 1 | 数据字节 2 | 数据字节 3 | 数据字节 4 | 数据字节 5 |

表 10-5 写模式字节 1 格式

位 7(MSB)	位 6	位 5	位 4	位 3	位 2	位 1	位 0(LSB)
MUTE	SM	PLL13	PLL12	PLL11	PLL10	PLL9	PLL8

表 10-6 写模式字节 1 各位说明

位	符号	说明
7	MUTE	左右声道静音设置。1：左右声道静音；0：左右声道非静音
6	SM	搜索模式设置。1：搜索模式；0：非搜索模式
5～0	PLL13～8	预置或搜索电台的频率数据高 6 位

表 10-7 写模式字节 2 格式

位 7(MSB)	位 6	位 5	位 4	位 3	位 2	位 1	位 0(LSB)
PLL7	PLL6	PLL5	PLL4	PLL3	PLL2	PLL1	PLL0

表 10-8 写模式字节 2 各位说明

位	符号	说明
7～0	PLL7～0	预置或搜索电台的频率数据低 8 位

表 10-9 写模式字节 3 格式

位 7(MSB)	位 6	位 5	位 4	位 3	位 2	位 1	位 0(LSB)
SUD	SSL1	SSL0	HLSI	MS	ML	MR	SWP1

表 10-10 写模式字节 3 各位说明

位	符号	说明
7	SUD	上下搜索设置。1：向上搜索；0：向下搜索
6,5	SSL1～0	设定搜索停止电平,见表 10-11
4	HLSI	设定高低本振。1：高端本振注入；0：低端本振注入
3	MS	单声道或立体声设置。1：强制单声道；0：开立体声
2	ML	左静音设置。1：左声道静音强制单声道；0：左声道非静音
1	MR	右静音设置。1：右声道静音强制单声道；0：右声道非静音
0	SWP1	软件可编程输出口 1 设置。1：SWPOR1 为高；0：SWPOR1 为低

表 10-11 搜索停止电平设定

SSL1	SSL0	搜索停止电平
0	0	不搜索
0	1	低电平,ADC 输出值为 5
1	0	中电平,ADC 输出值为 7
1	1	高电平,ADC 输出值为 10

表 10-12 写模式字节 4 格式

位 7(MSB)	位 6	位 5	位 4	位 3	位 2	位 1	位 0(LSB)
SWP2	STBY	BL	XTAL	SMUTE	HCC	SNC	SI

表 10-13 写模式字节 4 各位说明

位	符号	说明
7	SWP2	软件可编程输出口 2 设置。1:口 2 为高;0:口 2 为低
6	STBY	待机设置。1:待机模式;0:非待机模式
5	BL	波段制式设置。1:日本 FM 波段;0:美/欧 FM 波段
4	XTAL	设置晶振频率。1:$f_{xtal}=32.768$ kHz;0:$f_{xtal}=13$ MHz
3	SMUTE	软件静音设置。1:软件静音开;0:软件静音关
2	HCC	高音切割设置。1:高音切割开;0:高音切割关
1	SNC	立体声噪声消除设置。1:立体声噪声消除开;0:立体声噪声消除关
0	SI	搜索指示设置。1:引脚 SWPORT1 作为 RF 输出标志(表 10-18);0:引脚 SWOPRT1 作为软件可编程输出口

表 10-14 写模式字节 5 格式

位 7(MSB)	位 6	位 5	位 4	位 3	位 2	位 1	位 0(LSB)
PLLREF	DTC	—	—	—	—	—	—

表 10-15 写模式字节 5 各位说明

位	符号	说明
7	PLLREF	使用 6.5 MHz 参考频率时 PLL 可用状态设置。1:PLL 可用;0:PLL 不可用
6	DTC	去加重时间常数设置。1:去加重时间常数为 75μs;0:去加重时间常数为 50 μs
5~0	—	未使用

用待机位(表10-13位STBY)可使TEA5767HN进入低电流待机模式,此时总线接口仍然处于激活状态。当引脚BUSENABLE为低时,总线接口停止工作,这样可减小待机电流;同时,若不使用编程待机模式,芯片内部的工作可正常进行,只是总线被单独隔离停止工作。

软件可编程输出口SWPORT1以及外接6.5 MHz时钟的用法与IIC总线相同。若上电后设置为静音,其余控制字各位为任意状态,则也必须写入控制字来初始化芯片。SWPORT1可被设置为调谐指示(RF标志)输出,只要芯片还没完成一个新的调谐过程,它就一直保持低电平;只有当预置一个新的电台或搜索到一个新的电台,或者已经搜索到波段的尽头时,它才会变为高电平。该功能可由表10-13位SI来改变,这时引脚SWPORT1用做表10-18的RF标志输出。

当字节5的最高位被置1时,PLL调谐器的参考频率分频器才会改变。调谐器使用由引脚XTAL2输入的6.5 MHz时钟。

4. 读数据

与写模式类似,从TEA5767HN读出数据时,也要按照

地址,字节1,字节2,字节3,字节4,字节5

的顺序读出。读地址是C1H。读数据的时序如图10-7所示。读出的5字节的格式及其含义如表10-16至表10-26所列。

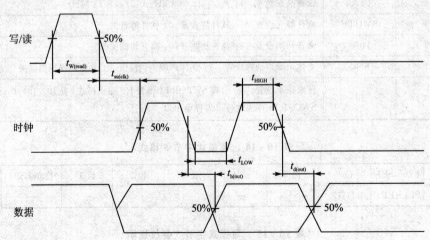

图10-7 读数据时序

表10-16 读模式控制字

数据字节1	数据字节2	数据字节3	数据字节4	数据字节5

表 10-17 读模式字节 1 格式

位 7(MSB)	位 6	位 5	位 4	位 3	位 2	位 1	位 0(LSB)
RF	BLF	PLL13	PLL12	PLL11	PLL10	PLL9	PLL8

表 10-18 读模式字节 1 说明

位	符号	说明
7	RF	Ready 标志。1：发现了一个电台或搜索到头；0：未找到电台
6	BLF	波段到头标志。1：搜索到头；0：未搜索到头
5~0	PLL13~8	搜索或预置的电台频率值的高 6 位(需换算)

表 10-19 读模式字节 2 格式

位 7(MSB)	位 6	位 5	位 4	位 3	位 2	位 1	位 0(LSB)
PLL7	PLL6	PLL5	PLL4	PLL3	PLL2	PLL1	PLL0

表 10-20 读模式字节 2 说明

位	符号	说明
7~0	PLL7~0	搜索或预置的电台频率值的低 8 位(需换算)

表 10-21 读模式字节 3 格式

位 7(MSB)	位 6	位 5	位 4	位 3	位 2	位 1	位 0(LSB)
STEREO	IF6	IF5	IF4	IF3	IF2	IF1	IF0

表 10-22 读模式字节 3 说明

位	符号	说明
7	STEREO	立体声标志。1：立体声；0：单声道
6~0	PLL13~8	中频计数结果

表 10-23 读模式字节 4 格式

位 7(MSB)	位 6	位 5	位 4	位 3	位 2	位 1	位 0(LSB)
LEV3	LEV2	LEV1	LEV0	CI3	CI2	CI1	0

第 10 章　FM 收音机

表 10-24　读模式字节 4 说明

位	符号	说明
7~4	LEV3~0	信号电平 ADC 输出
3~1	CI3~1	芯片标记。这些位必须设置为 0
0	—	该位为 0

表 10-25　读模式字节 5 格式

位 7(MSB)	位 6	位 5	位 4	位 3	位 2	位 1	位 0(LSB)
0	0	0	0	0	0	0	0

表 10-26　读模式字节 5 说明

位	符号	说明
7~0	—	供以后备用的字节。设置为 0

当一个搜索请求被设置后,芯片将自动进行搜索,搜索的方向和电平都可以选择。当某一电台的场强等于或大于设定的电平时,芯片停止搜索并且 Ready 标志位(表 10-18 位 RF)被置高。在搜索期间,若到达波段尽头,则调谐器停在波段尽头,并将波段到头标志位(表 10-18 位 BLF)置高,这时 Ready 标志位也被置高。

10.2.5　TEA5767HN 的典型应用电路

在 TEA5767HN 外围只需很少的一些分立元件就可组成一个完整的 FM 收音机电路,图 10-8 是其典型的应用电路。这些外围电路主要分为六部分。

1. 电源及去耦电路

TEA5767HN 大多数都应用于采用电池供电的便携式数码产品中,典型供电电压为 3 V。这里采用的是 3V 稳压电源,因此要加强滤波,以免引起不必要的干扰。

2. 天线输入回路

天线感应的信号经电容 C_1 耦合到由 L_1、C_2 和 C_4 组成的带通滤波器,再进入芯片内的低噪声高频放大器进行放大等一系列处理。

3. 调谐电路

调谐电路由 L_2、L_3、C_{10} 和两只变容二极管 BB202 组成,这两只变容二极管是 PHILIPS 公司专门设计的,用于该芯片的调谐系统,性能很好。

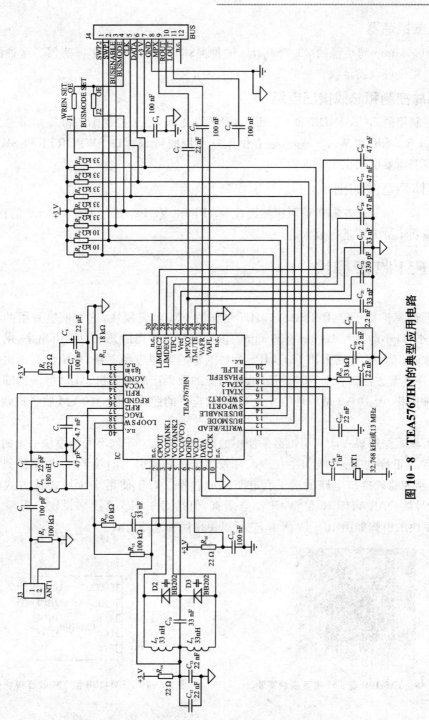

图 10-8 TEA5767HN 的典型应用电路

4. 晶振振荡器

采用 $\phi 1 \times 5$ mm 超小型的 32.768 kHz 时钟晶体,用于参考频率振荡器。这种晶振体积小、价格低,完全可以满足收音机的需要。

5. 芯片控制和总线接口电路

总线控制用的 BUSMODE 和 BUSENABLE 两根线,用于控制 IIC 和 3-wire 总线的三根信号线 DATA、CLK 和 W/R;另外,还有供用户使用的可编程口 SWPORT1 和 SWPORT2,这些都可根据需要引出供用户选用。

6. 立体声音频输出

立体声音频信号的左右声道两根输出线 VAFR 和 VAFL,通过两个 100 nF 的耦合电容,输出到音频功率放大器进行放大。

10.3 FM 收音模块

很多厂商都推出了使用 TEA5767HN 制作的 FM 收音模块,这种模块采用微型贴片元件,体积很小,最小的只有 10 mm×10 mm。该模块只将常用的几个引脚引出来,供用户嵌入在自己的数码产品中,电路采用 PHILIPS 公司推荐的典型应用电路,外围没有任何需要调整的元件,使用非常方便。目前,带有 FM 收音功能的数码产品如手机、MP3 等的内部基本上都是使用这种模块,图 10-9 是一种型号为 410B 的模块的照片。此处的 FM 收音机就是使用这种模块。

这种模块根据需要一般只引出必须使用的很少几根线。不同型号的模块引出的线也不完全相同。除了正负电源、天线和左右声道音频输出是必须引出的端子外,根据控制方式的不同,芯片控制和总线接口电路的端子会有不同的选择。对于使用 3-wire 总线方式的模块来说,三根信号线 DATA、CLK 和 W/R 都必须有,但是对于 IIC 总线来说则不需要 W/R 线。FM410B 模块的引脚如图 10-10 所示,它可以使用两种总线方式。

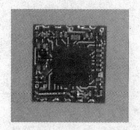

图 10-9　FM410B 型 FM 收音模块实物　　　图 10-10　FM410B 型 FM 收音模块引脚图

10.4 使用单片机和 FM 收音模块制作 FM 收音机

10.4.1 收音机硬件电路的说明

使用 FM 收音模块和单片机很容易制作一个调频收音机。可以使用 3 V 稳压电源供电，也可以使用两节 1.5 V 电池供电。输出的音频信号直接送到电脑音箱即能收听。图 10-11 是收音机的实物照片。图 10-12 是收音机的电路原理图。

图 10-11 收音机的实物照片

电路中依然采用了廉价的 AT89C2051 单片机作为控制主机，按钮 S1 用于控制电台自动搜索，按下 S1 按钮后，程序从波段的低端 88 MHz 开始搜索，一旦发现在某个位置收到的信号强度达到了搜索控制字中所设定的电平值，搜索即停止在该位置，如果此频点有电台，则能立即听到电台的播音。再按一下 S1 按钮，程序继续往上搜索，当搜索到波段尽头时，红色 LED 灯点亮。这时再按一下 S1 搜索按钮，程序会自动反转方向从最高端往下搜索，同样，一直搜索到波段低端时自动停止，红色 LED 灯点亮，表明已搜到波段低端。这时再按一下 S1 搜索按钮，又会翻转方向搜索，周而复始。表 10-11 中搜索停止电平有高、中、低三种，根据设置不同，能搜索到的电台的数目也不同。搜索到的电台频率在四位 LED 数码管上显示出来，显示

第 10 章 FM 收音机

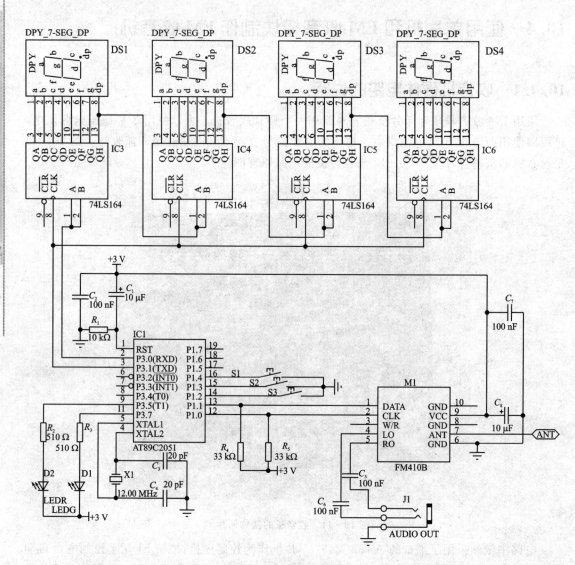

图 10-12 FM 收音机电路原理图

的格式为"XXX.X",单位是 MHz。

10.4.2 收音机的编程

单片机程序是按照上述功能编写的,这里只给出一个基本功能的示范程序,读者可在此基础上编写功能更多的不同程序。这个示范程序包括了实现收音功能的以下三个关键方面。

第 10 章　FM 收音机

1. 根据已知电台频率换算出 PLL 控制字写入 TEA5767HN，直接接收该电台信号

如果已经知道一个调频广播电台的频率，就可将该频率值写入 TEA5767HN，让调谐系统直接调谐到这个频率位置，接收该电台的信号。频率值是通过控制字的第 1、2 字节写入的，第 1 字节的位 5~0 共 6 位加上第 2 字节的 8 位，一共 14 位的二进制数组成了内部 PLL 合成器的控制字，电台的频率值需经过公式计算才能得到其二进制数。

在给出计算公式之前，先要了解一下高本振注入（HIGH side LO injection）和低本振注入（LOW side LO injection）的概念。在 FM 接收机内有一个本机振荡器，其作用是与接收到的外来信号通过混频器产生中频信号 f_{IF}。当接收到的信号频率 f_{RF} 确定后，有两个本机振荡频率可以满足产生固定中频的要求，即本振频率高出一个中频，或者本振频率低出一个中频。若本振频率高出一个中频，则称之为高本振注入 f_{hl}，这时，有公式

$$f_{IF} = f_{hl} - f_{RF}$$

若本振频率低出一个中频，则称之为低本振注入 f_{ll}，这时，有公式

$$f_{IF} = f_{RF} - f_{ll}$$

写入 TEA5767HN 控制寄存器的第 3 字节的位 4 HLSI 就是用来设定高、低本振的。当 HLSI=1 时，为高本振；当 HLSI=0 时，为低本振。

PLL 控制字可由下列公式计算：

$$N_{DEC} = \frac{4 \times (f_{RF} \pm f_{IF})}{f_{REFS}}$$

式中，N_{DEC} 为 PLL 控制字的十进制值（公式算出的值是十进制值，还须转换成二进制值）；f_{RF} 为想要接收的电台频率，Hz；f_{IF} 为中频频率，Hz；f_{REFS} 为参考频率，Hz。当采用高本振（HLSI=1）时，分子括号内的两个值相加；当采用低本振（HLSI=0）时，分子括号内的两个位相减，HLSI 为表 10-10 中的位 4。

TEA5767HN 的中频 f_{IF} 固定为 225 kHz，参考频率 f_{REFS} 与所使用的晶振有关，具体数值如表 10-27 所列。

表 10-27 中的 XTAL 是写模式控制字第 4 字节的位 4（表 10-12），PLLREF 是写模式控制字第 5 字节的位 7（表 10-15）。

表 10-27　FM 收音机参考频率

XTAL	PLLREF	参考频率	振荡频率
0	0	5 000 Hz	13 MHz
0	1	5 000 Hz	6.5 MHz
1	0	32 768 Hz	32.768 kHz
1	1	32 768 Hz	32.768 kHz

第10章 FM 收音机

下面是用来计算 PLL 控制字的 C 语言程序。

```c
static void AssembleFrequencyWord(void)
{
    UINT16 twPLL = 0;                              //DEC
    UINT32 tdwPresetVCO = gdwPresetVCO;            //kHz
    BYTE tbTmp1;
    BYTE tbTmp2;

    //由给定电台频率计算频率控制字 PLL
    if(FlagHighInjection)
      twPLL = (unsigned int)((float)((tdwPresetVCO + 225) * 4)/(float)REFERENCE_FREQ);
    else
      twPLL = (unsigned int)((float)((tdwPresetVCO - 225) * 4)/(float)REFERENCE_FREQ);
    //convert word to byte f.
    tbTmp1 = (unsigned char)(twPLL % 256);    //6789 = 1A85H  -->133 = 85H
    tbTmp2 = (unsigned char)(twPLL/256);      //              -->26 = 1AH

    WriteDataWord[0] = tbTmp2;                //高位
    WriteDataWord[1] = tbTmp1;
}
```

程序中频率的单位均为 kHz,计算的结果为 2 字节的二进制数。

表 10-28 给出了我国西安市周边调频台的计算数据。表中计算值采用的参考频率均为 32 768 Hz,低本振。

表 10-28 西安市周边调频台频率表

电 台	FM 频率/MHz	PLL 控制字二进制	PLL 控制字十进制	电 台	FM 频率/MHz	PLL 控制字二进制	PLL 控制字十进制
低端	88.0	29DAH	10 714	陕西都市	101.8	306FH	12 399
陕西经济	89.6	2A9EH	10 910	西安新闻	102.1	3094H	12 437
陕西交通	91.6	2B92H	11 154	中国经济之声	103	3102H	12 546
西安音乐	93.1	2C49H	11 337	西安交通旅游	104.3	31A0H	12 704
中央音乐	95.5	2D6EH	11 630	陕西少儿	105.5	3233H	12 851
中国之声	96.4	2DDCH	11 740	西安资讯	106.1	327CH	12 924
咸阳 1	96.6	2DF4H	11 764	陕西新闻	106.6	32B9H	12 985
陕西音乐	98.8	2E0DH	11 789	高端	108.0	3364H	13 156
咸阳 2	100.7	2FE9H	12 265				

根据 PLL 控制字的算法,以 89.6 MHz 的陕西经济台为例,其 PLL 控制字为 2A9EH。这样,设置 TEA5767HN 控制寄存器控制字第 1 字节的位 7＝0 非静音,位 6＝0 不搜索;第 3 字节的位 4＝0 低本振;第 4 字节的位 5＝0 欧美制式,位 4＝1 用 32 768 Hz 晶振,其余位的设置可任意,从而得到控制字 5 个数据字节各位的设置分别如表 10-29～表 10-33 所列。

表 10-29 数据字节 1：2AH

位 7(MSB)	位 6	位 5	位 4	位 3	位 2	位 1	位 0(LSB)
MUTE	SM	PLL13	PLL12	PLL11	PLL10	PLL9	PLL8
0	0	1	0	1	0	1	0
非静音	非搜索	2				A	

表 10-30 数据字节 2：9EH

位 7(MSB)	位 6	位 5	位 4	位 3	位 2	位 1	位 0(LSB)
PLL7	PLL6	PLL5	PLL4	PLL3	PLL2	PLL1	PLL0
1	0	0	1	1	1	1	0
9				E			

表 10-31 数据字节 3：C0H

位 7(MSB)	位 6	位 5	位 4	位 3	位 2	位 1	位 0(LSB)
SUD	SSL1	SSL0	HLSI	MS	ML	MR	SWP1
1	1	0	0	0	0	0	0
向上搜索	搜索停止中电平		低本振	立体声		非静音	任意(不用)

表 10-32 数据字节 4：17H

位 7(MSB)	位 6	位 5	位 4	位 3	位 2	位 1	位 0(LSB)
SWP2	STBY	BL	XTAL	SMUTE	HCC	SNC	SI
0	0	0	1	0	1	1	1
任意(不用)	非待机	欧美	32 768 Hz	非软件静音	高音切割	除噪声	SWP1=RF

表 10-33 数据字节 5：00H

位 7(MSB)	位 6	位 5	位 4	位 3	位 2	位 1	位 0(LSB)
PLLREF	DTC	—	—	—	—	—	—
0	0	0	0	0	0	0	0
不用 6.5 MHz	50 μs	—	—	—	—	—	—

据此给出 TEA5767HN 的控制字为：2AH,9EH,C0H,17H,00H,将该控制字写入 TEA5767HN 即可收到 89.6 MHz 的陕西经济台。

2. 设定搜索信号停止电平和搜索方向写入控制字,自动搜索未知电台

若从波段的低端 88 MHz 开始搜索,则 88 MHz 的 PLL 控制字是 29DAH。这样,设定 TEA576Y7HN 控制字第 1 字节的位 7=1 静音、位 6=1 搜索;第 3 字节的位 7=1 向上搜索,位 6=1、位 5=0 搜索停止为中电平,位 3=1 非立体声。其他设置不变,前面相同,即低本振、欧美制式、32 768 Hz 晶振等。由此给出的 TEA5767HN 搜索控制字是：E9H,DAH,C8H,17H,00H,将该控制字写入 TEA5767HN 就会从波段低端开始搜索,当搜索停止后,再置第 1 字节的位 7=0 非静音,若有电台就能听到声音。这里最低端的电台就是前面所说的 89.6 MHz的陕西经济台,所以首先搜到它。

要注意的是,再按一下搜索按钮时,程序会将当前停止位置的频率增加 100 kHz,然后继续搜索,否则容易出现又搜到前面电台的结果。在从高端向下搜索时则是减去 100 kHz。

程序中设置了三个标志来检查搜索的过程：

① 搜到电台标志 RF,该标志是读出数据字节 1 的位 7,RF=1 搜到。

② 到达波段尽头标志 BLF,该标志是读出数据字节 1 的位 6,BLF=1 到头。

③ 立体声标志 STEREO,该标志是读出数据字节 3 的位 7,STEREO=1 是立体声。

当写入搜索控制字后,不可能马上搜到电台,需要经过一段时间,这时可反复读取控制字来检查 RF 标志,若 RF=1,说明已经收到信号。接着再检查 STEREO,若为 1 则是立体声信号。这时在写入的控制字中打开立体声(字节 3 的 MS=0)和禁止静音(字节 1 的 MUTE=0),即可听到立体声广播。

最后要检查 BLF 标志,若为 1 说明已搜索到波段尽头,这时要将搜索的起始位置设为波段的最高端 108 MHz,同时将搜索方向设为向下搜索,108 MHz 频点的 PLL 控制字是 3364H,向下搜索置字节 3 的 SUD=0,据此设置的搜索控制字应该是：F3H,64H,48H,17H,00H,将它们写入芯片,然后等待搜索按钮按下后,程序就会从波段最高端开始向下搜索,检查的情况与向上搜索类似,只是每次要从当前频率中减去 100 kHz。

包括直接给定 89.6 MHz 陕西经济台和自动搜索电台这两部分主程序的流程如图 10-13 所示。

3. 读出接收到的电台频率 PLL 控制字,并换算成实际电台频率显示在 LED 数码管上

当搜索到一个电台之后,很想知道它的频率值,并在数码管上显示出来,这时只须读出 TEA5767HN 芯片寄存器中的 5 个字节,即可获得包括电台频率在内的所有信息。前两字节就是电台频率的 PLL 控制字,是一个二进制数,但是该数还不是实际的电台频率值,需要经过换算才能求得频率值。计算公式是

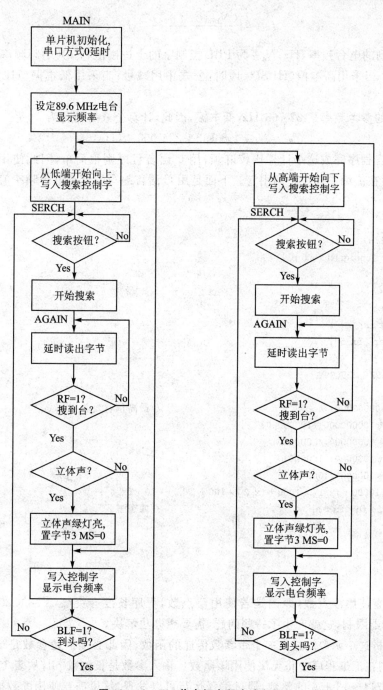

图 10-13　FM 收音机主程序流程图

第10章 FM收音机

$$f_{\text{RF}} = \frac{(N_{\text{DEC}} \times f_{\text{REFS}})}{4} \mp f_{\text{IF}}$$

式中，f_{RF}为收到的电台频率，Hz；N_{DEC}为PLL控制字的十进制值；f_{IF}为中频频率，Hz；f_{REFS}为参考频率，Hz。当采用高本振（HLSI＝1）时，公式中用减号；当采用低本振（HLSI＝0）时，公式中用加号。

这里使用的参考频率是32 768 Hz，低本振，因此，计算公式可简化为

$$f_{\text{RF}} = N_{\text{DEC}} \times 8\,192 + 225\,000 \quad (\text{Hz})$$

用汇编语言程序完成这个计算比较麻烦，用C语言程序则很简单，因此使用C语言写出这段程序，然后在汇编主程序中调用它。下面是用C语言编写的计算电台频率值的函数。

```
//calc.c
#pragma SMALL
#include <reg51.H>
unsigned int calc(unsigned long pll)
{
    unsigned long  fg;
    unsigned int fr;
    unsigned char  fx[5];

    fg = pll * 8192 + 225000;

    fx[0] = fg/100000000;                    //最高位有效数字
    fx[1] = (fg%100000000)/10000000;
    fx[2] = (fg%10000000)/1000000;
    fx[3] = (fg%1000000)/100000;
    fx[4] = (fg%100000)/10000;
    fg = fx[0]*10000 + fx[1]*1000 + fx[2]*100 + fx[3]*10 + fx[4];
    if (fx[4]>5) fg = fg + 1;                //四舍五入
    fr = fg/10;

    return fr;
}
```

函数中没有使用浮点数，原因是若使用浮点数，程序长度会突破AT89C2051单片机的2 KB程序存储器限制，这就产生了一些问题，需要想办法解决。

下面先分析这个函数。这是一个带参数传递的函数，因此必须清楚参数是通过哪些寄存器传递的，否则在汇编程序中将无法使用该函数。输入参数是长整数pll，从表10-28中可以看出，它是10 714～13 156的整数，通过编译运行可以发现，这里需要使用的数据类型是长整数，否则计算结果会出错。这样，传递参数需要4个寄存器。计算的结果从87 994 088～

107 998 952，是个真正的长整数。返回参数也要 4 个寄存器。实际上，电台频率值只需 4 位有效数字就可满足要求，因此，程序中只截取了最高 5 位有效数字，四舍五入后取 4 位。最终只返回一个两字节的整数，返回值需要两个寄存器。

汇编程序和 C 程序在相互调用中，需要明确两方面的问题，一是 C51 中函数名的转换规则，二是参数传递的方法。μVision2 集成开发环境中的 C51 编译器，有一个 SRC 编译控制命令，可将一个 C 源文件编译成一个后缀为 .SRC 的汇编源文件，它会自动按照编译规定完成函数名的转换，同时用户可从该汇编源文件中清楚看到每个参数的传递方法。因此，先用 SRC 编译控制命令将 C 文件编译成后缀为 SRC 的文件，然后将 SRC 文件的扩展名改为 ASM 或 A51，接着将该文件和要调用它的汇编程序以及要用到的库文件放在同一个工程项目里，编译后即可得到所需的目标程序。具体做法是：

① 编写好汇编语言的主程序和被调用的 C 程序，分别为它们各自建立一个工程项目，并调试正常。在 C 程序中如果使用了浮点运算等，则须在工程项目文件栏中添加相应的库文件，这里要用的是 C51S.lib。C 文件的名称是 calc.c。

② 在 C 语言程序工程项目管理窗口中右击程序文件名，在快捷菜单中选择 Options for File'calc.c'，在出现的对话框中，选中 Generate Assembler SRC File 复选框；再右击 Source Group 1，做同样处理。如图 10-14 所示。

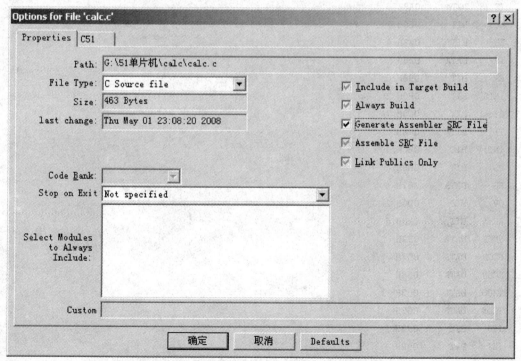

图 10-14　由 C 源码文件生成 SRC 文件

第 10 章　FM 收音机

③ 重新编译 C 程序,这样,就会在工程文件夹中找到生成的 SRC 文件。
下面就是由 calc.c 文件生成的 calc.src 文件清单。

```
;.\calc.src generated from:calc.c
;COMPILER INVOKED BY:
;       C:\Keil\C51\BIN\C51.EXE calc.c BROWSE DEBUG OBJECTEXTEND SRC(.\calc.src)

$ NOMOD51

NAME    CALC

P0      DATA    080H
P1      DATA    090H
P2      DATA    0A0H
P3      DATA    0B0H
T0      BIT     0B0H.4
AC      BIT     0D0H.6
T1      BIT     0B0H.5
EA      BIT     0A8H.7
IE      DATA    0A8H
RD      BIT     0B0H.7
ES      BIT     0A8H.4
IP      DATA    0B8H
RI      BIT     098H.0
INT0    BIT     0B0H.2
CY      BIT     0D0H.7
TI      BIT     098H.1
INT1    BIT     0B0H.3
PS      BIT     0B8H.4
SP      DATA    081H
OV      BIT     0D0H.2
WR      BIT     0B0H.6
SBUF    DATA    099H
PCON    DATA    087H
SCON    DATA    098H
TMOD    DATA    089H
TCON    DATA    088H
IE0     BIT     088H.1
IE1     BIT     088H.3
B       DATA    0F0H
```

ACC	DATA	0E0H
ET0	BIT	0A8H.1
ET1	BIT	0A8H.3
TF0	BIT	088H.5
TF1	BIT	088H.7
RB8	BIT	098H.2
TH0	DATA	08CH
EX0	BIT	0A8H.0
IT0	BIT	088H.0
TH1	DATA	08DH
TB8	BIT	098H.3
EX1	BIT	0A8H.2
IT1	BIT	088H.2
P	BIT	0D0H.0
SM0	BIT	098H.7
TL0	DATA	08AH
SM1	BIT	098H.6
TL1	DATA	08BH
SM2	BIT	098H.5
PT0	BIT	0B8H.1
PT1	BIT	0B8H.3
RS0	BIT	0D0H.3
TR0	BIT	088H.4
RS1	BIT	0D0H.4
TR1	BIT	088H.6
PX0	BIT	0B8H.0
PX1	BIT	0B8H.2
DPH	DATA	083H
DPL	DATA	082H
REN	BIT	098H.4
RXD	BIT	0B0H.0
TXD	BIT	0B0H.1
F0	BIT	0D0H.5
PSW	DATA	0D0H

```
?PR?_calc?CALC         SEGMENT CODE
?DT?_calc?CALC         SEGMENT DATA OVERLAYABLE
    EXTRN      CODE（?C?LMUL）
    EXTRN      CODE（?C?ULDIV）
    EXTRN      CODE（?C?IMUL）
```

第10章 FM 收音机

```
        PUBLIC    _calc

        RSEG    ?DT?_calc?CALC
?_calc?BYTE:
            pll?040:      DS     4
        ORG    4
            fg?041:       DS     4
            fx?043:       DS     5

;#pragma SMALL
;#include <reg51.H>
;
;unsigned int calc(unsigned long pll)

        RSEG    ?PR?_calc?CALC
_calc:
        USING    0
                    ;SOURCE LINE #6
        MOV    pll?040+03H,R7
        MOV    pll?040+02H,R6
        MOV    pll?040+01H,R5
        MOV    pll?040,R4
;{
                    ;SOURCE LINE #7
;
;unsigned long  fg;
;unsigned int fr;
;unsigned char  fx[5];
;
; fg = pll * 8192 + 225000;
                    ;SOURCE LINE #14
        CLR    A
        MOV    R7,A
        MOV    R6,#020H
        MOV    R5,A
        MOV    R4,A
        MOV    R3,pll?040+03H
        MOV    R2,pll?040+02H
        MOV    R1,pll?040+01H
```

```
        MOV     R0,pll?040
        LCALL   ?C?LMUL
        MOV     A,R7
        ADD     A,#0E8H
        MOV     fg?041+03H,A
        MOV     A,R6
        ADDC    A,#06EH
        MOV     fg?041+02H,A
        MOV     A,R5
        ADDC    A,#03H
        MOV     fg?041+01H,A
        CLR     A
        ADDC    A,R4
        MOV     fg?041,A
;
;    fx[0] = fg/100000000;
                    ;SOURCE LINE # 16
        MOV     R3,#00H
        MOV     R2,#0E1H
        MOV     R1,#0F5H
        MOV     R0,#05H
        MOV     R7,fg?041+03H
        MOV     R6,fg?041+02H
        MOV     R5,fg?041+01H
        MOV     R4,A
        LCALL   ?C?ULDIV
        MOV     fx?043,R7
;    fx[1] = (fg%100000000)/10000000;
                    ;SOURCE LINE # 17
        MOV     R3,#00H
        MOV     R2,#0E1H
        MOV     R1,#0F5H
        MOV     R0,#05H
        MOV     R7,fg?041+03H
        MOV     R6,fg?041+02H
        MOV     R5,fg?041+01H
        MOV     R4,fg?041
        LCALL   ?C?ULDIV
        MOV     R4,AR0
```

第10章 FM 收音机

```
        MOV     R5,AR1
        MOV     R6,AR2
        MOV     R7,AR3
        MOV     R3,#080H
        MOV     R2,#096H
        MOV     R1,#098H
        MOV     R0,#00H
        LCALL   ?C?ULDIV
        MOV     fx?043+01H,R7
;       fx[2]=(fg%10000000)/1000000;
                                    ;SOURCE LINE #18
        MOV     R3,#080H
        MOV     R2,#096H
        MOV     R1,#098H
        MOV     R0,#00H
        MOV     R7,fg?041+03H
        MOV     R6,fg?041+02H
        MOV     R5,fg?041+01H
        MOV     R4,fg?041
        LCALL   ?C?ULDIV
        MOV     R4,AR0
        MOV     R5,AR1
        MOV     R6,AR2
        MOV     R7,AR3
        MOV     R3,#040H
        MOV     R2,#042H
        MOV     R1,#0FH
        MOV     R0,#00H
        LCALL   ?C?ULDIV
        MOV     fx?043+02H,R7
;       fx[3]=(fg%1000000)/100000;
                                    ;SOURCE LINE #19
        MOV     R3,#040H
        MOV     R2,#042H
        MOV     R1,#0FH
        MOV     R0,#00H
        MOV     R7,fg?041+03H
        MOV     R6,fg?041+02H
        MOV     R5,fg?041+01H
```

```
        MOV     R4,fg?041
        LCALL   ?C?ULDIV
        MOV     R4,AR0
        MOV     R5,AR1
        MOV     R6,AR2
        MOV     R7,AR3
        MOV     R3,#0A0H
        MOV     R2,#086H
        MOV     R1,#01H
        MOV     R0,#00H
        LCALL   ?C?ULDIV
        MOV     fx?043+03H,R7
;       fx[4]=(fg%100000)/10000;
                        ;SOURCE LINE #20
        MOV     R3,#0A0H
        MOV     R2,#086H
        MOV     R1,#01H
        MOV     R0,#00H
        MOV     R7,fg?041+03H
        MOV     R6,fg?041+02H
        MOV     R5,fg?041+01H
        MOV     R4,fg?041
        LCALL   ?C?ULDIV
        MOV     R4,AR0
        MOV     R5,AR1
        MOV     R6,AR2
        MOV     R7,AR3
        CLR     A
        MOV     R3,#010H
        MOV     R2,#027H
        MOV     R1,A
        MOV     R0,A
        LCALL   ?C?ULDIV
        MOV     fx?043+04H,R7
;       fg=fx[0]*10000+fx[1]*1000+fx[2]*100+fx[3]*10+fx[4];
                        ;SOURCE LINE# 21
        MOV     R7,fx?043+01H
        MOV     R6,#00H
        MOV     R4,#03H
```

第10章 FM收音机

```
        MOV     R5,#0E8H
        LCALL   ?C?IMUL
        MOV     R2,AR6
        MOV     R3,AR7
        MOV     R7,fx?043
        MOV     R6,#00H
        MOV     R4,#027H
        MOV     R5,#010H
        LCALL   ?C?IMUL
        MOV     A,R7
        ADD     A,R3
        MOV     R5,A
        MOV     A,R6
        ADDC    A,R2
        MOV     R4,A
        MOV     A,fx?043+02H
        MOV     B,#064H
        MUL     AB
        ADD     A,R5
        MOV     R5,A
        MOV     A,B
        ADDC    A,R4
        MOV     R4,A
        MOV     A,fx?043+03H
        MOV     B,#0AH
        MUL     AB
        ADD     A,R5
        MOV     R7,A
        MOV     A,B
        ADDC    A,R4
        MOV     R6,A
        MOV     R4,#00H
        MOV     A,R7
        ADD     A,fx?043+04H
        MOV     R7,A
        MOV     A,R4
        ADDC    A,R6
        MOV     R6,A
        CLR     A
```

```
        MOV     fg?041+03H,R7
        MOV     fg?041+02H,R6
        MOV     fg?041+01H,A
        MOV     fg?041,A
;       if(fx[4]>5)fg=fg+1;
                ;SOURCE LINE # 22
        MOV     A,fx?043+04H
        SETB    C
        SUBB    A,#05H
        JC      ?C0001
        MOV     A,fg?041+03H
        ADD     A,#01H
        MOV     fg?041+03H,A
        CLR     A
        ADDC    A,fg?041+02H
        MOV     fg?041+02H,A
        CLR     A
        ADDC    A,fg?041+01H
        MOV     fg?041+01H,A
        CLR     A
        ADDC    A,fg?041
        MOV     fg?041,A
?C0001:
;       fr=fg/10;
                ;SOURCE LINE # 23
        CLR     A
        MOV     R3,#0AH
        MOV     R2,A
        MOV     R1,A
        MOV     R0,A
        MOV     R7,fg?041+03H
        MOV     R6,fg?041+02H
        MOV     R5,fg?041+01H
        MOV     R4,fg?041
        LCALL   ?C?ULDIV
; ----- Variable 'fr?042' assigned to Register 'R6/R7' -----
;
;       return fr;
```

```
                    ;SOURCE LINE # 25
;}
                    ;SOURCE LINE # 26
?C0002:
    RET
;END OF _calc

    END
```

现在再来研究这个由 C 源码得到的 SRC 文件。可以看出,这个 SRC 文件实际上就是 asm 汇编文件。但是对于汇编主程序来说,它是一个外部函数。所以从中要注意以下三点:

① 文件名前面加了一个下划线变成_calc,因此在以后的函数声明和引用时,必须正确使用它的名称。函数的名称是_calc。

② 输入函数的参数是通过 R4~R7 四个寄存器传递的,最高位在 R4 中,最低位在 R7 中。

③ 函数返回值是通过 R6、R7 两个寄存器传递的,最高位在 R6 中,最低位在 R7 中。

在汇编主程序中调用这个外部函数的方法是:

① 将 SRC 文件后缀改为 asm,然后将它加入到主程序的工程项目中,同时将用到的库文件 C51S.lib 也加到工程项目中。

② 在汇编主程序文件开始的声明部分使用 EXTRN CODE 语句声明外部函数,格式是

　　　　　　　　　　EXTRN CODE(外部函数名)

③ 在汇编主程序中使用 LCALL 语句调用此外部函数。调用的格式是:

...
;通过寄存器传递参数给被调用函数
LCALL 外部函数名
;处理返回的参数
...

本例中调用_calc 外部函数的程序片段如下。

```
    MOV    R7,ST1L
    MOV    R6,ST1H
    MOV    R5,#00H
    MOV    R4,#00H
    LCALL  _calc
    MOV    ST2L,R7
    MOV    ST2H,R6
```

表 10-34 FM 收音机子程序列表

序号	名称	功能
1	SET896	设定 89.6 MHz 电台
2	MRDINI	读出缓存清零
3	FM_WT	TEA5767HN 写入
4	FM_RD	TEA5767HN 读出
5	PLLDIS	PLL 控制字转换为频率送显示缓存
6	HB2	双字节十六进制整数转换成双字节 BCD 码整数
7	DISP	LED 数码管显示
8	REVERS	字节位顺序翻转
9	IIC 总线操作子程序	IIC 总线操作子程序包

下面是汇编主程序和全部子程序清单。子程序的名称及其功能如表 10-34 所列。IIC 总线操作子程序包在第 4 章中已经使用过，这里不再重复。

```
; TEA5767HN FM 收音机
; 6 MHz 4 位显示
; 2008/5/16 V3.0


RF          BIT 08H              ;搜到电台标志 RF
BLF         BIT 09H              ;波段尽头标志 BLF
STEREO      BIT 0AH              ;立体声标志

READ        EQU 0C1H             ; TEA5767HN 读地址
WRIT        EQU 0C0H             ; TEA5767HN 写地址

S1          EQU P1.7             ;搜索

SDA         EQU P1.4             ;数据
SCL         EQU P1.3             ;时钟

LEDG        BIT P1.1             ;绿 LED：立体声
LEDR        BIT P1.0             ;红 LED：波段尽头

ST1H        DATA 30H             ;收到电台高位
ST1L        DATA 31H             ;收到电台低位
ST2H        DATA 32H             ;READ3
```

第 10 章　FM 收音机

```
            ST2L        DATA 33H                ;READ4
            ST3H        DATA 34H                ;READ5
            ST3L        DATA 35H                ;READ6

            WTH         DATA 36H                ;PLLH
            WTL         DATA 37H                ;PLLL

            SLA         DATA 38H                ;TEA5767HN 地址
            NUMBYT      DATA 39H                ;字节计数器
            DISBUF      DATA 3AH                ;显示缓存
            MRD         DATA 40H                ;接收缓存首址
            MTD         DATA 50H                ;发送缓存首址
;外部函数声明
            EXTRN CODE (_calc)

;HIGH side LO injection BYTE3.4 = 1
;88 MHz ->29DAH
;93 100 kHz ->2C49H XIAN MUSIC


;主程序
MAIN:       MOV         SP,#5FH
            MOV         SCON,#0

            LCALL       DEL240
            CLR         RF
            CLR         BLF
            CLR         STEREO
            LCALL       SET896
            LCALL       DEL240
            LCALL       MRDINI
            LCALL       FM_RD
            LCALL       PLLDIS
            JNB         STEREO,BEGIN
            CLR         LEDG                    ;立体声绿灯亮
;88 MHz = 29DA HILO = 0
;向上搜索控制字 0xE9,0xDA,0xC8,0x17,0x00
BEGIN:
            MOV         MTD,#0E9H               ;BIT7 = 1,BIT6 = 1,0E9H = BIT7 + BIT6 + 29H
            MOV         MTD + 1,#0DAH           ;88 MHz
```

```
         MOV    MTD+2,#0C8H          ;向上搜索
         MOV    MTD+3,#17H
         MOV    MTD+4,#00H
SERCH:   JB     S1,SERCH
         LCALL  DEL12
         JB     S1,SERCH
         SETB   LEDG
         SETB   LEDR
         LCALL  FM_WT
         LCALL  DEL240
         LCALL  DEL240
         LCALL  MRDINI
AGAIN:   LCALL  FM_RD
         JNB    RF,AGAIN

         JNB    STEREO,MONO
         MOV    MTD+2,#00H           ;STEREO
         CLR    LEDG                 ;绿 LED 亮
         AJMP   LIST
MONO:    MOV    MTD+2,#08H
LIST:    MOV    MTD+1,ST1L
         MOV    MTD,ST1H
         LCALL  FM_WT
         LCALL  PLLDIS

         JB     BLF,BACK             ;到波段尽头返回向下搜索
         MOV    MTD+2,#0C8H          ;向上搜索
         MOV    A,MRD+1
         ADD    A,#0CH               ;当前频率+100 kHz
         MOV    MTD+1,A
         MOV    A,MRD
         ADDC   A,#0C0H              ;BIT7=1,BIT6=1 搜索
         MOV    MTD,A

         LJMP   SERCH

;108 MHz = 3364H
;向下搜索控制字 0xF3,0x64,0x48,0x17,0x00
BACK:    MOV    ST1H,#33H
```

```
        MOV     ST1L,#64H
        LCALL   PLLDIS
        CLR     LEDR
        MOV     MTD,#0F3H           ;BIT7=1,BIT6=1,0F3H=BIT7+BIT6+33H
        MOV     MTD+1,#64H          ;108 MHz
        MOV     MTD+2,#48H          ;向下搜索
        MOV     MTD+3,#17H
        MOV     MTD+4,#00H

SERCH2: JB      S1,SERCH2
        LCALL   DEL12
        JB      S1,SERCH2
        SETB    LEDG
        SETB    LEDR
        LCALL   FM_WT
        LCALL   DEL240
        LCALL   DEL240
        LCALL   MRDINI
AGAIN2: LCALL   FM_RD
        JNB     RF,AGAIN2

        JNB     STEREO,MONO2
        MOV     MTD+2,#00H          ;STEREO
        CLR     LEDG                ;绿 LED 亮
        AJMP    LIST2
MONO2:  MOV     MTD+2,#08H
LIST2:  MOV     MTD+1,ST1L
        MOV     MTD,ST1H
        LCALL   FM_WT
        LCALL   PLLDIS

        JB      BLF,RETUR
        MOV     MTD+2,#48H          ;向下搜索
        MOV     A,MRD+1
        SUBB    A,#0CH              ;当前频率-100 kHz
        MOV     MTD+1,A
        MOV     A,MRD
        SUBB    A,#00H
        ADD     A,#0C0H             ;BIT7=1,BIT6=1 搜索
```

```
            MOV     MTD,A

            LJMP    SERCH2
RETUR:      MOV     ST1H,#29H
            MOV     ST1L,#0DAH
            LCALL   PLLDIS
            CLR     LEDR
            LJMP    BEGIN
;======================================
;89 600 kHz
;0x2A,0x9E,0xC0,0x17,0x00
SET896:     MOV     MTD,#2AH            ;设定 89 600 kHz
            MOV     MTD+1,#9EH          ;2A9EH
            MOV     MTD+2,#0C0H
            MOV     MTD+3,#17H
            MOV     MTD+4,#00H
            LCALL   FM_WT
            RET
;--------------------------------------
MRDINI:     CLR     A
            MOV     MRD,A               ;CLR MRD
            MOV     MRD+1,A
            MOV     MRD+2,A
            MOV     MRD+3,A
            MOV     MRD+4,A
            MOV     ST1H,A
            MOV     ST1L,A
            RET
;--------------------------------------
;TEA5767HN 写入
FM_WT:      MOV     SLA,#0C0H           ;取写器件地址
            MOV     NUMBYT,#5           ;写字节数
            LCALL   WRNBYT              ;5 字节写入 TEA5767HN
            RET
;--------------------------------------
;TEA5767HN 读出
FM_RD:
            MOV     SLA,#0C1H           ;取读器件地址
            MOV     NUMBYT,#5           ;读出 5 字节
```

第10章 FM 收音机

```
        LCALL   RDNBYT
        MOV     A,MRD              ;接收数据缓冲区首地址
        ANL     A,#3FH             ;屏蔽无效位
        MOV     ST1H,A             ;存电台高位
        MOV     A,MRD
        RLC     A
        MOV     RF,C               ;搜索到电台标志 RF
        RLC     A
        MOV     BLF,C              ;波段尽头标志 BLF
        MOV     A,MRD+1
        MOV     ST1L,A             ;存电台低位
        MOV     A,MRD+2
        RLC     A
        MOV     STEREO,C           ;STEREO 标志
        RET

;======================================
;F = PLL × 8192 + 225000/1000000
;8192 = 2000H
;PLL ->F,显示频率
PLLDIS: MOV     R7,ST1L            ;电台低位
        MOV     R6,ST1H            ;电台高位
        MOV     R5,#00H
        MOV     R4,#00H
        LCALL   _calc
        MOV     ST2L,R7            ;频率低位
        MOV     ST2H,R6            ;频率高位
        MOV     R6,ST2H
        MOV     R7,ST2L
        LCALL   HB2
        MOV     R0,#DISBUF
        MOV     A,R5               ;个位
        ANL     A,#0FH
        MOV     @R0,A
        MOV     A,R5               ;十位
        SWAP    A
        ANL     A,#0FH
        INC     R0
        MOV     @R0,A
```

```
        MOV     A,R4                    ;百位
        ANL     A,#0FH
        INC     R0
        MOV     @R0,A
        MOV     A,R4                    ;千位
        SWAP    A
        ANL     A,#0FH
        INC     R0
        MOV     @R0,A
        ORL     DISBUF+1,#80H           ;加小数点
        LCALL   DISP
        RET
;----------------------------------------
;双字节十六进制整数转换成双字节BCD码整数
;入口条件：待转换的双字节十六进制整数在R6,R7中。高位在R6
;出口信息：转换后的三字节BCD码整数在R3,R4,R5中。R3是最高位
;影响资源：PSW,A,R2～R7。堆栈需求：2字节
HB2:    CLR     A
        MOV     R3,A
        MOV     R4,A
        MOV     R5,A
        MOV     R2,#10H
HB3:    MOV     A,R7
        RLC     A
        MOV     R7,A
        MOV     A,R6
        RLC     A
        MOV     R6,A
        MOV     A,R5
        ADDC    A,R5
        DA      A
        MOV     R5,A
        MOV     A,R4
        ADDC    A,R4
        DA      A
        MOV     R4,A
        MOV     A,R3
        ADDC    A,R3
        MOV     R3,A
```

第10章 FM 收音机

```
            DJNZ    R2,HB3
            RET

;------------------------------------------------
;显示先送低位
DISP:
            MOV     R0,#DISBUF              ;先个位
            MOV     A,#04H
            MOV     R2,A
DISP1:      MOV     A,@R0
            JNB     ACC.7,NOPOT
            CLR     ACC.7                   ;有小数点
            MOV     B,#7FH                  ;共阴用#80H
            AJMP    ISPOT
NOPOT:      MOV     B,#0FFH                 ;#00H
ISPOT:      MOV     DPTR,#TABEL
            MOVC    A,@A+DPTR
            ANL     A,B                     ;共阴显示小数点 ORL A,B
            LCALL   REVERS
            MOV     SBUF,A
            JNB     TI,$
            CLR     TI
            INC     R0
            DJNZ    R2,DISP1
            RET
;共阳码表低电平有效
tabel:
    db  0c0H,0f9H,0a4H,0b0H,99H,92H,82H,0f8H,80H,90H    ;0123456789
    db  88H,83H,0c6H,0a1H,86H,8eH,8cH,89H,0bfH,0FFH     ;AbCdEFPH-不显示


REVERS:     CLR     C
            RRC     A
            MOV     07H,C
            RRC     A
            MOV     06H,C
            RRC     A
            MOV     05H,C
            RRC     A
            MOV     04H,C
```

```
            RRC     A
            MOV     03H,C
            RRC     A
            MOV     02H,C
            RRC     A
            MOV     01H,C
            RRC     A
            MOV     00H,C
            MOV     A,20H
            RET
;=======================================
;12 ms@6 MHz 延时
DEL12:      MOV     R7,#25
DEL7:       MOV     R6,#120
            DJNZ    R6,$
            DJNZ    R7,DEL7
            RET
;---------------------------------------
DEL240:     MOV     R5,#20
LP1:        LCALL   DEL12
            DJNZ    R5,LP1
            RET
END
```

10.5 调试方法和有关问题

下面对 TEA5767HN 芯片的编程和调试问题说明如下。

① 如何用单片机控制 TEA5767HN？

答：使用单片机控制 TEA5767HN 芯片包括以下几方面：
- 采用 3-wire 方式；
- 采用 IIC 方式，其中器件写地址为 C0H，读地址为 C1H；
- 器件为从收发型，内部没有分地址。
- 无论对于 IIC 还是 3-wire 方式，数据传输都必须按照下列顺序进行：

地址，字节 1，字节 2，字节 3，字节 4，字节 5

② 如何知道频段搜索到头了？

答：有两个办法可以知道波段搜索到头了：
- 配置引脚 SWPORT1 作为调谐到头的指示，即设置控制字第 4 字节的 SI=1；但此时

第 10 章　FM 收音机

引脚 SWPORT1 不能被用做软件可编程输出口。
● 检查读出数据的第 1 字节 RF 位,若 RF=1 说明找到了一个电台,或是已经搜索到头。

③ 为何搜索不到电台?

答:搜索功能是基于在当前位置往上或往下搜索的,因此当发出一个搜索命令控制字时,该控制字中不仅要设置搜索位(字节 1 的 SM 位)和上/下搜索方向位(字节 3 的 SUD 位),而且还要设置当前电台位置的 PLL 控制字。

④ 如何知道控制数据已正常发给了 TEA5767HN?

答:首先检查能否用写入的控制字来控制引脚 SWPORT1 和 SWPORT2 置为高或低,然后预置一个已知电台,看能否收到该台。

⑤ 搜索停止后如何计算调谐频率?

答:可用下面的程序计算调谐频率。

```
void DisAssembleFrequencyWord(void)
{
    UINT16 twPLL = 0;                              //DEC
    UINT32 tdwPresetVCO = gdwPresetVCO;            // kHz

    BYTE tbTmp1 = ReadDataWord[1];
    BYTE tbTmp2 = ReadDataWord[0];

    tbTmp2 &= 0x3f;
    twPLL = tbTmp2 * 256 + tbTmp1;

    //由频率控制 PLL 计算搜到的电台频率
    if(FlagHighInjection)
        gdwSearchedVCO = (unsigned long)((float)twPLL * (float)REFERENCE_FREQ * (float)0.25 - 225);
    else
        gdwSearchedVCO = (unsigned long)((float)twPLL * (float)REFERENCE_FREQ * (float)0.25 + 225);

}
```

⑥ 如何进行搜索?

答:TEA5767HN 内部的搜索方法是:设定字节 1 的 MUTE 位和 SM 位为 1,设置一个步进频率值,以便根据搜索方向增加或减少当前频率,将该控制字节写入芯片;读数据直到 RF=1,表明发现了一个电台,或者直到 BLF=1 说明已经搜到波段尽头,这时软件会将当前频率设置为波段的另一端并启动新一轮搜索,每次搜索停止都会将 MUTE 位置零。

向下搜索时 SUD 被设置为 0,向上搜索时 SUD 被设置为 1。一旦发现一个频点,软件就检查该频点是否有效并设置最佳的 SUD。为了防止完全找不到电台而使程序陷入死循环,可在已经两次到达波段尽头但仍没有搜索到电台时,设定一个更低的搜索停止电平或完全退出循环。

⑦ 什么是实现自动搜索的最佳方案？

答：仅仅依靠软件是没有所谓的最佳自动搜索方案的，建议按如下方式操作。设定字节 1 的 MUTE 位和 SM 位为高，设定搜索停止电平为最高，进行一轮搜索直到波段尽头标志 BLF=1，存储搜到的频点。如果还没有搜索到所有的已知电台，则降低搜索停止电平进行第二轮搜索，跳过那些在第一轮搜索中已经发现的电台，只存储新发现的频点，继续这样的操作直到搜索停止电平到达最低值。然后置 MUTE=0，依次调谐到这些发现的频点上，收听是否真的有电台，剔除那些无效的频点。在搜索时无须记录 SUD 的设置，在调谐中会进行 SUD 检查。

⑧ HCC 的意义是什么？

答：HCC(High Cut Control)即高音抑制。该选项是在弱信号接收时，为了改善音质而抑制音频中的部分高音成分。

⑨ SNC 的意义是什么？

答：SNC(Stereo Noise Cancelling)即立体声噪声消除。该选项也是在弱信号接收时，为了获得更好的语音分辨率而减少立体声通道的分离度。

附 录

附录 A 51 指令码速查表

低位／高位	0	1	2	3	4	5	6,7	8~F
0	NOP	AJMP0	LJMP addr16	RR A	INC A	INC dir	INC @Ri	INC Rn
1	JBC bit,rel	ACALL0	LCALL addr16	RRC A	DEC A	DEC dir	DEC @Ri	DEC Rn
2	JB bit,rel	AJMP1	RET	RL A	ADD A,#data	ADD A,dir	ADD A,@Ri	ADD A,Rn
3	JNB bit,rel	ACALL1	RETI	RLC A	ADDC A,#data	ADDC A,dir	ADDC A,@Ri	ADDC A,Rn
4	JC rel	AJMP2	ORL dir,A	ORL dir,#data	ORL A,#data	ORL A,dir	ORL A,@Ri	ORL A,Rn
5	JNC rel	ACALL2	ANL dir,A	ANL dir,#data	ANL A,#data	ANL A,dir	ANL A,@Ri	ANL A,Rn
6	JZ rel	AJMP3	XRL dir,A	XRL dir,#data	XRL A,#data	XRL A,dir	XRL A,@Ri	XRL A,Rn
7	JNZ rel	ACALL3	ORL C,bit	JMP A,@A+PC	MOV A,#data	MOV dir,#data	MOV @Ri,#data	MOV Rn,#data
8	SJMP rel	AJMP4	ANL C,bit	MOVC A,@A+PC	DIV AB	MOV dir,dir	MOV dir,@Ri	MOV dir,Rn
9	MOV DPTR,#data	ACALL4	MOV bit,C	MOVC A,@A+DPTR	SUBB A,#data	SUBB A,dir	SUBB A,@Ri	SUBB A,Rn
A	ORL C,/bit	AJMP5	MOV C,bit	INC DPTR	MUL AB	—	MOV @Ri,dir	MOV Rn,dir

续表 A

低位\高位	0	1	2	3	4	5	6,7	8~F
B	ANL C,/bit	ACALL5	CPL bit	CPL C	CJNE A,#data,rel	CJNE A,dir,rel	CJNE @Ri,#data,rel	CJNE Rn,#data,rel
C	PUSH dir	AJMP6	CLR bit	CLR C	SWAP A	XCH A,dir	XCH A,@Ri	XCH A,Rn
D	POP dir	ACALL6	SETB bit	SETB C	DA A	DJNZ dir,rel	XCHD A,@Ri	DJNZ Rn,rel
E	MOVX A,@DPTR	AJMP7	MOVX A,@R0	MOVX A,@R1	CLR A	MOV A,dir	MOV A,@Ri	MOV A,Rn
F	MOVX @DPTR,A	ACALL7	MOVX @R0,A	MOVX @R1,A	CPL A	MOV dir,A	MOV @Ri,A	MOV Rn,A

附录 B ASCII 码表

ASCII	十六进制	ASCII	十六进制	ASCII	十六进制	ASCII	十六进制
NUL	00H	DLE	10H	SP	20H	0	30H
SOH	01H	DC1	11H	!	21H	1	31H
STX	02H	DC2	12H	"	22H	2	32H
ETX	03H	DC3	13H	#	23H	3	33H
EOT	04H	DC4	14H	$	24H	4	34H
ENQ	05H	NAK	15H	%	25H	5	35H
ACK	06H	SYN	16H	&	26H	6	36H
BEL	07H	ETB	17H	'	27H	7	37H
BS	08H	CAN	18H	(	28H	8	38H
HT	09H	EM	19H	)	29H	9	39H
LF	0AH	SUB	1AH	*	2AH	:	3AH
VT	0BH	ESC	1BH	+	2BH	;	3BH
FF	0CH	FS	1CH	,	2CH	<	3CH
CR	0DH	GS	1DH	-	2DH	=	3DH
SO	0EH	RS	1EH	.	2EH	>	3EH
SI	0FH	US	1FH	/	2FH	?	3FH

续表 B

ASCII	十六进制	ASCII	十六进制	ASCII	十六进制	ASCII	十六进制
@	40H	P	50H	`	60H	p	70H
A	41H	Q	51H	a	61H	q	71H
B	42H	R	52H	b	62H	r	72H
C	43H	S	53H	c	63H	s	73H
D	44H	T	54H	d	64H	t	74H
E	45H	U	55H	e	65H	u	75H
F	46H	V	56H	f	66H	v	76H
G	47H	W	57H	g	67H	w	77H
H	48H	X	58H	h	68H	x	78H
I	49H	Y	59H	i	69H	y	79H
J	4AH	Z	5AH	j	6AH	z	7AH
K	4BH	[	5BH	k	6BH	{	7BH
L	4CH	\	5CH	l	6CH	|	7CH
M	4DH	]	5DH	m	6DH	}	7DH
N	4EH	↑	5EH	n	6EH	~	7EH
O	4FH	←	5FH	o	6FH	DEL	7FH

附录 C 实验电路板

　　为了方便读者自己动手实验,作者设计了一块实验电路板,本实验板设计为多功能板,主要用于本书第 10 章 FM 收音机的实验,还可用于做第 4 章和第 9 章的实验。使用该实验板,读者可按第 10 章的内容制作一个具有自动搜索功能的 FM 调频接收机,实验板上带有四位 LED 显示器,用于显示收到的电台频率值。本实验板可与 EDN 网站以前搞的 RF 助学活动实验板组成一套完整的 FM 发送和接收系统,实现 FM 发送和接收的全部试验。板上预留的硬件资源使得用户能用它进一步开发自己的应用程序,例如输入一个想要接收的电台频率后,调谐收音机到该频率接收电台信号等。实验板的电路原理图如图 C-1 所示。

　　需特别注意的是,在做 FM 收音机实验时使用的是 3 V 电源,电源是从接线端子 J2 引入的,这时要将跳线 JP1 插上,给收音模块 M1 供电,将跳线 JP2 断开。本实验板没有设计音频功放电路,而是借用常用的电脑音箱作功放。收音模块输出的音频信号由立体声插座 J1 输出,将电脑音箱的信号输入插头插到 J1 插座上,即可收听广播。

　　第 4 章是用实时钟芯片制作的一个日历时钟。做该实验时,断开跳线 JP1,插上跳线 JP2

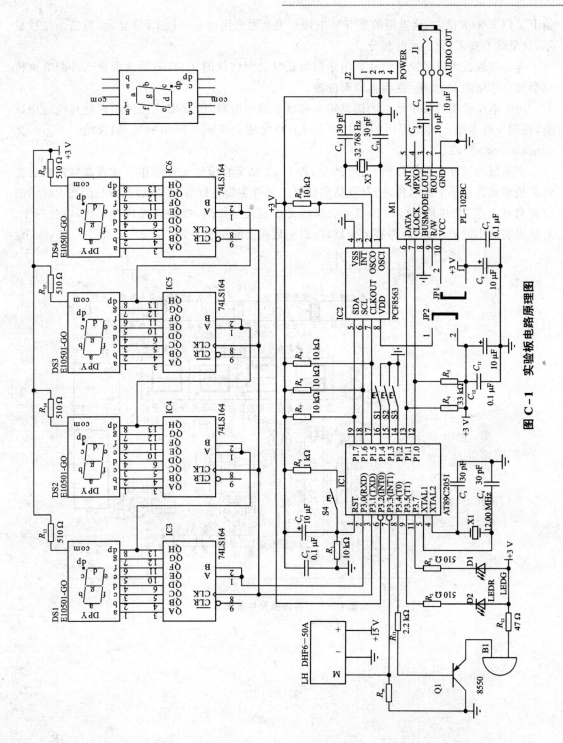

图 C-1 实验板电路原理图

给 IC2 PCF8563 供电,这里用的是 5 V 电源。书上原来用的是六位 LED 显示,包括两位秒显示,这里就不要了,只显示时和分。

本实验板也可以做第 9 章片式熔断器熔断时间测试仪的实验,但须读者自己外配电流传感器和取样电阻 R_m。R_m 在板上留有位置。

由于本实验板具备了基本的键盘输入和显示输出电路,因此用户还可用它做其他应用试验,做到一板多用。试验所用的套件可从 EDN 网站上买到。网站地址是:http://group.ednchina.com/1023/。

实验板的元件装配图如图 C-2 所示,表 C-1 是实验板的元件清单。读者拿到器材后先认真按照元件清单上的名称、型号规格和代号与元件实物进行对照,然后再按装配图上标示的位置对号入座,尤其是有极性和多个引脚的元件要反复校对,准确无误后再焊接,以免返工。最好先装短小的器件,然后再装大个器件,以免后面空间狭窄不好下手。

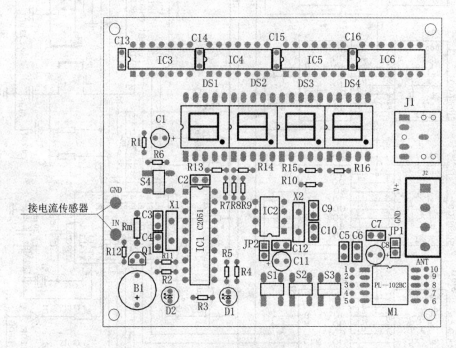

图 C-2 实验板元件装配图

表 C-1　实验板元件清单

序号	名称	型号规格	代号	封装	数量
1	电阻	1 kΩ	R6		1
2	电阻	2.2 kΩ	R11		1
3	电阻	47 Ω	R12		1
4	电阻	510 Ω	R2,R3,R13~R16		6
5	电阻	10 kΩ	R1,R7~R10		5
6	电阻	33 kΩ	R4,R5		2
7	电容	30 pF	C3,C4,C9,C10		4
8	电容	0.1 μF	C2,C7,C12~C16		7
9	电解电容	10 μF/6.3 V	C1,C5,C6,C8,C11		5
10	三极管	8550	Q1		1
11	晶振	12.00 MHz	X1		1
12	晶振	32 768 Hz	X2		1
13	蜂鸣器	5 V	B1	脚距 7.62 mm	1
14	发光二极管	红绿各 1 只	D1,D2		2
15	0.5 英寸* 共阳 LED 数码管	E10501—GO	DS1~DS4	外形 12.7 mm×19 mm	4
16	单片机	AT89C2051	IC1	DIP—20	1
17	时钟电路 IC	PCF8563	IC2	DIP—8	1
18	IC	74LS164	IC3~IC6	DIP—14	4
19	FM 收音模块	PL—102BC	M1		1
20	立体声耳机插座		J1		1
21	4 针接线端子		J2	脚距 5.08 mm	1
22	IC 插座			DIP—8	1
23	IC 插座			DIP—20	1
24	跳线插针	2 线带跳线帽	JP1,JP2		2
25	按钮		S1~S4		4

*：1 英寸＝25.4 毫米。

附录

附录 D 英汉名词对照

A
acknowledge bit 应答位
average deviations 平均误差
antenna(ANT) 天线
alarm flag(AF) 报警标志
audio frequency(AF) 音频
automatic frequency control(AFC) 自动频率控制
automatic gain control(AGC) 自动增益控制

C
carrier frequency 载频
ceramic capacitors 瓷介电容器
charge pump 充电泵
COS look-up table(COS LUT) 余弦波表
COS wave 余弦波
cyclic redundancy check(CRC) 循环冗余校验

D
data polling 数据轮流查询
decoupling capacitors 去耦电容器
direct digital synthesis(DDS) 直接数字合成器
distortion 失真,畸变
double-sided board 双面板

E
evaluation board 评估板

F
falling edge 下降沿
frequency shift keying(FSK) 移频键控
frequency divider 分频器
full-duplex 全双工
full-scale output current 满度输出电流

fundamental frequency 基频

H
high cut control(HCC) 高音抑制
high side LO injection 高本振注入
high-impedance 高阻抗

I
intermediate frequency(IF) 中频
interrupt(INT) 中断

L
low-noise amplifier(LNA) 低噪声放大器
low significant bit(LSB) 二进制数最低位
low side LO injection 低本振注入
local oscillator(LO) 本机振荡器

M
multiplex(MPX) 多路,复合
most significant bit(MSB) 二进制数最高位
mixer(MXR) 混频器

N
nonvolatile memory 非易失存储器
numerical controlled oscillator(NCO) 数控振荡器

P
parasite power 寄生供电,窃电
phase modulator 相位调制器
phase-locked loop(PLL) 锁相环路
phase accumulator 相位累加器
positive going pulse 正程脉冲
power-down 掉电
power-on reset(POR) 上电复位
programmable and erasable read only memory(PEROM) 可擦除只读存储器

programming algorithm 编程算法
printed circuit board(PCB) 印制电路板
pull-up resistor 上拉电阻
Q
quantization noise 量化噪声
quartz crystal 石英晶体
R
radio frequency(RF) 射频
random data 随机数
rising edge 上升沿
root-mean-square(RMS) 均方根值,有效值
real-time clock (RTC) 实时钟
S
signature bytes 签名字节
sine wave 正弦波
signal to noise ratio(S/N) 信噪比
significant digit 有效数字
simulation 模拟
special function register(SFR) 特殊功能寄存器
spurious capacitance 寄生电容
square wave 方波
stereo noise cancelling(SNC) 立体声噪声消除
T
tantalum capacitors 钽电容器
time flag(TF) 时间标志
time slot 时隙,时段
total harmonic distortion（THD） 总谐波失真
V
voltage controlled oscillator（VCO） 压控振荡器

参考文献

[1] 马忠梅,等.单片机的 C 语言应用程序设计.北京:北京航空航天大学出版社,1999.
[2] 李勋,等.单片机实用教程.北京：北京航空航天大学出版社.2000.
[3] 魏福立.直接数字合成技术及应用.电子技术应用,1993(5).
[4] 凌六一,伍龙.基于软件模拟的 51 单片机 IIC 总线的实现.电子技术,2004,31(05).
[5] Analog Devices. AD9835 Complete DDS With 10-Bit On-Chip DAC. Data Sheet,1998.
[6] Dallas Semiconductor. DS18B20.pdf.
[7] Nordic Semiconductor. nRF905 rev1_4.pdf.
[8] Philips Semiconductors. PCF8563 Product specification,1999.
[9] Philips Semiconductors. TEA5767HN DATA SHEET,2002.
[10] Philips. RF 小信号分立器件产品及设计手册.2 版.2002.
[11] http://www.aade.com/lcmeter.htm.
[12] http://www.hw.cz/constrc/lc_metr/lc_metr_2051.html.

后　记
单片机学习的误区

在本书即将出版之际,我想再就学习单片机的方法说说我的体会,作为本书的后记。

单片机因其优异的性能得到了越来越广泛的应用,现在几乎所有的电子产品都用到它,因此学习单片机的人越来越多。随着技术的进步,单片机的种类层出不穷,不断有新型高性能的单片机出现,令学习者眼花缭乱、目不暇接。经常有人询问应该学习哪一种单片机,也经常听到抱怨说,我的STM32还没用呢,ARM又来了,于是他们又买了ARM,结果他们不停地使用各种各样先进的单片机重复做着"跑马灯"实验,他们也一直停留在单片机学习的初级阶段,而不能达到学习单片机技术的真正目的——用单片机开发电子新产品,这样一个主题上来。

首先要明确学习单片机的目的是什么。对于大多数学习者来说,学习单片机的目的应该是应用,应该将它运用到你所在的行业或产品中去。单片机对于你的工作来说,只是一个工具或部件,那么在应用中选用单片机的标准是什么呢?只有四个字——"够用就行"。可以说,对于现在应用系统中的绝大部分项目,最简单的 8 位 C51 单片机就可以胜任。现在真正需要高档单片机的项目为数不多,老板们不会投入多余的钱去选用你推荐的所谓高级单片机,大部分人都遵循"只买对的不买贵的"这样理性的原则,理性的人不会盲目追随比尔·盖茨操作系统的不断升级,因为这些东西一方面有技术发展的需求,但是也有相当一部分是老板们为了追求更大商业利益的炒作。因此我还是说,如果没有学过 C51 单片机的话,还是要学 C51 单片机。为什么?原因很简单,因为它是单片机的祖宗,后来的单片机都是在其基础上开发出来的,是它的儿孙。它也最容易学,更适合初学者。它功能强大,物美价廉,对于大部分应用项目来说都够用,所以没有必要选用高档的。当你学会 C51 之后,如果确实需要使用其他单片机,对于使用 C 语言编程的人来说,学习其他单片机很容易,而且将 51 单片机上的程序移植到其他单片机上也不是难事,它们都是相通的,本书中的几个程序实例,原来用的是 AVR 单片机,后来改成了 C51。因此,对于大部分应用来说,使用哪一种单片机并不重要。

其次需要强调的是,说到底单片机只是一个电子产品或者是应用系统的一个组成部分,一般来说,它在其中扮演的是中心控制器的角色,就像人的大脑一样相当重要。但如同人一样,你还得有鼻子、眼睛、耳朵等传感器,还要有手、脚这些执行机构才能构成一个完整的系统。也就是说,学习者除了学习单片机之外,还要学习其他方面的相关知识,如传感器、模拟电路、固态继电器和步进电机等。除了少部分分工特细的大公司以外,现在大部分公司还是欢迎那些

后记　单片机学习的误区

具有多方面知识和技能的人，这些人的就业空间要广阔得多。所以说，只会单片机是远远不够的，还要学习其他方面的知识。

因此，我建议大家在单片机学习中不要盲目跟风，不要一味追求高精尖，应切实学好一种机型，真正做到能灵活应用，能将它应用到工作和产品中，这才是最重要的目的。要想做到这一点，不仅要学习单片机，还要学习相关的电子技术知识，要针对实际工作，扩大知识面，不要一直停留在"跑马灯"阶段，应尽快进入应用，这样才能成为一个有用的电子技术工程师。

唐继贤
2008年12月于西安